专升z

中学数学高等数学
衔接教程

主编 宋　浩
参编 宋　涛
　　 董新梅
　　 周玉珠
　　 徐秀娟

中国教育出版传媒集团

高等教育出版社·北京

图书在版编目（ＣＩＰ）数据

专升本高等数学系列.中学数学高等数学衔接教程 /
宋浩主编.--北京:高等教育出版社,2023.8
　　ISBN 978-7-04-060577-8

　　Ⅰ.①专… Ⅱ.①宋… Ⅲ.①高等数学-成人高等教
育-升学参考资料 Ⅳ.①O13

　　中国国家版本馆 CIP 数据核字(2023)第 097195 号

专升本高等数学系列——中学数学高等数学衔接教程
ZHUANSHENGBEN GAODENG SHUXUE XILIE ZHONGXUE SHUXUE GAODENG SHUXUE XIANJIE JIAOCHENG

| 策划编辑 | 殷力鹰 | 责任编辑 | 雷旭波 | 封面设计 | 张　楠 | 版式设计 | 杨　树 |
| 责任绘图 | 邓　超 | 责任校对 | 刘娟娟 | 责任印制 | 赵义民 | | |

出版发行	高等教育出版社	网　　址	http://www.hep.edu.cn
社　　址	北京市西城区德外大街 4 号		http://www.hep.com.cn
邮政编码	100120	网上订购	http://www.hepmall.com.cn
印　　刷	北京中科印刷有限公司		http://www.hepmall.com
开　　本	787mm×1092mm　1/16		http://www.hepmall.cn
印　　张	14.25		
字　　数	320 千字	版　　次	2023 年 8 月第 1 版
购书热线	010-58581118	印　　次	2023 年 8 月第 1 次印刷
咨询电话	400-810-0598	定　　价	138.00 元

本书如有缺页、倒页、脱页等质量问题,请到所购图书销售部门联系调换
版权所有　侵权必究
物 料 号　60577-00

前言

高等数学是各类专升本考试的一个重要科目,具有学习周期长、难度大、技巧性强
等特点。部分参加专升本考试的考生初中数学、高中数学基础较为薄弱,在学习高等数
学时感到力不从心,也有部分考生可能没有系统地学习高中数学的过程,对于一些基本
概念和基础知识的理解存在知识盲点,在复习考试时无从入手。

本书内容贯穿初中数学和高中数学的各章节知识点,作者团队系统梳理各知识点
脉络,将中学数学和高等数学无缝衔接,让考生在短时间内,快速掌握高等数学学习中
会用到的基础知识。本书在设计时,主要有以下特点:

一、作者基于长期授课经验,精心整理必备数学基础知识

如果把初中数学和高中数学都重新学习一遍,需要 6 年时间,考生在备考时无法用
如此长的时间进行全部学习。在本书编写的过程中,作者基于长期讲授高等数学的经
验,总结了必备的中学数学基础知识。考生在掌握本书的全部内容后便可以快速开始
高等数学的学习,并在学习中更容易理解高等数学的知识体系。与此同时,本书也对高
等数学中要求不深的中学知识点(例如立体几何、双曲线、椭圆、圆、平面几何等)进行
了简化,让考生们聚焦于考试重点基础知识的学习。

二、作者巧妙构思知识体系,中学数学与高等数学完美衔接

作者团队精心选出中学数学基础知识,按照专升本的要求进行了新的整合,构建了
完整的知识体系。本书的起点契合考生基础现状,让考生不会感到理解难度大,前后知
识点能完美衔接,学习体验较好。同时,本书中很多题型是专为考生进一步学习高等数
学设计的。例如,常见图形的极坐标表示是专为二重积分的极坐标计算设计的,常见函
数曲线围成的区域是专为二重积分的积分区域设计的。当考生学完本书,再学习高等数
学,会发现有些计算过程似曾相识,掌握起来得心应手。

三、作者精选例题和习题,巩固知识重点难点

作者团队为每个知识点配备了适量的例题和习题,帮助考生复习和巩固知识点。
每道例题的设计,都兼顾了知识点讲解和为高等数学打基础的两个目的。作者团队也
为部分题目提供了多种解题方法,为考生拓展解题思路。例题的解题步骤比较详细,适
合考生自学。

四、作者精心提炼考试重点难点,20 小时视频伴学

本书为书课包形式,配有伴学视频约 20 小时,由宋浩老师主讲,帮助考生快速高效
地学习完初高中数学内容。初中和高中的数学知识体系比较庞大,本书配套课程精选
了专升本考试所必须掌握的部分,不做延伸,内容精炼。例如等差数列和等比数列,在

高中数学讲了很多技巧,但专升本高等数学考试中用到最多的是求和公式;又如三角函数公式,高中数学学习了很多公式,但专升本高等数学考试中最常用的还是定义、倍角公式、半角公式,像万能公式在高等数学中使用非常少。视频课程对专升本考试中的重点难点精心提炼,整体设计详略得当。

最后,希望参加专升本考试的同学们磨刀不误砍柴工,通过学习本书掌握初中、高中的数学基础知识,夯实基础,为下一步复习高等数学提升效率!

祝大家学业有成,金榜题名!

宋　浩

2023 年 7 月　济南

目录

第一章　代数式 ··· 1

第二章　因式分解 ··· 8

第三章　集合、区间与邻域 ·· 12

第四章　一元一次方程 ··· 20

第五章　二元一次方程、二元一次方程组与三元一次方程组 ··· 22

第六章　一元二次方程 ··· 26

第七章　数轴与平面直角坐标系 ··································· 31

第八章　正比例函数与一次函数 ··································· 39

第九章　勾股定理 ··· 52

第十章　反比例函数 ·· 55

第十一章　二次函数 ·· 64

第十二章　不等式 ··· 78

第十三章　圆、环形、椭圆 ·· 86

第十四章　周长、面积和体积 ····································· 92

第十五章　数列 ··· 97

第十六章　函数 ·· 106

第十七章　指数与指数函数 ······································ 118

第十八章　对数与对数函数 ······································ 124

第十九章　幂函数 ··· 131

第二十章　三角函数 ·· 136

第二十一章　三角恒等变换公式 ································· 167

第二十二章　反三角函数 ··· 181

第二十三章　向量代数与空间解析几何 ························ 192

第二十四章　极坐标 ·· 205

第二十五章　命题与量词 ··· 212

第二十六章　充分必要条件 ······································ 216

第一章

代数式

第一节　单项式与多项式

一、单项式

由数与字母的积组成的代数式叫作**单项式**.单独的一个数或一个字母也叫作单项式.

例如:$1,-10,x,2a,3mn,-\dfrac{4}{5}x^2yz^3$ 都是单项式.

二、单项式的系数

单项式中的数字因数叫作这个单项式的**系数**.

例如:x 的系数为 1,$3mn$ 的系数为 3.

三、单项式的次数

一个单项式中,所有字母的指数的和叫作这个单项式的**次数**.单项式是几次,就叫作几次单项式.

例如:$3x^3$ 为 3 次单项式,$\dfrac{1}{2}x^2y^2$ 为 4 次单项式.

例 1　写出下列单项式的系数和次数.

（1）$3y$;　　　　（2）xyz;　　　　（3）$-\dfrac{5}{6}y^5z^2$.

解:（1）$3y$ 的系数为 3,次数为 1.

（2）xyz 的系数为 1,次数为 3.

（3）$-\dfrac{5}{6}y^5z^2$ 的系数为 $-\dfrac{5}{6}$,次数为 7.

四、多项式

由若干个单项式相加或相减组成的代数式叫作**多项式**.多项式中的每个单项式叫作多项式的**项**,这些单项式中所有项的最高次数就是这个多项式的**次数**.

例如：x^2+xy+x^3+1 为 4 项多项式，次数为 3；x^2-y^2 为 2 项多项式，次数为 2.

例 2 指出多项式 $a^2+abc+2a+1$ 的项及次数.

解：多项式 $a^2+abc+2a+1$ 由 4 项组成，分别是 $a^2, abc, 2a, 1$. 因为 a^2 的次数是 2，abc 的次数是 3，$2a$ 的次数是 1，1 是常数项，所以这个多项式的次数是 3.

第二节　合并同类项

一、同类项

所含字母相同，并且相同字母的指数也分别相同的项称为同类项.

例如：$2xy$ 与 $-\dfrac{7}{15}xy$ 是同类项，$3m^4$ 与 $\dfrac{7}{2}m^4$ 是同类项，$8xy^2z$ 与 $-11xyz^2$ 不是同类项.

二、合并同类项

将多项式中的同类项合并成一项的过程，叫作合并同类项.

合并法则：合并同类项后，所得的系数是合并前各同类项的系数之和，且字母连同它的指数不变. 即字母不变，系数相加减.

例 3 合并同类项：$2x+5y-x+3y+xy$.

解：$2x+5y-x+3y+xy$

$=(2x-x)+(5y+3y)+xy$

$=x+8y+xy$.

例 4 合并同类项：$4xy-3y^2-3x^2+xy-3xy-2x^2-4y^2$.

解：$4xy-3y^2-3x^2+xy-3xy-2x^2-4y^2$

$=4xy+xy-3xy-3y^2-4y^2-3x^2-2x^2$

$=(4+1-3)xy+(-3-4)y^2+(-3-2)x^2$

$=2xy-7y^2-5x^2$.

例 5 合并同类项：$a^2b-b^2c+3a^2b+2b^2c$.

解：$a^2b-b^2c+3a^2b+2b^2c$

$=a^2b+3a^2b-b^2c+2b^2c$

$=(1+3)a^2b+(-1+2)b^2c$

$=4a^2b+b^2c$.

例 6 合并同类项：$5xy-7ab+3xy-9ba$.

解：$5xy-7ab+3xy-9ba$

$=(5+3)xy+(-7-9)ab$

$=8xy-16ab$.

例 7 化简求值：$(9a^2-12ab+5b^2)-(7a^2+12ab+7b^2)$，其中 $a=\dfrac{1}{2}, b=-\dfrac{1}{2}$.

解:$(9a^2-12ab+5b^2)-(7a^2+12ab+7b^2)$

$=9a^2-12ab+5b^2-7a^2-12ab-7b^2$

$=(9-7)a^2+(-12-12)ab+(5-7)b^2$

$=2a^2-24ab-2b^2.$

当 $a=\dfrac{1}{2}$,$b=-\dfrac{1}{2}$ 时,

$2a^2-24ab-2b^2=2\times\left(\dfrac{1}{2}\right)^2-24\times\dfrac{1}{2}\times\left(-\dfrac{1}{2}\right)-2\times\left(-\dfrac{1}{2}\right)^2=\dfrac{1}{2}+6-\dfrac{1}{2}=6.$

第三节 平方根与立方根

一、 算术平方根

一般地,如果正数 x 的平方等于 a,即 $x^2=a$,那么这个正数 x 叫作 a 的 算术平方根,记为 $\sqrt{a}$.

规定 0 的算术平方根是 0,即 $\sqrt{0}=0$.

注意:若 $\sqrt{a}=x$,则 $a\geqslant 0$,且 $\sqrt{a}\geqslant 0$.

例 8 求下列各式的值.

(1) $\sqrt{1}$；   (2) $\sqrt{64}$；   (3) $\sqrt{100}$；   (4) $\sqrt{900}$；   (5) $\sqrt{2500}$；   (6) $\sqrt{121}$.

解:(1) $\sqrt{1}=1$；   (2) $\sqrt{64}=\sqrt{8^2}=8$；   (3) $\sqrt{100}=\sqrt{10^2}=10$；

(4) $\sqrt{900}=\sqrt{30^2}=30$；   (5) $\sqrt{2500}=\sqrt{50^2}=50$；   (6) $\sqrt{121}=\sqrt{11^2}=11$.

例 9 求下列各式的值.

(1) $\sqrt{0.01}$；   (2) $\sqrt{\dfrac{1}{4}}$；   (3) $\sqrt{0.04}$；   (4) $\sqrt{\dfrac{25}{4}}$；   (5) $\sqrt{1\dfrac{7}{9}}$.

解:(1) $\sqrt{0.01}=\sqrt{0.1^2}=0.1$；   (2) $\sqrt{\dfrac{1}{4}}=\sqrt{\left(\dfrac{1}{2}\right)^2}=\dfrac{1}{2}$；

(3) $\sqrt{0.04}=\sqrt{0.2^2}=0.2$；   (4) $\sqrt{\dfrac{25}{4}}=\sqrt{\left(\dfrac{5}{2}\right)^2}=\dfrac{5}{2}$；

(5) $\sqrt{1\dfrac{7}{9}}=\sqrt{\dfrac{16}{9}}=\sqrt{\left(\dfrac{4}{3}\right)^2}=\dfrac{4}{3}$.

二、 最简二次根式

被开方数不含分母,也不含能开尽方的因数或因式,这样的二次根式称为 最简二次根式.

例 10 化简下列各式.

（1）$\sqrt{8}$；　　（2）$\sqrt{18}$；　　（3）$\sqrt{24}$；　　（4）$\sqrt{500}$.

解：（1）$\sqrt{8}=\sqrt{4\times2}=\sqrt{2^2\times2}=\sqrt{2^2}\times\sqrt{2}=2\sqrt{2}$；

（2）$\sqrt{18}=\sqrt{9\times2}=\sqrt{3^2\times2}=\sqrt{3^2}\times\sqrt{2}=3\sqrt{2}$；

（3）$\sqrt{24}=\sqrt{4\times6}=\sqrt{2^2\times6}=\sqrt{2^2}\times\sqrt{6}=2\sqrt{6}$；

（4）$\sqrt{500}=\sqrt{100\times5}=\sqrt{10^2\times5}=\sqrt{10^2}\times\sqrt{5}=10\sqrt{5}$.

例 11　化简下列各式.

（1）$\sqrt{\dfrac{1}{2}}$；　　（2）$\sqrt{\dfrac{5}{6}}$；　　（3）$\sqrt{\dfrac{20}{3}}$；　　（4）$\sqrt{\dfrac{0.1}{5}}$.

解：（1）$\sqrt{\dfrac{1}{2}}=\sqrt{\dfrac{2}{2\times2}}=\dfrac{\sqrt{2}}{\sqrt{2\times2}}=\dfrac{\sqrt{2}}{2}$；

（2）$\sqrt{\dfrac{5}{6}}=\sqrt{\dfrac{5\times6}{6\times6}}=\dfrac{\sqrt{5\times6}}{\sqrt{6\times6}}=\dfrac{\sqrt{30}}{6}$；

（3）$\sqrt{\dfrac{20}{3}}=\sqrt{\dfrac{4\times5}{3}}=\sqrt{\dfrac{2^2\times5\times3}{3\times3}}=\dfrac{2}{3}\sqrt{15}$；

（4）$\sqrt{\dfrac{0.1}{5}}=\sqrt{\dfrac{0.1\times10}{5\times10}}=\sqrt{\dfrac{1}{5\times5\times2}}=\sqrt{\dfrac{2}{5\times5\times2\times2}}=\dfrac{\sqrt{2}}{10}$.

例 12　若根式 $\sqrt{3-2b}$ 有意义，求 b 的取值范围.

解：根据题意，$3-2b\geq0$，解得 $b\leq\dfrac{3}{2}$.

例 13　若根式 $\sqrt{x^2+2}$ 有意义，求 x 的取值范围.

解：根据题意，$x^2+2\geq2\geq0$，故 x 可取任意实数.

例 14　化简 $\sqrt{(-7)^2}$.

解：$\sqrt{(-7)^2}=\sqrt{7^2}=7$.

总结：当 $x\geq0$ 时，$\sqrt{x^2}=x$；当 $x<0$ 时，$\sqrt{x^2}=\sqrt{(-x)^2}=-x$. 故

$$\sqrt{x^2}=|x|=\begin{cases}x,\text{当 }x\geq0\text{ 时,}\\-x,\text{当 }x<0\text{ 时.}\end{cases}$$

因为 $\sqrt{x}$ 要求 $x\geq0$，故 $(\sqrt{x})^2=x$ 一定成立.

例 15　化简 $\sqrt{(2-\sqrt{5})^2}$.

解：因为 $2-\sqrt{5}<0$，所以 $\sqrt{(2-\sqrt{5})^2}=|2-\sqrt{5}|=\sqrt{5}-2$.

三、平方根

一般地，如果一个数的平方等于 a，那么这个数叫作 a 的平方根或二次方根，即如果 $x^2=a$，那么 x 叫作 a 的平方根.

若 $a>0$，则 a 的平方根有两个：$\pm\sqrt{a}$. 例如 9 的平方根为 ±3.

0 的平方根只有一个:0.

例 16 化简下列各式.

（1）$\sqrt{75x^2y^3}$ $(x>0,y>0)$；　（2）$\sqrt{11^2+\left(4\sqrt{3}\right)^2}$；　（3）$\sqrt{27}+5\sqrt{\dfrac{1}{3}}-\sqrt{12}+\sqrt{75}$.

解：（1）$\sqrt{75x^2y^3}=\sqrt{3\times25x^2y^2y}=5xy\sqrt{3y}$；

（2）$\sqrt{11^2+\left(4\sqrt{3}\right)^2}=\sqrt{121+16\times3}=\sqrt{169}=\sqrt{13^2}=13$；

（3）$\sqrt{27}+5\sqrt{\dfrac{1}{3}}-\sqrt{12}+\sqrt{75}$

$=\sqrt{3\times3^2}+5\sqrt{\dfrac{1\times3}{3\times3}}-\sqrt{3\times2^2}+\sqrt{3\times5^2}=3\sqrt{3}+\dfrac{5}{3}\sqrt{3}-2\sqrt{3}+5\sqrt{3}$

$=\left(3+\dfrac{5}{3}-2+5\right)\sqrt{3}=\dfrac{23}{3}\sqrt{3}$.

四、立方根

如果一个数的立方等于 a，那么这个数叫作 a 的立方根或三次方根，即如果 $x^3=a$，那么 x 叫作 a 的立方根，记为 $x=\sqrt[3]{a}$.

例如：$\sqrt[3]{8}=\sqrt[3]{2^3}=2$，$\sqrt[3]{1000}=\sqrt[3]{10^3}=10$，$\sqrt[3]{-1}=\sqrt[3]{(-1)^3}=-1$，$\sqrt[3]{-27}=\sqrt[3]{(-3)^3}=-3$.

注意：① 对$\sqrt[3]{a}$，a 可取任何数（正数、负数、0）；

② 当 $a>0$ 时，$\sqrt[3]{a}>0$；

③ 当 $a<0$ 时，$\sqrt[3]{a}<0$；

④ 当 $a=0$ 时，$\sqrt[3]{a}=0$.

例 17 化简下列各式.

（1）$\sqrt[3]{-0.001}$；　（2）$\sqrt[3]{32}$；　（3）$\sqrt[3]{\dfrac{2}{3}}$；　（4）$\sqrt[3]{-\dfrac{7}{4}}$.

解：（1）$\sqrt[3]{-0.001}=\sqrt[3]{(-0.1)^3}=-0.1$；

（2）$\sqrt[3]{32}=\sqrt[3]{2^5}=\sqrt[3]{2^3\times2^2}=\sqrt[3]{2^3}\times\sqrt[3]{2^2}=2\sqrt[3]{4}$；

（3）$\sqrt[3]{\dfrac{2}{3}}=\sqrt[3]{\dfrac{2\times3\times3}{3\times3\times3}}=\dfrac{\sqrt[3]{2\times3\times3}}{\sqrt[3]{3\times3\times3}}=\dfrac{\sqrt[3]{18}}{3}$；

（4）$\sqrt[3]{-\dfrac{7}{4}}=-\sqrt[3]{\dfrac{7}{4}}=-\sqrt[3]{\dfrac{7\times2}{4\times2}}=-\dfrac{\sqrt[3]{7\times2}}{\sqrt[3]{2^3}}=-\dfrac{\sqrt[3]{14}}{2}$.

例 18 已知 $x>0$，将下列各式化为 x^α 的形式.

（1）$\sqrt{x}$；　（2）$\sqrt[3]{x}$；　（3）$\dfrac{1}{x}$；　（4）$\dfrac{1}{\sqrt{x}}$；　（5）$\dfrac{1}{\sqrt[3]{x}}$；　（6）$\sqrt{\sqrt{x}}$；　（7）$\sqrt{\sqrt[3]{x}}$.

解：（1）$\sqrt{x}=x^{\frac{1}{2}}$；　（2）$\sqrt[3]{x}=x^{\frac{1}{3}}$；　（3）$\dfrac{1}{x}=x^{-1}$；

（4）$\dfrac{1}{\sqrt{x}}=\dfrac{1}{x^{\frac{1}{2}}}=x^{-\frac{1}{2}}$；　　（5）$\dfrac{1}{\sqrt[3]{x}}=\dfrac{1}{x^{\frac{1}{3}}}=x^{-\frac{1}{3}}$；　　（6）$\sqrt{\sqrt{x}}=(x^{\frac{1}{2}})^{\frac{1}{2}}=x^{\frac{1}{2}\times\frac{1}{2}}=x^{\frac{1}{4}}$；

（7）$\sqrt{\sqrt[3]{x}}=(x^{\frac{1}{3}})^{\frac{1}{2}}=x^{\frac{1}{3}\times\frac{1}{2}}=x^{\frac{1}{6}}$.

例 19　将下列各式化为 x^{α} 的形式.

（1）$x\sqrt{x}$；　　（2）$\dfrac{x^3\sqrt{x}}{\sqrt[3]{x}}$；　　（3）$\left(\sqrt[3]{x\sqrt{x}}\right)^2$.

解：（1）$x\sqrt{x}=x\times x^{\frac{1}{2}}=x^{1+\frac{1}{2}}=x^{\frac{3}{2}}$；

（2）$\dfrac{x^3\sqrt{x}}{\sqrt[3]{x}}=\dfrac{x^3\times x^{\frac{1}{2}}}{x^{\frac{1}{3}}}=x^3\times x^{\frac{1}{2}}\times x^{-\frac{1}{3}}=x^{3+\frac{1}{2}-\frac{1}{3}}=x^{\frac{19}{6}}$；

（3）$\left(\sqrt[3]{x\sqrt{x}}\right)^2=\left[(x\times x^{\frac{1}{2}})^{\frac{1}{3}}\right]^2=(x^{\frac{3}{2}})^{\frac{2}{3}}=x$.

同步练习

1. 合并同类项：$2xy-x^2-y^2-2(2xy-3x^2)+4(2y^2-xy)$.

2. 化简求值：$4(1+y)+4(1-x)-4(x+y)$，其中 $x=1,y=\dfrac{1}{2}$.

3. 先化简，再求值：若 $M=3b^2-2ab+5a^2,N=3ab-a^2-2b^2$，求 $M+N$ 的值，其中 $a=1,b=1$.

4. 先化简，再求值：$3a^2b-[8a^2b-(4a^2+7a^2b)]-(4a^2b-8a^2)$，其中 $a=\dfrac{1}{2},b=3$.

5. 先化简，再求值：$-2(4+x^2)+5(1+x)-0.5(4x^2-2x)$，其中 $x=-2$.

6. 若 $m<0$，化简 $|m|+\sqrt{m^2}$.

7. 化简 $\sqrt{(-144)\times(-169)}$.

8. 化简 $\left(-\sqrt{1-\dfrac{24}{25}}\right)^2$.

9. 化简 $\sqrt{8}+\sqrt[3]{216}$.

10. 化简 $\sqrt{18}-\sqrt{8}-\sqrt{\dfrac{1}{2}}$.

参考答案

1. $2xy-x^2-y^2-2(2xy-3x^2)+4(2y^2-xy)=2xy-x^2-y^2-4xy+6x^2+8y^2-4xy$
$=2xy-4xy-4xy-x^2+6x^2-y^2+8y^2=(2-4-4)xy+(-1+6)x^2+(-1+8)y^2$
$=-6xy+5x^2+7y^2$.

2. $4(1+y)+4(1-x)-4(x+y)=4+4y+4-4x-4x-4y=4+4+(4-4)y+(-4-4)x=8-8x$，当 $x=1$ 时，$8-8x=0$.

3. $M+N=(3b^2-2ab+5a^2)+(3ab-a^2-2b^2)=3b^2-2ab+5a^2+3ab-a^2-2b^2$
$=(3-2)b^2+(-2+3)ab+(5-1)a^2=b^2+ab+4a^2$.
当 $a=1,b=1$ 时，$b^2+ab+4a^2=6$.

4. $3a^2b-[8a^2b-(4a^2+7a^2b)]-(4a^2b-8a^2)=3a^2b-8a^2b+(4a^2+7a^2b)-(4a^2b-8a^2)$

$= 3a^2b - 8a^2b + 4a^2 + 7a^2b - 4a^2b + 8a^2 = -2a^2b + 12a^2.$

当 $a = \dfrac{1}{2}, b = 3$ 时，$-2a^2b + 12a^2 = -2 \times \left(\dfrac{1}{2}\right)^2 \times 3 + 12 \times \left(\dfrac{1}{2}\right)^2 = -\dfrac{3}{2} + 3 = \dfrac{3}{2}.$

5. $-2(4 + x^2) + 5(1 + x) - 0.5(4x^2 - 2x) = -8 - 2x^2 + 5 + 5x - 2x^2 + x = (-2 - 2)x^2 + (5 + 1)x - 8 + 5 = -4x^2 + 6x - 3.$

当 $x = -2$ 时，$-4x^2 + 6x - 3 = -4 \times (-2)^2 + 6 \times (-2) - 3 = -16 - 12 - 3 = -31.$

6. 因为 $m < 0$，$|m| = -m$，$\sqrt{m^2} = |m| = -m$，所以 $|m| + \sqrt{m^2} = -m - m = -2m.$

7. $\sqrt{(-144) \times (-169)} = \sqrt{144 \times 169} = \sqrt{12^2 \times 13^2} = 12 \times 13 = 156.$

8. $\left(-\sqrt{1 - \dfrac{24}{25}}\right)^2 = \left(\sqrt{1 - \dfrac{24}{25}}\right)^2 = \left(\sqrt{\dfrac{25 - 24}{25}}\right)^2 = \left(\sqrt{\dfrac{1}{25}}\right)^2 = \dfrac{1}{25}.$

9. $\sqrt{8} + \sqrt[3]{216} = \sqrt{2^3} + \sqrt[3]{27 \times 8} = 2\sqrt{2} + \sqrt[3]{3^3 \times 2^3} = 2\sqrt{2} + 3 \times 2 = 6 + 2\sqrt{2}.$

10. $\sqrt{18} - \sqrt{8} - \sqrt{\dfrac{1}{2}} = \sqrt{2 \times 3^2} - \sqrt{2 \times 2^2} - \sqrt{\dfrac{2}{2 \times 2}} = 3\sqrt{2} - 2\sqrt{2} - \dfrac{\sqrt{2}}{2} = \left(3 - 2 - \dfrac{1}{2}\right) \times \sqrt{2}$

$= \dfrac{1}{2} \times \sqrt{2} = \dfrac{\sqrt{2}}{2}.$

第二章

因式分解

一、 基本概念

把一个多项式在一个范围内化为几个整式的积的形式,叫作因式分解.因式分解在解一元一次方程、一元二次方程和不等式等方面有很广泛的应用.

二、 公式法

(1) 平方差公式:$x^2-y^2=(x-y)(x+y)$;

(2) 完全平方公式:$x^2+2xy+y^2=(x+y)^2$,$x^2-2xy+y^2=(x-y)^2$;

(3) 立方和公式:$x^3+y^3=(x+y)(x^2-xy+y^2)$;

(4) 立方差公式:$x^3-y^3=(x-y)(x^2+xy+y^2)$;

(5) 完全立方公式:$x^3+3x^2y+3xy^2+y^3=(x+y)^3$,$x^3-3x^2y+3xy^2-y^3=(x-y)^3$;

(6) 两根式:$ax^2+bx+c=a\left(x-\dfrac{-b+\sqrt{b^2-4ac}}{2a}\right)\left(x-\dfrac{-b-\sqrt{b^2-4ac}}{2a}\right)$,其中 $a\neq 0$ 且 $b^2-4ac\geq 0$;

(7) 提取公因式:$ma+mb+mc=m(a+b+c)$.

例 1 利用平方差公式分解因式.

(1) x^2-4; (2) $9-y^2$; (3) $x^2y^2-z^2$; (4) x^4-1.

解:(1) $x^2-4=x^2-2^2=(x-2)(x+2)$.

(2) $9-y^2=3^2-y^2=(3-y)(3+y)$.

(3) $x^2y^2-z^2=(xy)^2-z^2=(xy-z)(xy+z)$.

(4) $x^4-1=(x^2-1)(x^2+1)=(x-1)(x+1)(x^2+1)$.

例 2 把下列多项式分解因式.

(1) x^2-y^2+x+y; (2) x^4-y^4; (3) $x^2+2x+1-y^2$; (4) a^6-8.

解:(1) $x^2-y^2+x+y=(x+y)(x-y)+(x+y)=(x+y)(x-y+1)$.

(2) $x^4-y^4=(x^2-y^2)(x^2+y^2)=(x-y)(x+y)(x^2+y^2)$.

(3) $x^2+2x+1-y^2=(x+1)^2-y^2=(x+1+y)(x+1-y)=(x+y+1)(x-y+1)$.

(4) $a^6-8=(a^2)^3-2^3=(a^2-2)[(a^2)^2+2a^2+4]=(a-\sqrt{2})(a+\sqrt{2})(a^4+2a^2+4)$.

例 3 利用完全平方公式把下列多项式分解因式.

(1) $(x+y)^2+6(x+y)+9$;

(2) $a^2-2a(b+c)+(b+c)^2$;

(3) $4-12(x-y)+9(x-y)^2$.

解：(1) $(x+y)^2+6(x+y)+9=(x+y)^2+2\times3\times(x+y)+3^2=(x+y+3)^2$.

(2) $a^2-2a(b+c)+(b+c)^2=[a-(b+c)]^2=(a-b-c)^2$.

(3) $4-12(x-y)+9(x-y)^2=2^2-2\times2\times3\times(x-y)+[3(x-y)]^2=[2-3(x-y)]^2$
$=(2-3x+3y)^2$.

例 4　把下列多项式分解因式.

(1) $4ax+6ay+8az$；　　　　　　(2) $6a^2b-9ab^2-3ab$；

(3) $a^2b^2-a^2-b^2+1$；　　　　　(4) $(x+2)(x-3)+(x+2)(x+4)$.

解：(1) $4ax+6ay+8az=2a(2x+3y+4z)$.

(2) $6a^2b-9ab^2-3ab=3ab(2a-3b-1)$.

(3) $a^2b^2-a^2-b^2+1=a^2(b^2-1)-(b^2-1)=(b^2-1)(a^2-1)$
$\qquad\qquad\qquad\qquad=(b-1)(b+1)(a-1)(a+1)$.

(4) $(x+2)(x-3)+(x+2)(x+4)=(x+2)(x-3+x+4)=(x+2)(2x+1)$.

三、十字相乘法

1. 对于 $(x+a)(x+b)=x^2+(a+b)x+ab$，十字左边相乘等于 x^2，十字右边相乘等于常数项，交叉相乘后再相加就是一次项.

例 5　利用十字相乘法分解因式.

(1) x^2+3x+2；　　　(2) $x^2+7x+12$；　　　(3) $x^2-13x+12$；

(4) $x^2+11x+18$；　　(5) $x^2+19x+18$；　　(6) $x^2+9x+18$.

解：(1) $x^2+3x+2=(x+1)(x+2)$.　　(2) $x^2+7x+12=(x+3)(x+4)$.

(3) $x^2-13x+12=(x-1)(x-12)$.　　(4) $x^2+11x+18=(x+2)(x+9)$.

(5) $x^2+19x+18=(x+1)(x+18)$.　　(6) $x^2+9x+18=(x+3)(x+6)$.

2. 对于形如 ax^2+bx+c 的整式，如果可以分解成 $(a_1x+c_1)(a_2x+c_2)$ 的形式，则应满足 $a_1a_2=a,c_1c_2=c,a_1c_2+a_2c_1=b$.

例 6　利用十字相乘法分解因式.

(1) $3x^2+7x-6$；　　　(2) $6x^2-5x-25$；　　　(3) $5x^2-3x-2$；

(4) $8x^2+6x-35$；　　(5) $18x^2-21x+5$；　　(6) $-20x^2-9x+20$.

解：(1) $3x^2+7x-6=(x+3)(3x-2)$.　　(2) $6x^2-5x-25=(2x-5)(3x+5)$.

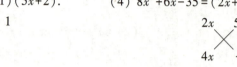

(3) $5x^2-3x-2=(x-1)(5x+2)$.　　(4) $8x^2+6x-35=(2x+5)(4x-7)$.

(5) $18x^2-21x+5=(3x-1)(6x-5)$.　　(6) $-20x^2-9x+20=(4x+5)(-5x+4)$

$\qquad\qquad\qquad\qquad\qquad\qquad\qquad\qquad\qquad = -(4x+5)(5x-4)$.

同步练习

1. 将下列多项式分解因式.

(1) $3p^2-6pq$;　　　　　(2) x^3y-xy;　　　　　(3) $3a^3-6a^2b+3ab^2$.

2. 将下列多项式分解因式.

(1) $2x^2+8x+8$;　　　　(2) $4+12(x-y)+9(x-y)^2$.

3. 将下列多项式分解因式.

(1) $(a+b+c)^2-(a+b-c)^2$;　(2) $4x^2-4x-y^2+4y-3$;　　(3) $x^2-3x+(x-3)^2$.

4. 将下列多项式分解因式.

(1) $m^3(a-2)+m(2-a)$;　(2) $(x-2)(x-4)+1$;　　(3) $(x^2-1)^2-6(x^2-1)+9$.

5. 将下列多项式分解因式.

(1) $(x+y)^3+125$;　　　(2) $(3m-2n)^3+(3m+2n)^3$.

6. 将下列多项式分解因式.

(1) $6x^2-7x-5$;　　　　(2) $x^2-7x+12$;

(3) $3a^2-8a+4$;　　　　(4) $5x^2+6xy-8y^2$.

参考答案

1. (1) $3p^2-6pq=3p(p-2q)$;

(2) $x^3y-xy=xy(x^2-1)=xy(x-1)(x+1)$;

(3) $3a^3-6a^2b+3ab^2=3a(a^2-2ab+b^2)=3a(a-b)^2$.

2. (1) $2x^2+8x+8=2(x^2+4x+4)=2(x+2)^2$;

(2) $4+12(x-y)+9(x-y)^2=[2+3(x-y)]^2=(2+3x-3y)^2$.

3. (1) $(a+b+c)^2-(a+b-c)^2=(a+b+c+a+b-c)(a+b+c-a-b+c)$

$\qquad\qquad\qquad\qquad\qquad\qquad = (2a+2b)(2c)$

$\qquad\qquad\qquad\qquad\qquad\qquad = 4c(a+b)$;

(2) $4x^2-4x-y^2+4y-3=4x^2-4x+1-(y^2-4y+4)$

$\qquad\qquad\qquad\qquad\qquad = (2x-1)^2-(y-2)^2$

$\qquad\qquad\qquad\qquad\qquad = (2x-1+y-2)(2x-1-y+2)$

$$= (2x+y-3)(2x-y+1);$$

（3）$x^2-3x+(x-3)^2=x(x-3)+(x-3)^2$

$$=(x-3)(x+x-3)$$

$$=(x-3)(2x-3).$$

4.（1）$m^3(a-2)+m(2-a)=m^3(a-2)-m(a-2)=(a-2)(m^3-m)$

$$=m(m^2-1)(a-2)=m(m-1)(m+1)(a-2);$$

（2）$(x-2)(x-4)+1=x^2-6x+8+1=x^2-6x+9=(x-3)^2;$

（3）$(x^2-1)^2-6(x^2-1)+9=(x^2-1-3)^2=(x^2-4)^2=(x-2)^2(x+2)^2.$

5.（1）$(x+y)^3+125=(x+y)^3+5^3=(x+y+5)[(x+y)^2-5(x+y)+25]$

$$=(x+y+5)(x^2+y^2+2xy-5x-5y+25);$$

（2）$(3m-2n)^3+(3m+2n)^3=(3m-2n+3m+2n)[(3m-2n)^2-(3m-2n)(3m+2n)+(3m+2n)^2]$

$$=6m(9m^2+4n^2-12mn-9m^2+4n^2+9m^2+4n^2+12mn)$$

$$=6m(9m^2+12n^2)=18m(3m^2+4n^2).$$

6.（1）$6x^2-7x-5=(2x+1)(3x-5);$　　　（2）$x^2-7x+12=(x-3)(x-4);$

（3）$3a^2-8a+4=(3a-2)(a-2);$　　　（4）$5x^2+6xy-8y^2=(5x-4y)(x+2y).$

第三章

集合、区间与邻域

第一节　集合与元素

一、 集合与元素

把一些能够确定的、不同的对象汇集在一起就构成一个集合,集合常用大写英文字母 A,B,C 等表示,其中每一个对象叫作元素,元素常用小写英文字母 a,b,c 等表示.

二、 集合元素的三要素

(1) 确定性:集合的元素必须是确定的. 给定一个集合,任何对象是不是这个集合的元素,应该可以明确地判断出来,评判的标准必须明确.例如,高个子的学生、聪明的孩子、很冷的天气都不能构成集合.

(2) 互异性:对于一个给定的集合,集合中的元素一定是不同的.集合中的任意两个元素必须都是不同的对象,相同的对象归入同一个集合中算作集合中的一个元素.例如 $\{1,2,2,3,3\}$ 应该记为 $\{1,2,3\}$.

(3) 无序性:集合中的元素可以任意排列.例如 $\{1,2,3\}$ 与 $\{3,2,1\}$ 表示同一个集合.

三、 常见数集

自然数集:所有非负整数组成的集合,记作 $\mathbf{N}$,$\mathbf{N}=\{0,1,2,3,4,\cdots\}$.

正整数集:所有正整数组成的集合,记作 $\mathbf{N}_+$ 或 $\mathbf{N}^*$,$\mathbf{N}_+=\{1,2,3,4,\cdots\}$.

整数集:所有整数组成的集合,记作 $\mathbf{Z}$,$\mathbf{Z}=\{0,\pm1,\pm2,\pm3,\pm4,\cdots\}$.

有理数集:所有有理数组成的集合,记作 $\mathbf{Q}$.

实数集:所有实数组成的集合,记作 $\mathbf{R}$.

四、 集合与元素之间的关系

如果 a 是集合 A 中的元素,则称 a 属于 A,用 $a\in A$ 表示;如果 a 不是集合 A 中的元素,则称 a 不属于 A,用 $a\notin A$ 表示.

例如:$1\in\{1,2,3\}$,$4\notin\{1,2,3\}$,$-2\notin\mathbf{N}$,$-2\in\mathbf{Z}$,$-2\in\mathbf{R}$.

五、 空集

不含任何元素的集合叫作空集,记作 ∅.

六、 集合的表示方法

1. 列举法:把集合中的元素一一列举出来(相邻元素之间用逗号分隔),并写在大括号内,称为列举法.例如 $A=\{2,4,6,8,10\}$.

例 1　用列举法表示下列集合.

(1)方程 $x(x-1)(x+2)=0$ 的所有解组成的集合 A;

(2)大于 4 且小于 20 的所有素数组成的集合 B.

解:(1)方程 $x(x-1)(x+2)=0$ 有三个解 $x_1=0,x_2=1,x_3=-2$,所以 $A=\{-2,0,1\}$;

(2)大于 4 小于 20 的素数包括 $5,7,11,13,17,19$,所以 $B=\{5,7,11,13,17,19\}$.

2. 描述法:有些集合用列举的方法不方便,例如"大于 -2 的所有实数组成的集合 A",无法把这个集合中的所有元素一一列举出来,因此可以把集合 A 表示为

$$A=\{x\mid x>-2,x\in \mathbf{R}\}.$$

用这种方法表示集合时,在大括号内先写上表示这个集合的代表元素,再写一条竖线,在竖线后写出这个集合中元素所具有的共同特征.

如果属于集合 A 的任意一个元素 x 都具有性质 $p(x)$,而不属于集合 A 的元素不具有这个性质,则性质 $p(x)$ 称为集合 A 的一个特征性质. 此时,集合 A 可以用它的特征性质 $p(x)$ 表示为 $A=\{x\mid p(x)\}$,这种表示集合的方法称为特征性质描述法,简称为描述法.

例 2　用描述法表示下列集合.

(1)平面直角坐标系内,第一象限内所有点组成的集合 A;

(2)使得根式 $\sqrt{x+2}$ 有意义的所有实数组成的集合 B.

解:(1)第一象限内点的特征是横坐标与纵坐标都大于零,因此

$$A=\{(x,y)\mid x>0,y>0\}.$$

(2)根式 $\sqrt{x+2}$ 有意义,故 $x+2\geqslant 0$,得 $x\geqslant -2$,因此

$$B=\{x\mid x\geqslant -2\}.$$

第二节　区　　间

设 a,b 是实数,且 $a<b$,规定:

闭区间:满足不等式 $a\leqslant x\leqslant b$ 的所有实数 x 的集合,表示为 $[a,b]$;

开区间:满足不等式 $a<x<b$ 的所有实数 x 的集合,表示为 (a,b);

半开半闭区间:满足不等式 $a\leqslant x<b$ 或 $a<x\leqslant b$ 的所有实数 x 的集合,分别表示为 $[a,b)$ 或 $(a,b]$.

a,b 称为区间的端点,$b-a$ 是区间的长度.

定义	名称	符号	数轴表示
$\{x \mid a \leqslant x \leqslant b\}$	闭区间	$[a,b]$	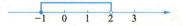
$\{x \mid a<x<b\}$	开区间	(a,b)	
$\{x \mid a \leqslant x<b\}$	左闭右开区间	$[a,b)$	
$\{x \mid a<x \leqslant b\}$	左开右闭区间	$(a,b]$	

由全体实数组成的集合 **R** 可以用区间表示为 $(-\infty,+\infty)$.

满足 $x \geqslant a$ 的实数 x 的集合表示为 $[a,+\infty)$.

满足 $x>a$ 的实数 x 的集合表示为 $(a,+\infty)$.

满足 $x \leqslant b$ 的实数 x 的集合表示为 $(-\infty,b]$.

满足 $x<b$ 的实数 x 的集合表示为 $(-\infty,b)$.

> 注:∞,$+\infty$,$-\infty$(分别读作无穷大,正无穷大,负无穷大)只是一种记号,不能把它们视为实数,也不能进行运算.

例 3 下列区间表示正确的是(　　)

A. $(5,-2)$.　　　　B. $[-\infty,1)$.　　　　C. $(-2,+\infty)$.　　　　D. $[2,2]$.

解:因为区间的左端点应小于右端点的值,所以选项 A,D 是错误的;B 选项区间的左端点 $-\infty$ 处应是开区间,所以 B 错,故答案是 C.

例 4 写出下列集合代表的区间,并在数轴上表示出来.

(1) 集合 $\{x \mid -1 \leqslant x<2\}$;　　　　　　(2) 集合 $\{x \mid x>-5\}$;

(3) 不等式 $2x+3 \leqslant 8$ 的解集;　　　　　(4) 不等式 $-2<3-5x \leqslant 7$ 的解集.

解:(1) 集合 $\{x \mid -1 \leqslant x<2\}$ 用区间表示为 $[-1,2)$,在数轴上表示如下图所示:

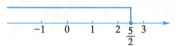

(2) 集合 $\{x \mid x>-5\}$ 用区间表示为 $(-5,+\infty)$,在数轴上表示如下图所示:

(3) 不等式 $2x+3 \leqslant 8$ 的解集为 $\left\{x \mid x \leqslant \dfrac{5}{2}\right\}$,用区间表示为 $\left(-\infty,\dfrac{5}{2}\right]$,在数轴上表示如下图所示:

(4) 不等式 $-2<3-5x \leqslant 7$ 的解集为 $\left\{x \mid -\dfrac{4}{5} \leqslant x<1\right\}$,用区间表示为 $\left[-\dfrac{4}{5},1\right)$,在数轴上表示如下图所示:

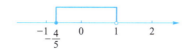

第三节　集合与集合之间的关系

一、子集

如果集合 A 中的任何一个元素都是集合 B 中的元素,那么称集合 A 为集合 B 的子集,记作 $A\subseteq B$(或 $B\supseteq A$),读作 A 包含于 B(或 B 包含 A).

例如: $\{1,2,3\}\subseteq\{1,2,3,4,5,6\}$, $\{1,2,3,4\}\subseteq\{1,2,3,4\}$.

若 A 不是 B 的子集,记作 $A\nsubseteq B$(或 $B\nsupseteq A$),读作 A 不包含于 B(或 B 不包含 A).

由于空集不含任何元素,所以规定:空集是任何集合 A 的子集,即 $\varnothing\subseteq A$.

二、真子集

如果集合 A 是集合 B 的子集,且集合 B 中存在不属于集合 A 中的元素,则称集合 A 是集合 B 的真子集,记作 $A\subsetneqq B$(或 $B\supsetneqq A$),读作 A 真包含于 B(或 B 真包含 A).

例如: $\{1,2,3\}\subsetneqq\{1,2,3,5,7\}$.

三、集合相等

如果两个集合 A 与 B 的元素完全相同,则称两个集合相等,记作 $A=B$.

例 5　写出集合 $A=\{1,2,3\}$ 的所有子集和真子集.

解:按照子集所含元素个数分为以下情况:

① 含 0 个元素的子集有: $\varnothing$;

② 含 1 个元素的子集有: $\{1\}$, $\{2\}$, $\{3\}$;

③ 含 2 个元素的子集有: $\{1,2\}$, $\{1,3\}$, $\{2,3\}$;

④ 含 3 个元素的子集有: $\{1,2,3\}$.

所以集合 $A=\{1,2,3\}$ 的所有子集为: $\varnothing$, $\{1\}$, $\{2\}$, $\{3\}$, $\{1,2\}$, $\{1,3\}$, $\{2,3\}$, $\{1,2,3\}$;所有真子集为: $\varnothing$, $\{1\}$, $\{2\}$, $\{3\}$, $\{1,2\}$, $\{1,3\}$, $\{2,3\}$.

例 6　已知集合 $A=(-3,1]$ 和 $B=(-\infty,m]$,且 $A\subseteq B$,求实数 m 的取值范围.

解:因为 $A\subseteq B$,所以集合 A 中的元素都是集合 B 的元素,可以用数轴表示它们的关系,如下图所示,可知 $m\geqslant 1$.

第四节   集合的运算

一、 交集

设 A,B 是两个集合,由所有属于集合 A 且属于集合 B 的元素所组成的集合,叫作集合 A 与集合 B 的交集,记作 $A \cap B$,读作"A 交 B".

例如 $\{1,2,3,4,5,6\} \cap \{5,6,7,8\} = \{5,6\}$.

交集运算具有以下性质:

(1) $A \cap B = B \cap A$;　　　　　　(2) $A \cap A = A$;

(3) $A \cap \varnothing = \varnothing \cap A = \varnothing$;　　　　(4) 如果 $A \subseteq B$,则 $A \cap B = A$,反之也成立.

例 7　求下列每对集合的交集.

(1) $A = \{1,2\}$,$B = \{2,3\}$;　　　　(2) $A = \{1,3\}$,$B = \{2,4\}$;

(3) $A = (0,3)$,$B = [-2,1]$.

解:(1) 因为 A 与 B 的公共元素只有 2,所以 $A \cap B = \{2\}$;

(2) 因为 A 与 B 没有公共元素,所以 $A \cap B = \varnothing$;

(3) 在数轴上表示区间 A 与 B,如下图所示,所以 $A \cap B = (0,1)$.

二、 并集

给定两个集合 A,B,由这两个集合的所有元素组成的集合,叫作集合 A 与集合 B 的并集,记作 $A \cup B$,读作"A 并 B".

例如:$\{-1,0,1\} \cup \{4,6\} = \{-1,0,1,4,6\}$,$\{3,4,5,6\} \cup \{5,6,7,8\} = \{3,4,5,6,7,8\}$.

并集运算具有以下性质:

(1) $A \cup B = B \cup A$;　　　　　　(2) $A \cup A = A$;

(3) $A \cup \varnothing = \varnothing \cup A = A$;　　　　(4) 如果 $A \subseteq B$,则 $A \cup B = B$;反之也成立.

例 8　已知集合 $A = (-3,2)$,$B = [-2,3]$,求 $A \cup B$.

解:在数轴上表示集合 A 和 B,如下图所示,$A \cup B = (-3,3]$.

第五节　全集与补集

一、全集

在研究集合之间的关系时,如果所研究的集合都是某一给定集合的子集,我们就称这个给定的集合为全集.全集一般用 U 表示.

二、补集

如果集合 A 是全集 U 的一个子集,则由 U 中不属于 A 的所有元素组成的集合,称为 A 在 U 中的补集,记作 $\complement_U A$,读作"A 在 U 中的补集".

例如:若 $U=\{4,5,6,7,8\}$,$A=\{4,6,8\}$,则 $\complement_U A=\{5,7\}$.

对于给定的全集 U 及任意一个子集 A,都有

（1）$A\cup\complement_U A=U$ ；　　　　（2）$A\cap\complement_U A=\varnothing$ ；　　　　（3）$\complement_U(\complement_U A)=A$.

例 9 已知 $U=\{x\in\mathbf{N}\mid x\leqslant 8\}$,$A=\{x\in U\mid |x|\leqslant 2\}$,$B=\{x\in U\mid 0<x<3.5\}$,求 $\complement_U A$,$\complement_U B$.

解:$U=\{x\in\mathbf{N}\mid x\leqslant 8\}=\{0,1,2,3,4,5,6,7,8\}$；

$A=\{x\in U\mid |x|\leqslant 2\}=\{0,1,2\}$,$\complement_U A=\{3,4,5,6,7,8\}$；

$B=\{x\in U\mid 0<x<3.5\}=\{1,2,3\}$,$\complement_U B=\{0,4,5,6,7,8\}$.

第六节　邻　　域

一、邻域

设 a,δ 是实数,且 $\delta>0$,如下图所示,数集 $\{x\mid |x-a|<\delta\}$ 在数轴上可以表示为开区间 $(a-\delta,a+\delta)$,称为点 a 的 δ 邻域,记作 $U(a,\delta)$,即

$$U(a,\delta)=\{x\mid |x-a|<\delta\}=(a-\delta,a+\delta).$$

a 称为邻域的中心, δ 称为邻域的半径

二、去心邻域

数集$\{x\mid 0<\mid x-a\mid <\delta\}$表示在点$a$的$\delta$邻域中去掉中心$a$得到的集合(见下图),称为**点$a$的去心$\delta$邻域**,记作$\mathring{U}(a,\delta)$,即

$$\mathring{U}(a,\delta)=\{x\mid 0<\mid x-a\mid <\delta\}=(a-\delta,a)\cup(a,a+\delta).$$

把开区间$(a-\delta,a)$称为**点a的左δ邻域**,把开区间$(a,a+\delta)$称为**点a的右δ邻域**.

例10 写出以点$a=5$为中心,$\delta=0.1$为半径的邻域.

解:所求邻域为$\{x\mid \mid x-5\mid <0.1\}$,即开区间$(4.9,5.1)$.

例11 写出以点$a=1$为中心,$\delta=0.01$为半径的去心邻域.

解:所求去心邻域为$\{x\mid 0<\mid x-1\mid <0.01\}$,即$(0.99,1)\cup(1,1.01)$.

例12 写出以点$a=3$为中心,$\delta=0.001$为半径的左、右δ邻域.

解:左δ邻域为$(2.999,3)$,右δ邻域为$(3,3.001)$.

同步练习

1. 用两种方法表示由$1,2,3,4,5,6,7,8,9$组成的集合A.

2. 集合$\{x\mid -8\leqslant x<9\}$用区间表示为_____.

3. 集合$\{x\mid x\leqslant 7\}$用区间表示为_____.

4. 已知集合$A=\{1,3,5,7,9\}$,$\complement_U A=\{2,4,6,8\}$,$\complement_U B=\{1,4,6,8,9\}$,求集合$B$.

5. 已知$A=[-1,2]$,$B=\{x\mid \mid x\mid \leqslant 1\}$,求$A\cap B$和$A\cup B$.

6. 已知区间$A=\left(-2,\dfrac{1}{3}\right]$和$B=(m-3,m+2]$,且$A\cap B=A$,求实数$m$的取值范围.

7. 写出以点$a=2$为中心,以$\delta=\dfrac{1}{100}$为半径的邻域.

8. 写出以点$a=\dfrac{1}{2}$为中心,以$\delta=0.0001$为半径的去心邻域及左、右δ邻域.

参考答案

1. $A=\{1,2,3,4,5,6,7,8,9\}$和$A=\{x\in \mathbf{N}_+\mid x\leqslant 9\}$.

2. $[-8,9)$.

3. $(-\infty,7]$.

4. $\complement_U A\cup A=U=\{1,2,3,4,5,6,7,8,9\}$,因为$\complement_U B=\{1,4,6,8,9\}$,所以$B=\{2,3,5,7\}$.

5. $B=\{x\mid \mid x\mid \leqslant 1\}=[-1,1]$,$A\cap B=[-1,1]$,$A\cup B=[-1,2]$.

6. 因为$A\cap B=A$,所以$A\subseteq B$,如下图所示,得到$\begin{cases}m-3\leqslant -2,\\ m+2\geqslant \dfrac{1}{3},\end{cases}$即$\begin{cases}m\leqslant 1,\\ m\geqslant -\dfrac{5}{3},\end{cases}$所以$m$的

取值范围为$\left[-\dfrac{5}{3},1\right]$.

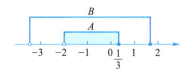

7. 所求邻域为 $\left\{x \;\middle|\; |x-2|<\dfrac{1}{100}\right\}$，即开区间 $\left(\dfrac{199}{100},\dfrac{201}{100}\right)$．

8. 所求去心邻域为 $\left\{x \;\middle|\; 0<\left|x-\dfrac{1}{2}\right|<0.0001\right\}$，即 $(0.4999,0.5)\cup(0.5,0.5001)$．左 δ 邻域为 $(a-\delta,a)=\left(\dfrac{1}{2}-0.0001,\dfrac{1}{2}\right)=(0.4999,0.5)$，右 δ 邻域为 $(a,a+\delta)=\left(\dfrac{1}{2},\dfrac{1}{2}+0.0001\right)=(0.5,0.5001)$．

第四章

一元一次方程

一、 基本概念

方程:含有未知数的等式叫作方程.

一元一次方程:只含有一个未知数,未知数的次数都是一次,等号两边都是整式,这样的方程叫作一元一次方程. 其中一元是指只有一个未知数,一次是指未知数的最高次数是一次.

二、 一元一次方程的判别方法

一元一次方程的判别方法为:

（1）只含有一个未知数;

（2）未知数的次数都是 1;

（3）是整式方程.

例 1 下列等式是一元一次方程的是（ ）

A. $2\pi+1=1+2\pi$.　　　　　　　　　　B. $2x+3=1-3y$.

C. $2(t+1)-\sqrt{3}\,t=1+\dfrac{1}{2}t$.　　　　　　D. $4x+1=1-x^2$.

解:A 选项等式两边不含有未知数,B 选项等式两边含有两个未知数,D 选项等式右边含有二次项,只有 C 选项满足定义,所以答案为 C.

三、 一元一次方程的解法

一元一次方程通过移项、合并同类项可以化成 $ax=b$ 的形式.

（1） $a\neq0$ 时,方程有唯一解 $x=\dfrac{b}{a}$;

（2） $a=0,b=0$ 时,方程变为 $0\times x=0$, x 可以取任意实数,所以方程有无穷多解;

（3） $a=0,b\neq0$ 时,方程变为 $0\times x=b$,而 $b\neq0$,矛盾,所以方程无解.

例 2 解下列方程.

（1） $5x=-3$;　　　（2） $\sqrt{3}x=-6$;　　　（3） $(\sqrt{2}-1)x=4$;　　　（4） $2x+3-\dfrac{1}{3}(4-x)=1$.

解:（1） $5x=-3$,等式两边同时除以 5 得 $x=-\dfrac{3}{5}$;

（2） $\sqrt{3}x=-6$,等式两边同时除以 $\sqrt{3}$ 得 $x=-\dfrac{6}{\sqrt{3}}=-\dfrac{6\sqrt{3}}{\sqrt{3}\times\sqrt{3}}=-2\sqrt{3}$;

（3）$(\sqrt{2}-1)x=4$，等式两边同时除以 $\sqrt{2}-1$ 得 $x=\dfrac{4}{\sqrt{2}-1}=\dfrac{4(\sqrt{2}+1)}{(\sqrt{2}-1)(\sqrt{2}+1)}=4(\sqrt{2}+1)$；

（4）$2x+3-\dfrac{1}{3}(4-x)=1$，去括号得 $2x+3-\dfrac{4}{3}+\dfrac{1}{3}x=1$，合并同类项得 $\dfrac{7}{3}x=-\dfrac{2}{3}$，等式

两边同时除以 $\dfrac{7}{3}$ 得 $x=-\dfrac{2}{7}$.

同步练习

1. 已知 $2x^{2a-1}+3=-\dfrac{3}{5}$ 是关于 x 的一元一次方程，则 $a=$ _____.

2. 若 $x=2$ 是方程 $3a+\dfrac{2}{3}x=4$ 的根，则 $a=$ _____.

3. 若方程 $2x+\dfrac{1}{3}=2-3x$ 与 $3x+\dfrac{1}{2}a=1+x$ 的根相同，则 $a=$ _____.

4. 已知方程 $(3a-2)x=1-2b$，分别求满足下列条件的 a,b.
（1）有唯一解； （2）有无穷多解； （3）无解.

参考答案

1. 因为 $2x^{2a-1}+3=-\dfrac{3}{5}$ 是关于 x 的一元一次方程，所以 x 的次数为 1，即 $2a-1=1$，解

得 $a=1$.

2. 将 $x=2$ 代入方程得 $3a+\dfrac{2}{3}\times 2=4$，解得 $a=\dfrac{8}{9}$.

3. 由方程 $2x+\dfrac{1}{3}=2-3x$ 可得解 $x=\dfrac{1}{3}$，将 $x=\dfrac{1}{3}$ 代入方程 $3x+\dfrac{1}{2}a=1+x$ 得 $3\times\dfrac{1}{3}+\dfrac{1}{2}a=$

$1+\dfrac{1}{3}$，解得 $a=\dfrac{2}{3}$.

4. （1）当 $3a-2\neq 0$，即 $a\neq\dfrac{2}{3}$，$b\in\mathbf{R}$ 时方程有唯一解；

（2）当 $\begin{cases}3a-2=0,\\1-2b=0,\end{cases}$ 即 $a=\dfrac{2}{3}$，$b=\dfrac{1}{2}$ 时，方程有无穷多解；

（3）当 $\begin{cases}3a-2=0,\\1-2b\neq 0,\end{cases}$ 即 $a=\dfrac{2}{3}$，$b\neq\dfrac{1}{2}$ 时，方程无解.

第五章

二元一次方程、二元一次方程组与三元一次方程组

一、二元一次方程

如果一个方程含有两个未知数,并且所含未知数的次数都为 1,这样的整式方程叫作二元一次方程.例如 $x+2y-4=0$ 是二元一次方程.

使二元一次方程两边的值相等的两个未知数的值,叫作二元一次方程的解.

例如方程 $x+2y-4=0$,当 $x=0$ 时,$y=2$;当 $x=1$ 时,$y=\frac{3}{2}$;当 $x=2$ 时,$y=1$.显然二元一次方程的解有无数组.

二、二元一次方程组

由两个一次方程组成,并含有两个未知数的方程组叫作二元一次方程组.

一般地,二元一次方程组中两个二元一次方程的公共解,叫作二元一次方程组的解.

二元一次方程组的常见解法:代入消元法、加减消元法.

例 1 解方程组 $\begin{cases} x+y=3, \\ x-y=4. \end{cases}$

解:方法一:代入消元法.

由 $x+y=3$ 得 $y=3-x$,代入 $x-y=4$ 得 $x-(3-x)=4$,$2x=7$,故 $x=\frac{7}{2}$.将 $x=\frac{7}{2}$ 代入 $y=3-x$,解得 $y=-\frac{1}{2}$.

方程组的解为 $\begin{cases} x=\frac{7}{2}, \\ y=-\frac{1}{2}. \end{cases}$

方法二:加减消元法.

两式相加得 $2x=7$,故 $x=\frac{7}{2}$,代入 $x+y=3$,解得 $y=-\frac{1}{2}$.

方程组的解为 $\begin{cases} x=\frac{7}{2}, \\ y=-\frac{1}{2}. \end{cases}$

例 2 解方程组 $\begin{cases} x+y=3, \\ -3x+2y=1. \end{cases}$

解：由 $x+y=3$ 得 $y=3-x$，代入 $-3x+2y=1$，得 $-3x+2(3-x)=1$，即 $-3x+6-2x=1$，即 $-3x-2x=1-6$，即 $-5x=-5$，所以 $x=1$.

将 $x=1$ 代入 $y=3-x$，得 $y=3-1=2$.

所以方程组的解为 $\begin{cases} x=1, \\ y=2. \end{cases}$

例 3 解方程组 $\begin{cases} \dfrac{x+1}{3}=2y, \\ 2(x+1)-y=11. \end{cases}$

解：由 $\dfrac{x+1}{3}=2y$ 得 $x=6y-1$，代入 $2(x+1)-y=11$，得 $2(6y-1+1)-y=11$，所以 $y=1$.

将 $y=1$ 代入 $x=6y-1$，得 $x=5$.

所以方程组的解为 $\begin{cases} x=5, \\ y=1. \end{cases}$

例 4 解方程组 $\begin{cases} x+y=2, \\ 2x+2y=4. \end{cases}$

解：记 $x+y=2$ 为①，$2x+2y=4$ 为②，②-2×①得 $0=0$，恒成立，故原方程组有无穷多个解.

例 5 解方程组 $\begin{cases} x-2y=3, \\ 2x-4y=8. \end{cases}$

解：记 $x-2y=3$ 为①，$2x-4y=8$ 为②，②-2×①得 $0=2$，矛盾，故原方程组无解.

总结：二元一次方程组的解的情况：$\begin{cases} (1)\ 唯一解； \\ (2)\ 无解； \\ (3)\ 无穷多个解. \end{cases}$

三、三元一次方程组

含有三个未知数,且含未知数的项的次数都是一次的方程,叫作三元一次方程.三元一次方程组一般由 3 个三元一次方程组成.三元一次方程组的解题思路:用代入消元法或加减消元法把一个未知数消去,转换成二元一次方程组求解.

例 6 解方程组 $\begin{cases} x+y=27, \\ y+z=33, \\ x+z=30. \end{cases}$

解：记 $x+y=27$ 为①，$y+z=33$ 为②，$x+z=30$ 为③，①+②+③得 $2(x+y+z)=90$，故

$$x+y+z=45. \qquad ④$$

④-①得 $z=18$，④-②得 $x=12$，④-③得 $y=15$.

所以方程组的解为 $\begin{cases} x=12, \\ y=15, \\ z=18. \end{cases}$

例 7   解方程组 $\begin{cases} 3x-y+z=4, \\ 2x+3y-z=12, \\ x+y+z=6. \end{cases}$

解: 记 $3x-y+z=4$ 为①,$2x+3y-z=12$ 为②,$x+y+z=6$ 为③,①+②得 $5x+2y=16$,记为④;③+②得 $3x+4y=18$,记为⑤;④×2−⑤得 $10x-3x=32-18$,解得 $x=2$.

将 $x=2$ 代入④,解得 $y=3$. 将 $x=2$,$y=3$ 代入③,解得 $z=1$.

所以方程组的解为 $\begin{cases} x=2, \\ y=3, \\ z=1. \end{cases}$

同步练习

1. 判断下列二元一次方程组的解有多少组.

(1) $\begin{cases} x+2y=10, \\ 2x-y=9; \end{cases}$ (2) $\begin{cases} x+y=10, \\ 2x+2y=20; \end{cases}$ (3) $\begin{cases} x+y=4, \\ 2x+2y=20. \end{cases}$

2. 解方程组 $\begin{cases} 3x+2y=7, \\ 2x+3y=8. \end{cases}$

3. 解方程组 $\begin{cases} 3x-5y=6, \\ x+4y=-15. \end{cases}$

4. 解方程组 $\begin{cases} x+y-z=0, \\ 2x-3y+5z=5, \\ 3x+y-z=2. \end{cases}$

参考答案

1. (1) 一组解;   (2) 无穷多组解;   (3) 无解.

2. $\begin{cases} 3x+2y=7, & ① \\ 2x+3y=8. & ② \end{cases}$

①×2−②×3 得 $-5y=-10$,解得 $y=2$.将 $y=2$ 代入①得 $3x+2\times2=7$,解得 $x=1$.

所以方程组的解为 $\begin{cases} x=1, \\ y=2. \end{cases}$

3. 由 $x+4y=-15$,得 $x=-15-4y$,代入 $3x-5y=6$ 中,得 $3(-15-4y)-5y=6$,解得 $y=-3$.将 $y=-3$ 代入 $x=-15-4y$,得 $x=-15-4\times(-3)=-3$.

所以方程组的解为 $\begin{cases} x=-3, \\ y=-3. \end{cases}$

4. $\begin{cases} x+y-z=0, & ① \\ 2x-3y+5z=5, & ② \\ 3x+y-z=2. & ③ \end{cases}$

③−①得 $2x=2$，解得 $x=1$，代入①和②得 $\begin{cases} y-z=-1, \\ 2-3y+5z=5, \end{cases}$ 解得 $\begin{cases} y=-1, \\ z=0. \end{cases}$

所以方程组的解为 $\begin{cases} x=1, \\ y=-1, \\ z=0. \end{cases}$

第六章

一元二次方程

一、 基本概念

形如 $ax^2+bx+c=0$ 的方程叫作**一元二次方程**,其中 $a,b,c\in\mathbf{R},a\neq 0$. 例如 $x^2-2x-3=0$, $\frac{1}{3}x^2-9x=0,2x^2-3=0$ 都是一元二次方程.

二、 直接开平方法

情形①:若一元二次方程形如 $x^2=m(m\geq 0)$,等式两边直接开平方,得实数根 $x_{1,2}=\pm\sqrt{m}$;

情形②:若一元二次方程形如 $(x+a)^2=m(m\geq 0)$,等式两边直接开平方,移项后得实数根 $x_{1,2}=-a\pm\sqrt{m}$;

情形③:若一元二次方程形如 $x^2=m(m<0)$,方程没有实数根,引入虚数单位 i, $i^2=-1$,得虚数根 $x_{1,2}=\pm\sqrt{-m}\,i$;

情形④:若一元二次方程形如 $(x+a)^2=m(m<0)$,方程没有实数根,引入虚数单位 i, $i^2=-1$,移项后得虚数根 $x_{1,2}=-a\pm\sqrt{-m}\,i$.

例 1 解方程 $x^2-3=0$.

解: $x^2=3$,解得两个实数根分别为 $x_1=\sqrt{3}$, $x_2=-\sqrt{3}$.

例 2 解方程 $x^2=0$.

解: $x_1=x_2=0$.

例 3 解方程 $x^2+3=0$.

解: $x^2=-3$, 无实数根,虚数根为 $x_1=\sqrt{3}\,i,x_2=-\sqrt{3}\,i$.

例 4 解方程 $(x+2)^2-16=0$.

解: $(x+2)^2=16$, $x+2=\pm 4$,解得两个实数根分别为 $x_1=-6,x_2=2$.

例 5 解方程 $\frac{1}{3}(x-1)^2-2=0$.

解: $(x-1)^2=6$, $x-1=\pm\sqrt{6}$,解得两个实数根分别为 $x_1=1+\sqrt{6}$, $x_2=1-\sqrt{6}$.

三、 配方法

如果一元二次方程的形式不是 $x^2=m$ 或 $(x+a)^2=m$,可先将其配方,化为平方的形式.

例 6　解方程 $x^2 + 2x + 1 = 0$.

解：$x^2 + 2x + 1 = (x+1)^2 = 0$，解得两个相等的实数根为 $x_1 = x_2 = -1$.

例 7　解方程 $x^2 + 2x - 3 = 0$.

解：$x^2 + 2x - 3 = x^2 + 2x + 1 - 4 = (x+1)^2 - 4 = 0$，$(x+1)^2 = 4$，$x + 1 = \pm 2$，解得两个实数根分别为 $x_1 = 1$，$x_2 = -3$.

例 8　解方程 $x^2 + 2x + 3 = 0$.

解：$x^2 + 2x + 3 = x^2 + 2x + 1 + 2 = (x+1)^2 + 2 = 0$，$(x+1)^2 = -2$，$x + 1 = \pm\sqrt{2}\,\mathrm{i}$，解得两个虚数根分别为 $x_1 = -1 + \sqrt{2}\,\mathrm{i}$，$x_2 = -1 - \sqrt{2}\,\mathrm{i}$.

四、　因式分解法

如果原方程可以在实数域内因式分解，则可将一元二次方程先因式分解，化为 $a(x-m)(x-n) = 0$ 的形式，即可解得 $x_1 = m$，$x_2 = n$.

例 9　解方程 $x^2 = 2x + 3$.

解：原方程移项可得 $x^2 - 2x - 3 = 0$，即 $x^2 - 2x - 3 = (x-3)(x+1) = 0$，解得两个实数根分别为 $x_1 = -1$，$x_2 = 3$.

例 10　解方程 $x^2 - x - 30 = 0$.

解：$x^2 - x - 30 = (x-6)(x+5) = 0$，解得两个实数根分别为 $x_1 = -5$，$x_2 = 6$.

五、　公式法

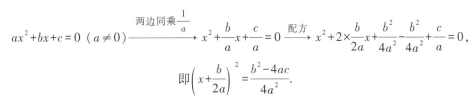

$$ax^2 + bx + c = 0 \ (a \neq 0) \xrightarrow{\text{两边同乘}\frac{1}{a}} x^2 + \frac{b}{a}x + \frac{c}{a} = 0 \xrightarrow{\text{配方}} x^2 + 2 \times \frac{b}{2a}x + \frac{b^2}{4a^2} - \frac{b^2}{4a^2} + \frac{c}{a} = 0,$$

$$\text{即} \left(x + \frac{b}{2a}\right)^2 = \frac{b^2 - 4ac}{4a^2}.$$

情况①：判别式 $\Delta = b^2 - 4ac > 0$，$x_{1,2} = \dfrac{-b \pm \sqrt{b^2 - 4ac}}{2a}$，有两个不相等的实数根；

情况②：判别式 $\Delta = b^2 - 4ac = 0$，$x_1 = x_2 = -\dfrac{b}{2a}$，有两个相等的实数根；

情况③：判别式 $\Delta = b^2 - 4ac < 0$，无实数根. 引入虚数单位 i，$\mathrm{i}^2 = -1$，得两个虚数根

$$x_{1,2} = \frac{-b \pm \sqrt{\mathrm{i}^2 \times (4ac - b^2)}}{2a} = -\frac{b}{2a} \pm \frac{\sqrt{4ac - b^2}}{2a}\mathrm{i}.$$

例 11　解方程 $x^2 - x - 4 = 0$.

解：$a = 1$，$b = -1$，$c = -4$，$\Delta = b^2 - 4ac = (-1)^2 - 4 \times 1 \times (-4) = 17 > 0$，方程有两个不相等的实数根. $x_{1,2} = \dfrac{-b \pm \sqrt{b^2 - 4ac}}{2a} = \dfrac{-(-1) \pm \sqrt{17}}{2 \times 1} = \dfrac{1 \pm \sqrt{17}}{2}$，即两个实数根分别为 $x_1 = \dfrac{1 - \sqrt{17}}{2}$，

$x_2 = \dfrac{1 + \sqrt{17}}{2}$.

例 12　解方程 $2x^2+3x-\dfrac{1}{2}=0$.

解：$a=2,b=3,c=-\dfrac{1}{2},\Delta=b^2-4ac=3^2-4\times2\times\left(-\dfrac{1}{2}\right)=13>0$，方程有两个不相等的实

数根. $x_{1,2}=\dfrac{-b\pm\sqrt{b^2-4ac}}{2a}=\dfrac{-3\pm\sqrt{13}}{2\times2}=\dfrac{-3\pm\sqrt{13}}{4}$，即两个实数根分别为 $x_1=\dfrac{-3-\sqrt{13}}{4}$，

$x_2=\dfrac{-3+\sqrt{13}}{4}$.

例 13　解方程 $x^2-x+2=0$.

解：$a=1,b=-1,c=2,\Delta=b^2-4ac=(-1)^2-4\times1\times2=-7<0$，方程无实数根. $x_{1,2}=-\dfrac{b}{2a}\pm$

$\dfrac{\sqrt{4ac-b^2}}{2a}\mathrm{i}=-\dfrac{-1}{2}\pm\dfrac{\sqrt{7}}{2}\mathrm{i}=\dfrac{1}{2}\pm\dfrac{\sqrt{7}}{2}\mathrm{i}$，即两个虚数根分别为 $x_1=\dfrac{1}{2}+\dfrac{\sqrt{7}}{2}\mathrm{i},x_2=\dfrac{1}{2}-\dfrac{\sqrt{7}}{2}\mathrm{i}$.

六、韦达定理

韦达定理：设一元二次方程 $ax^2+bx+c=0$（$a,b,c\in\mathbf{R},a\neq0$）的两个根分别为 x_1 和

x_2，则 $x_1+x_2=-\dfrac{b}{a},x_1x_2=\dfrac{c}{a}$.

韦达定理给出了一元二次方程中根与系数的关系.

例 14　解方程 $4x^2-x-3=0$，并验证韦达定理.

解：原方程因式分解可得 $(4x+3)(x-1)=0$，方程有两个不相等的实数根，分别为

$x_1=-\dfrac{3}{4},x_2=1$.

$a=4,b=-1,c=-3,x_1+x_2=-\dfrac{3}{4}+1=\dfrac{1}{4}=-\dfrac{b}{a},x_1x_2=-\dfrac{3}{4}\times1=-\dfrac{3}{4}=\dfrac{c}{a}$，满足韦达定理.

例 15　解方程 $4x^2-4x+1=0$，并验证韦达定理.

解：原方程因式分解可得 $(2x-1)^2=0$，方程有两个相等的实数根，为 $x_1=x_2=\dfrac{1}{2}$.

$a=4,b=-4,c=1,x_1+x_2=\dfrac{1}{2}+\dfrac{1}{2}=1=-\dfrac{b}{a},x_1x_2=\dfrac{1}{2}\times\dfrac{1}{2}=\dfrac{1}{4}=\dfrac{c}{a}$，满足韦达定理.

例 16　解方程 $2x^2-4x+3=0$，并验证韦达定理.

解：$a=2,b=-4,c=3$，判别式 $\Delta=(-4)^2-4\times2\times3=-8<0$，方程有两个不相等的虚数

根，分别为 $x_1=1+\dfrac{\sqrt{2}}{2}\mathrm{i},x_2=1-\dfrac{\sqrt{2}}{2}\mathrm{i}$.

$x_1+x_2=1+\dfrac{\sqrt{2}}{2}\mathrm{i}+1-\dfrac{\sqrt{2}}{2}\mathrm{i}=2=-\dfrac{b}{a},x_1x_2=\left(1+\dfrac{\sqrt{2}}{2}\mathrm{i}\right)\left(1-\dfrac{\sqrt{2}}{2}\mathrm{i}\right)=1^2-\left(\dfrac{\sqrt{2}}{2}\mathrm{i}\right)^2=1-\dfrac{1}{2}\mathrm{i}^2=1+$

$\dfrac{1}{2}=\dfrac{3}{2}=\dfrac{c}{a}$，满足韦达定理.

同步练习

1. 解方程 $3x^2+1=0$.

2. 解方程 $4x^2-1=0$.

3. 解方程 $ax^2+b=0\,(a\neq0,b\neq0)$.

4. 解方程 $x^2-12x+34=0$.

5. 解方程 $x^2-1997x+1996=0$.

6. 分别用十字相乘法和公式法解方程 $2x^2=4-7x$.

7. 解方程 $x^2+3x+4=0$.

8. 设一元二次方程 $3x^2+5x-6=0$ 的两个根分别为 x_1 和 x_2,求下列各式的值.

（1）x_1+x_2；　　（2）x_1x_2；　　（3）$x_1^2+x_2^2$；　　（4）$x_1^2x_2+x_1x_2^2$.

参考答案

1. $x^2=-\dfrac{1}{3}$,原方程无实数根,两个虚数根分别为 $x_1=-\dfrac{\sqrt{3}}{3}\mathrm{i},x_2=\dfrac{\sqrt{3}}{3}\mathrm{i}$.

2. $4x^2-1=0,x^2=\dfrac{1}{4},x=\pm\dfrac{1}{2}$,原方程的解为 $x_1=-\dfrac{1}{2},x_2=\dfrac{1}{2}$.

3. $x^2=-\dfrac{b}{a}$ （$a\neq0,b\neq0$）.

当 $ab<0$ 时,$x=\pm\sqrt{-\dfrac{b}{a}}$,两个实数根分别为 $x_1=-\sqrt{-\dfrac{b}{a}},x_2=\sqrt{-\dfrac{b}{a}}$；

当 $ab>0$ 时,原方程无实数根,两个虚数根分别为 $x_1=-\sqrt{\dfrac{b}{a}}\mathrm{i},x_2=\sqrt{\dfrac{b}{a}}\mathrm{i}$.

4. 移项得 $x^2-12x=-34$,$x^2-12x+36=-34+36$,$(x-6)^2=2$,$x-6=\pm\sqrt{2}$,原方程的解为 $x_1=6-\sqrt{2},x_2=6+\sqrt{2}$.

5. 因式分解为 $(x-1)(x-1996)=0$,原方程的解为 $x_1=1,x_2=1996$.

6.（1）十字相乘法:移项得 $2x^2+7x-4=0$,由十字相乘法得 $(2x-1)(x+4)=0$,原方程的解为 $x_1=-4,x_2=\dfrac{1}{2}$.

（2）公式法：移项得 $2x^2+7x-4=0$,$\Delta=7^2-4\times2\times(-4)=81$,$x_{1,2}=\dfrac{-7\pm\sqrt{81}}{2\times2}=\dfrac{-7\pm9}{4}$,原方程的解为 $x_1=-4,x_2=\dfrac{1}{2}$.

7. $\Delta=b^2-4ac=3^2-4\times1\times4=-7<0$,原方程无实数根.

$x_{1,2}=-\dfrac{b}{2a}\pm\dfrac{\sqrt{4ac-b^2}}{2a}\mathrm{i}=-\dfrac{3}{2}\pm\dfrac{\sqrt{7}}{2}\mathrm{i}$,两个虚数根分别为 $x_1=-\dfrac{3}{2}+\dfrac{\sqrt{7}}{2}\mathrm{i},x_2=-\dfrac{3}{2}-\dfrac{\sqrt{7}}{2}\mathrm{i}$.

8. 原方程的两个根分别为 x_1 和 x_2，其中 $a=3$，$b=5$，$c=-6$，由韦达定理得：

（1） $x_1+x_2=-\dfrac{b}{a}=-\dfrac{5}{3}$；

（2） $x_1 x_2=\dfrac{c}{a}=\dfrac{-6}{3}=-2$；

（3） $x_1^2+x_2^2=(x_1+x_2)^2-2x_1 x_2=\left(-\dfrac{5}{3}\right)^2-2\times(-2)=\dfrac{25}{9}+4=\dfrac{61}{9}$；

（4） $x_1^2 x_2+x_1 x_2^2=x_1 x_2(x_1+x_2)=(-2)\times\left(-\dfrac{5}{3}\right)=\dfrac{10}{3}$.

第七章

数轴与平面直角坐标系

第一节　数　　轴

一、数轴的定义与三要素

数轴的定义:规定了原点、正方向和单位长度的直线叫作数轴.

数轴的三要素:原点,正方向,单位长度,如下图所示.

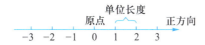

例 1　在数轴上画出下列各数对应的点:

$$-3,-\sqrt{2},-1,2,3\frac{3}{4},4.5,\sqrt{5}.$$

解:各点位置如下图所示.

二、数轴上两点间的距离公式

若 A,B 两点在数轴上表示的数分别为 a 和 b,则 A,B 两点间的距离为

$$|AB|=|a-b|.$$

① 当 $a>b$ 时,$|AB|=a-b$;

② 当 $a<b$ 时,$|AB|=b-a$;

③ 当 $a=b$ 时,$|AB|=0$;

④ 当 a,b 大小不确定时,$|AB|=|a-b|$.

例 2　若 A,B 两点在数轴上表示的数分别为 -2 和 3.5,求 A,B 两点间的距离.

解:$|AB|=|3.5-(-2)|=5.5.$

例 3　若 A,B 两点在数轴上表示的数分别为 2 和 x,$|AB|=7$,求 x 的值.

解:$|AB|=|x-2|=7$,$x-2=7$ 或 $2-x=7$,所以 $x=9$ 或 $x=-5$.

三、数轴上的对称点

若点 A 在数轴上表示的数为 a,则点 A 关于原点的对称点 B 表示的数为 $-a$,也就是数轴上关于原点对称的两点表示的数互为相反数,如下图所示.

$$\begin{array}{c} B \qquad\qquad\qquad A \\ \overset{-a}{\longleftarrow}\qquad \overset{0}{\vert}\qquad \overset{a}{\longrightarrow} \end{array}$$

例 4 写出下列各数在数轴上的对应点关于原点的对称点所表示的数:

$$-3\sqrt{5},-2,\frac{2}{3},4.$$

解:数轴上关于原点对称的两点表示的数互为相反数,所以所求关于原点的对称点所表示的数分别为 $3\sqrt{5},2,-\frac{2}{3},-4.$

第二节 平面直角坐标系

一、 平面直角坐标系的定义

在平面内,两条互相垂直且有公共原点的数轴组成平面直角坐标系,其中水平的数轴称为 x 轴或横轴,取向右的方向为正方向,竖直的数轴称为 y 轴或纵轴,取向上的方向为正方向,两坐标轴的交点为平面直角坐标系的原点.两坐标轴所在的平面即为直角坐标系的平面,叫作直角坐标平面.

二、 点的坐标

如右图所示,对于平面内任意一点 P,过点 P 分别向 x 轴、y 轴作垂线,垂足在 x 轴、y 轴上的对应点 a 和 b 分别叫作点 P 的横坐标、纵坐标,有序数对 (a,b) 叫作点 P 的坐标.其中横坐标在前,纵坐标在后,中间用“,”分开,横、纵坐标的位置不能颠倒.平面内任一点的坐标是有序实数对,当 $a\neq b$ 时,(a,b) 和 (b,a) 是两个不同点的坐标.

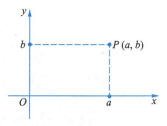

三、 象限

如右图所示,为了方便描述坐标平面内点的位置,把坐标平面被 x 轴和 y 轴分割而成的四个部分,按逆时针方向分别叫作第一象限、第二象限、第三象限、第四象限.

注意:x 轴和 y 轴上的点,不属于任何象限.

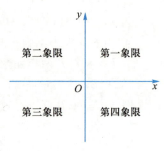

四、 点的坐标的特征(见下图)

1. $P(a,b)$ 在第一象限:$a>0,b>0$;

2. $P(a,b)$ 在第二象限:$a<0,b>0$;

3. $P(a,b)$ 在第三象限:$a<0,b<0$;

4. $P(a,b)$ 在第四象限:$a>0,b<0$;

5. $P(a,b)$ 在 x 轴正半轴:$a>0,b=0$;

6. $P(a,b)$ 在 x 轴负半轴:$a<0,b=0$;

7. $P(a,b)$ 在 x 轴:$a\in\mathbf{R},b=0$;

8. $P(a,b)$ 在 y 轴正半轴:$a=0,b>0$;

9. $P(a,b)$ 在 y 轴负半轴:$a=0,b<0$;

10. $P(a,b)$ 在 y 轴:$a=0,b\in\mathbf{R}$.

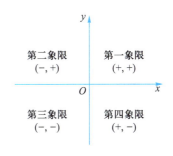

五、 平行于坐标轴的直线上的点的坐标特点

平行于 x 轴(或垂直于 y 轴)的直线上的点的纵坐标相同;

平行于 y 轴(或垂直于 x 轴)的直线上的点的横坐标相同.

例5 如下图所示,写出直线 l 上点的坐标特点和表达式.

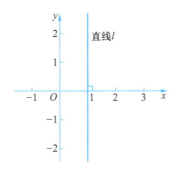

解:直线 l 上点的横坐标都是 1,纵坐标可以取任意数,用 $x=1$ 表示直线 l.

例6 如下图所示,写出直线 l 上点的坐标特点和表达式.

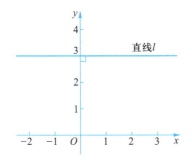

解:直线 l 上点的纵坐标都是 3,横坐标可以取任意数,用 $y=3$ 表示直线 l.

例7 在平面直角坐标系中标记下列点,并说明这些点分别在哪个象限内或哪个坐标轴上:

$$A(4,0),B(0,2),C(-9,-2),D(2,7),E(1,-1),F(4,0.5).$$

解:A 点,因为纵坐标为 0,所以点 A 在 x 轴上,且横坐标为 4,在 x 轴正半轴上.

B 点,因为横坐标为 0,所以点 B 在 y 轴上,且纵坐标为 2,在 y 轴正半轴上.

C 点,因为横坐标为-9,在 x 轴上找到 $(-9,0)$ 这个点,过 $(-9,0)$ 作垂直于 x 轴的直线 $x=-9$;在 y 轴上找到 $(0,-2)$ 这个点,过 $(0,-2)$ 作垂直于 y 轴的直线 $y=-2$,这两条直线的交点就是 $C(-9,-2)$,在第三象限.A,B,C 三个点在直角坐标系中的位置如下图所示.

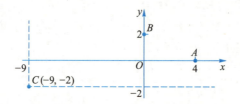

D 点,因为横坐标为 2,在 x 轴上找到 $(2,0)$ 这个点,过 $(2,0)$ 作垂直于 x 轴的直线 $x=2$;在 y 轴上找到 $(0,7)$ 这个点,过 $(0,7)$ 作垂直于 y 轴的直线 $y=7$,这两条直线的交点就是 $D(2,7)$,在第一象限.

E 点,因为横坐标为 1,在 x 轴上找到 $(1,0)$ 这个点,过 $(1,0)$ 作垂直于 x 轴的直线 $x=1$;在 y 轴上找到 $(0,-1)$ 这个点,过 $(0,-1)$ 作垂直于 y 轴的直线 $y=-1$,这两条直线的交点就是 $E(1,-1)$,在第四象限.

F 点,因为横坐标为 4,在 x 轴上找到 $(4,0)$ 这个点,过 $(4,0)$ 作垂直于 x 轴的直线 $x=4$;在 y 轴上找到 $(0,0.5)$ 这个点,过 $(0,0.5)$ 作垂直于 y 轴的直线 $y=0.5$,这两条直线的交点就是 $F(4,0.5)$,在第一象限.

D,E,F 三个点在直角坐标系中的位置如下图所示.

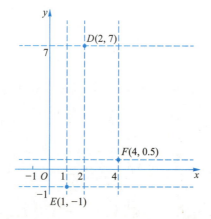

六、点的平移

口诀:左减右加(横坐标),上加下减(纵坐标).

例 8 求下列点的坐标.

(1) $A(8,9)$ 向左移动 2 个单位,得到 B 点坐标;

(2) $A(8,9)$ 向右移动 3 个单位,得到 C 点坐标;

(3) $A(8,9)$ 向上移动 4 个单位,得到 D 点坐标;

(4) $A(8,9)$ 向下移动 1 个单位,得到 E 点坐标;

（5）$A(8,9)$ 向左移动 5 个单位，向下移动 2 个单位，得到 F 点坐标；

（6）$A(8,9)$ 向上移动 2 个单位，向右移动 6 个单位，得到 G 点坐标；

（7）$A(8,9)$ 向下移动 1 个单位，向左移动 4 个单位，得到 H 点坐标.

解：（1）$A(8,9) \xrightarrow[\text{左减（横坐标）}]{\text{向左移动 2 个单位}} B(6,9)$；

（2）$A(8,9) \xrightarrow[\text{右加（横坐标）}]{\text{向右移动 3 个单位}} C(11,9)$；

（3）$A(8,9) \xrightarrow[\text{上加（纵坐标）}]{\text{向上移动 4 个单位}} D(8,13)$；

（4）$A(8,9) \xrightarrow[\text{下减（纵坐标）}]{\text{向下移动 1 个单位}} E(8,8)$；

（5）$A(8,9) \xrightarrow[\text{向下移动 2 个单位，下减（纵坐标）}]{\text{向左移动 5 个单位，左减（横坐标）}} F(3,7)$；

（6）$A(8,9) \xrightarrow[\text{向右移动 6 个单位，右加（横坐标）}]{\text{向上移动 2 个单位，上加（纵坐标）}} G(14,11)$；

（7）$A(8,9) \xrightarrow[\text{向左移动 4 个单位，左减（横坐标）}]{\text{向下移动 1 个单位，下减（纵坐标）}} H(4,8)$.

七、 两条特殊的直线

$y=x$：这条直线是第一、第三象限的角平分线，如下左图所示，直线上点的坐标为 (a,a)，横、纵坐标相等，是互为反函数的两个函数图像的对称轴；

$y=-x$：这条直线是第二、第四象限的角平分线，如下右图所示，直线上点的坐标为 $(a,-a)$，横、纵坐标互为相反数.

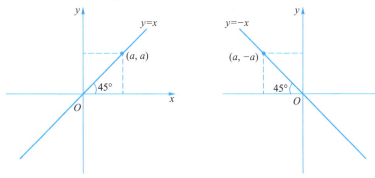

八、 对称点

如下图所示，点 (a,b) 关于 x 轴的对称点：$(a,-b)$.

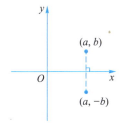

如下图所示,点 (a,b) 关于 y 轴的对称点: $(-a,b)$.

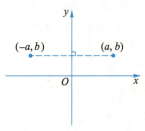

如下图所示,点 (a,b) 关于原点的对称点: $(-a,-b)$.

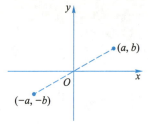

如下图所示,点 (a,b) 关于直线 $y=x$ 的对称点: (b,a).

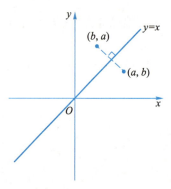

如下图所示,点 (a,b) 关于直线 $y=-x$ 的对称点: $(-b,-a)$.

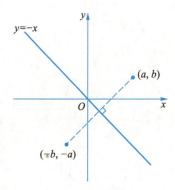

例 9 求下列点的对称点.
(1) 点 $(4,-3)$ 关于 x 轴的对称点;   (2) 点 $(-1,6)$ 关于 y 轴的对称点;

（3）点 $(3,7)$ 关于原点的对称点；   （4）点 $(-4,1)$ 关于直线 $y=x$ 的对称点；

（5）点 $(10,3)$ 关于直线 $y=-x$ 的对称点.

解：（1）点 $(4,-3)$ 关于 x 轴的对称点为 $(4,3)$；

（2）点 $(-1,6)$ 关于 y 轴的对称点为 $(1,6)$；

（3）点 $(3,7)$ 关于原点的对称点为 $(-3,-7)$；

（4）点 $(-4,1)$ 关于直线 $y=x$ 的对称点为 $(1,-4)$；

（5）点 $(10,3)$ 关于直线 $y=-x$ 的对称点为 $(-3,-10)$.

九、 点到坐标轴的距离与点到原点的距离

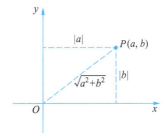

如右图所示，点 $P(a,b)$ 到 x 轴的距离：$|b|$；

点 $P(a,b)$ 到 y 轴的距离：$|a|$；

点 $P(a,b)$ 到原点的距离：$\sqrt{a^2+b^2}$.

例 10　求点 $P(3,-6)$ 到 x 轴的距离.

解：点 $P(3,-6)$ 到 x 轴的距离为 $|-6|=6$.

例 11　求点 $P(4,9)$ 到 y 轴的距离.

解：点 $P(4,9)$ 到 y 轴的距离为 $|4|=4$.

例 12　求点 $P(-4,-3)$ 到原点的距离.

解：点 $P(-4,-3)$ 到原点的距离为 $\sqrt{(-4)^2+(-3)^2}=5$.

十、 两点间的距离公式

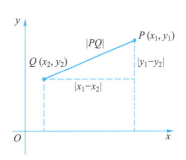

如右图所示，两点 $P(x_1,y_1),Q(x_2,y_2)$ 间的距离：
$$|PQ|=\sqrt{(x_1-x_2)^2+(y_1-y_2)^2}.$$

例 13　求两点 $P(-3,2),Q(0,4)$ 间的距离.

解：由两点间的距离公式可得

$|PQ|=\sqrt{(x_1-x_2)^2+(y_1-y_2)^2}=\sqrt{(-3-0)^2+(2-4)^2}=\sqrt{13}$.

十一、 中点坐标公式

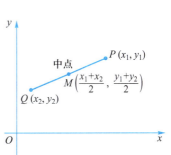

已知两点 $P(x_1,y_1),Q(x_2,y_2)$，线段 PQ 的中点 M 的坐标为：
$$M\left(\frac{x_1+x_2}{2},\frac{y_1+y_2}{2}\right).$$

例 14　已知两点 $P(-3,5),Q(2,-3)$，求线段 PQ 中点 M 的坐标.

解：设线段 PQ 中点 M 的坐标为 (x,y)，由中点坐标公式得 $x=\dfrac{x_1+x_2}{2}=\dfrac{-3+2}{2}=-\dfrac{1}{2}$，$y=\dfrac{y_1+y_2}{2}=\dfrac{5+(-3)}{2}=1$，所以点 M 的坐标为 $\left(-\dfrac{1}{2},1\right)$.

同步练习

1. 求点 $(2,-1)$ 关于 x 轴的对称点 A 和关于 y 轴的对称点 B,并求 A,B 两点间的距离.

2. 求点 $P(-3,6)$ 到 x 轴的距离.

3. 求点 $P(-4,-9)$ 到 y 轴的距离.

4. 求点 $P(1,-3)$ 到原点的距离.

5. 求两点 $P(-3,-1),Q(1,4)$ 间的距离.

6. 已知两点 $P(7,6),Q(-3,-4)$,求线段 PQ 中点 M 的坐标.

7. 求点 $P(-4,-9)$ 关于直线 $y=x$ 的对称点 A 与关于原点的对称点 C,并求 $|AC|$.

参考答案

1. 点 A 的坐标为 $(2,1)$,点 B 的坐标为 $(-2,-1)$,A,B 两点间的距离为

$$|AB| = \sqrt{(x_1-x_2)^2+(y_1-y_2)^2} = \sqrt{[2-(-2)]^2+[1-(-1)]^2} = \sqrt{20} = 2\sqrt{5}.$$

2. 点 $P(-3,6)$ 到 x 轴的距离为 $|6|=6$.

3. 点 $P(-4,-9)$ 到 y 轴的距离为 $|-4|=4$.

4. 点 $P(1,-3)$ 到原点的距离为 $\sqrt{x^2+y^2} = \sqrt{1^2+(-3)^2} = \sqrt{10}$.

5. P,Q 两点间的距离为 $|PQ| = \sqrt{(x_1-x_2)^2+(y_1-y_2)^2} = \sqrt{(-3-1)^2+(-1-4)^2} = \sqrt{41}$.

6. 设 M 的坐标为 (x,y),由中点坐标公式可得 $x = \dfrac{x_1+x_2}{2} = \dfrac{7+(-3)}{2} = 2$,$y = \dfrac{y_1+y_2}{2} = \dfrac{6+(-4)}{2} = 1$,所以点 M 的坐标为 $(2,1)$.

7. 点 $P(-4,-9)$ 关于直线 $y=x$ 的对称点为 $A(-9,-4)$,点 $P(-4,-9)$ 关于原点的对称点为 $C(4,9)$,所以 $|AC| = \sqrt{(-9-4)^2+(-4-9)^2} = \sqrt{13^2+13^2} = 13\sqrt{2}$.

第八章

正比例函数与一次函数

一、 基本概念

形如 $y=kx+b$ （$k\neq0$）的函数，叫一次函数. 例如 $y=-2x+3$ 为一次函数.

当 $b=0$ 时，函数为 $y=kx$，称为正比例函数. 例如 $y=4x$, $y=-\dfrac{2}{3}x$ 均为正比例函数.

正比例函数是特殊的一次函数，但一次函数不一定是正比例函数.

二、 正比例函数 $y=kx$ 的图像

对 $y=kx$，令 $x=0$，得 $y=0$；令 $x=1$，得 $y=k$. 经过原点 $(0,0)$ 与点 $(1,k)$ 画一条直线，便是正比例函数 $y=kx$ 的图像.

一次函数和正比例函数的图像都是直线，可以通过确定的两点连线画出函数图像.

例 1 在同一直角坐标系下画出下列正比例函数的图像.

（1）$y=x$；（2）$y=2x$；（3）$y=3x$；（4）$y=\dfrac{1}{2}x$.

解：（1）经过原点 $(0,0)$ 和点 $(1,1)$ 画直线，得到 $y=x$ 的函数图像；

（2）经过原点 $(0,0)$ 和点 $(1,2)$ 画直线，得到 $y=2x$ 的函数图像；

（3）经过原点 $(0,0)$ 和点 $(1,3)$ 画直线，得到 $y=3x$ 的函数图像；

（4）经过原点 $(0,0)$ 和点 $\left(1,\dfrac{1}{2}\right)$ 画直线，得到 $y=\dfrac{1}{2}x$ 的函数图像.

四条直线在同一直角坐标系内的图像如下图所示.

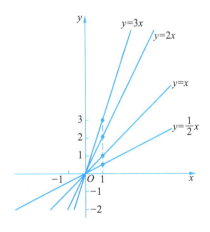

例 2 在同一直角坐标系下画出下列正比例函数的图像.

（1）$y=-x$；　（2）$y=-2x$；　（3）$y=-3x$；　（4）$y=-\dfrac{1}{2}x$.

解：（1）经过原点$(0,0)$和点$(-1,1)$画直线，得到$y=-x$的函数图像；

（2）经过原点$(0,0)$和点$(-1,2)$画直线，得到$y=-2x$的函数图像；

（3）经过原点$(0,0)$和点$(-1,3)$画直线，得到$y=-3x$的函数图像；

（4）经过原点$(0,0)$和点$\left(-1,\dfrac{1}{2}\right)$画直线，得到$y=-\dfrac{1}{2}x$的函数图像.

四条直线在同一直角坐标系内的图像如下图所示.

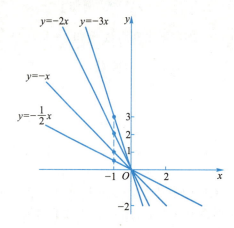

正比例函数$y=kx$ $(k\neq 0)$的性质：

（1）正比例函数的图像是一条直线；

（2）图像经过原点$(0,0)$；

（3）$k>0$时，图像过第一、第三象限，y随x增大而增大，$|k|$越大，图像越陡峭；

（4）$k<0$时，图像过第二、第四象限，y随x增大而减小，$|k|$越大，图像越陡峭.

例3　在同一直角坐标系下画出正比例函数$y=2x$与$y=-2x$的图像.

解：经过原点$(0,0)$和点$(1,2)$画直线，得到函数$y=2x$的图像；

经过原点$(0,0)$和点$(1,-2)$画直线，得到函数$y=-2x$的图像.

两条直线在同一直角坐标系中的图像如下图所示.

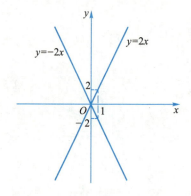

从图中可以看出，$y=kx$与$y=-kx$的图像关于y轴对称.

三、 一次函数 $y = kx + b$ $(k \neq 0)$ 的图像

一次函数的图像也是直线. 令 $x = 0$, 得 $y = b$; 令 $y = 0$, 得 $x = -\dfrac{b}{k}$. 过点 $(0, b)$ 和点 $\left(-\dfrac{b}{k}, 0\right)$ 画直线, 得到一次函数 $y = kx + b$ $(k \neq 0)$ 的图像.

点 $(0, b)$ 和点 $\left(-\dfrac{b}{k}, 0\right)$ 是一次函数 $y = kx + b$ $(k \neq 0)$ 的图像与两个坐标轴的交点, 比较方便计算. 除了这两点外, 也可以选择其他的点, 如令 $x = 1$, 得 $y = k + b$, 得到点 $(1, k + b)$.

例 4　求一次函数 $y = 2x + 1$ 的图像与 x 轴和 y 轴的交点, 并画出函数的图像.

解:令 $x = 0$, 得 $y = 2 \times 0 + 1 = 1$, 一次函数的图像经过点 $A(0, 1)$.

令 $y = 0$, 得 $x = \dfrac{1}{2}(0 - 1) = -\dfrac{1}{2}$, 一次函数的图像经过点 $B\left(-\dfrac{1}{2}, 0\right)$.

过点 $A(0, 1)$、点 $B\left(-\dfrac{1}{2}, 0\right)$ 画直线, 得到 $y = 2x + 1$ 的图像, 如下图所示.

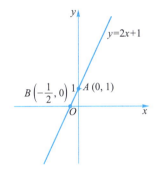

例 5　在同一直角坐标系下画出下列函数的图像.

（1）$y = x$；（2）$y = x + 1$；（3）$y = x + 2$；（4）$y = x - 1$；（5）$y = x - 2$.

解:5 个函数在同一直角坐标系下的图像如下图所示.

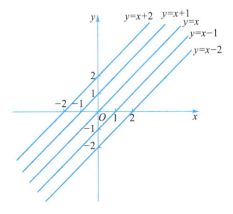

通过本题,可观察得到如下结论:

① 本题中的 5 个函数,k 均为 1,这 5 个函数对应的 5 条直线平行.

② $y=x$ 的图像向上移动 1 个单位,得到 $y=x+1$ 的图像;

$y=x$ 的图像向上移动 2 个单位,得到 $y=x+2$ 的图像;

$y=x$ 的图像向下移动 1 个单位,得到 $y=x-1$ 的图像;

$y=x$ 的图像向下移动 2 个单位,得到 $y=x-2$ 的图像.

③ $y=x$ 的图像与 y 轴的交点为 $(0,0)$ ⎤

   $y=x+1$ 的图像与 y 轴的交点为 $(0,1)$ ⎢

   $y=x+2$ 的图像与 y 轴的交点为 $(0,2)$ ⎬ $y=kx+b$ 的图像与 y 轴的交点为 $(0,b)$.

   $y=x-1$ 的图像与 y 轴的交点为 $(0,-1)$ ⎢

   $y=x-2$ 的图像与 y 轴的交点为 $(0,-2)$ ⎦

例 6 在同一直角坐标系下画出下列函数的图像.

(1) $y=-x$; (2) $y=-x+1$; (3) $y=-x+2$; (4) $y=-x-1$; (5) $y=-x-2$.

解:这 5 个函数在同一直角坐标系下的图像如下图所示.

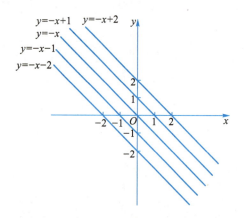

本题中的 5 个函数,k 均为 -1,这 5 个函数对应的 5 条直线平行.

$y=-x$ 的图像向上移动 1 个单位,得到 $y=-x+1$ 的图像;

$y=-x$ 的图像向上移动 2 个单位,得到 $y=-x+2$ 的图像;

$y=-x$ 的图像向下移动 1 个单位,得到 $y=-x-1$ 的图像;

$y=-x$ 的图像向下移动 2 个单位,得到 $y=-x-2$ 的图像.

一次函数 $y=kx+b$ $(k\neq0)$ 的性质:

(1) 一次函数的图像是一条直线.

(2) $k>0$ 时,y 随 x 增大而增大,$|k|$ 越大,图像越陡峭.

(3) $k<0$ 时,y 随 x 增大而减小,$|k|$ 越大,图像越陡峭.

(4) $b>0$ 时,图像与 y 轴正半轴交于点 $(0,b)$;$b<0$ 时,图像与 y 轴负半轴交于点 $(0,b)$;$b=0$ 时,图像与 y 轴交于原点 $(0,0)$.

例 7 已知一次函数 $y=kx+b$ $(k<0,b>0)$,则它的图像是(   ).

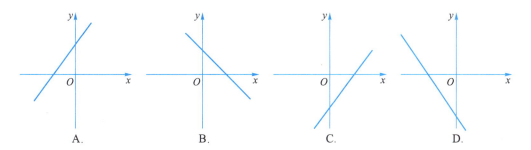

| | A. | | B. | | C. | | D. |

解：显然选项 A、C 中直线对应的 $k>0$，选项 D 中直线对应的 $b<0$，而只有选项 B 中直线对应的 $k<0$，$b>0$，故答案为 B.

四、 平行直线

若两个一次函数 $y=k_1x+b_1$ 与 $y=k_2x+b_2$ 的图像平行，则 $k_1=k_2$，$b_1\neq b_2$.

例 8　在同一直角坐标系下画出一次函数 $y=3x+1$，$y=3x+5$ 的图像.

解：两个一次函数的 k 均为 3，对应的两条直线平行，两个函数在同一直角坐标系下的图像如下图所示.

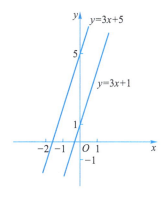

例 9　求与直线 $y=-2x+3$ 平行，且经过点 $A(2,6)$ 的直线方程.

解：设所求直线方程为 $y=kx+b$，因所求直线与已知直线平行，故 $k=-2$，从而所求的直线方程为 $y=-2x+b$.

将 $A(2,6)$ 的坐标代入 $y=-2x+b$，得 $6=-2\times2+b$，$b=6+2\times2=10$，故所求直线方程为 $y=-2x+10$.

五、 垂直直线

若两个一次函数 $y=k_1x+b_1$ 与 $y=k_2x+b_2$ 的图像互相垂直，则 $k_1k_2=-1$.

例 10　在同一直角坐标系下画出一次函数 $y=3x+1$，$y=-\dfrac{1}{3}x+2$ 的图像.

解：$k_1k_2=3\times\left(-\dfrac{1}{3}\right)=-1$，这两个函数对应的两条直线互相垂直.这两个函数在同一

直角坐标系下的图像如下图所示.

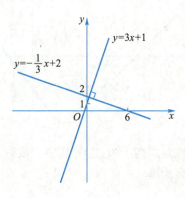

例 11   求经过点 $A(1,2)$ 且与直线 $y=\dfrac{2}{3}x-3$ 垂直的直线表达式.

解：设所求直线的表达式为 $y=kx+b$，因其与直线 $y=\dfrac{2}{3}x-3$ 垂直，故 $\dfrac{2}{3}k=-1$，$k=-\dfrac{3}{2}$.

将点 $A(1,2)$ 代入 $y=-\dfrac{3}{2}x+b$，得 $2=-\dfrac{3}{2}\times1+b$，$b=2+\dfrac{3}{2}=\dfrac{7}{2}$.

故所求直线的表达式为 $y=-\dfrac{3}{2}x+\dfrac{7}{2}$.

六、平移

口诀"上加、下减、左加、右减"在函数图像的平移中被普遍应用，不仅适用于一次函数图像的平移，也同样适用于二次函数、反比例函数、指数函数等其他函数图像的平移.

（1）上加、下减

$y=2x$ 的图像向上移动 1 个单位，得到 $y=2x+1$ 的图像；

$y=2x$ 的图像向上移动 2 个单位，得到 $y=2x+2$ 的图像；

$y=2x$ 的图像向下移动 1 个单位，得到 $y=2x-1$ 的图像；

$y=2x$ 的图像向下移动 3 个单位，得到 $y=2x-3$ 的图像；

$y=3x+1$ 的图像向上移动 10 个单位，得到 $y=(3x+1)+10=3x+11$ 的图像；

$y=3x+1$ 的图像向下移动 8 个单位，得到 $y=(3x+1)-8=3x-7$ 的图像.

总结：在一次函数 $y=kx+b$ 的图像中，"上加、下减"是对 b 加或减相应的数，向上移动便加，向下移动便减.

（2）左加、右减

$y=2x+1$ 的图像向左移动 5 个单位，得到 $y=2(x+5)+1=2x+11$ 的图像；

$y=2x+1$ 的图像向左移动 6 个单位，得到 $y=2(x+6)+1=2x+13$ 的图像；

$y=2x+1$ 的图像向右移动 7 个单位，得到 $y=2(x-7)+1=2x-13$ 的图像；

$y=2x+1$ 的图像向右移动 8 个单位,得到 $y=2(x-8)+1=2x-15$ 的图像;

$y=-\dfrac{2}{3}x+4$ 的图像向左移动 2 个单位,得到 $y=-\dfrac{2}{3}(x+2)+4=-\dfrac{2}{3}x+\dfrac{8}{3}$ 的图像;

$y=-\dfrac{2}{3}x+4$ 的图像向右移动 $\dfrac{1}{2}$ 个单位,得到 $y=-\dfrac{2}{3}\left(x-\dfrac{1}{2}\right)+4=-\dfrac{2}{3}x+\dfrac{13}{3}$ 的图像.

总结:在一次函数 $y=kx+b$ 的图像中,"左加、右减"是对 x 加或减相应的数,向左移动便加,向右移动便减.

例 12　将一次函数 $y=-\dfrac{1}{5}x-7$ 的图像向左移动 2 个单位,再向下移动 3 个单位,求所得图像对应一次函数的表达式.

解:$y=-\dfrac{1}{5}x-7$ 的图像向左移动 2 个单位,得到 $y=-\dfrac{1}{5}(x+2)-7=-\dfrac{1}{5}x-\dfrac{37}{5}$ 的图像(左加);再向下移动 3 个单位,得到 $y=-\dfrac{1}{5}x-\dfrac{37}{5}-3=-\dfrac{1}{5}x-\dfrac{52}{5}$ 的图像(下减).

七、　两条直线的交点

求两条直线的交点就是求两条直线所对应两个二元一次方程 $y=k_1x+b_1$ 与 $y=k_2x+b_2$ 的公共解,将两个二元一次方程联立,得到二元一次方程组:$\begin{cases} y=k_1x+b_1, \\ y=k_2x+b_2. \end{cases}$

例 13　求直线 $y=x+2$ 与直线 $x+y=6$ 的交点.

解:将两条直线所对应的方程联立,得到方程组:$\begin{cases} y=x+2, \\ x+y=6. \end{cases}$

将 $y=x+2$ 代入 $x+y=6$,得 $x+x+2=6$,解得 $x=2$,$y=2+2=4$.

两条直线的交点为 $(2,4)$.

根据前面讲过的二元一次方程组解的情况,两条直线的交点也有三种情况:① 有一个交点(两条直线相交);② 无交点(两条直线平行);③ 无穷多个交点(两条直线重合).

八、　已知直线过两点，求直线所对应的一次函数

已知两点 (x_1,y_1),(x_2,y_2),求过这两点的直线所对应的一次函数.方法如下:

设一次函数为 $y=kx+b$,将两点 (x_1,y_1),(x_2,y_2) 分别代入,得到以 k 和 b 为未知量的二元一次方程组:$\begin{cases} y_1=kx_1+b, \\ y_2=kx_2+b, \end{cases}$ 解出 k 和 b 即可.

例 14　已知一次函数的图像经过点 $(1,1)$ 与 $(2,-1)$,求该一次函数的表达式.

解:设一次函数为 $y=kx+b$,将两点 $(1,1)$,$(2,-1)$ 分别代入,得方程组:

$$\begin{cases} 1=k+b, & ① \\ -1=2k+b. & ② \end{cases}$$

②-①得:$-1-1=(2k+b)-(k+b)$,解得 $k=-2$.

将 $k=-2$ 代入①,得 $b=1-(-2)=3$.

所求一次函数为:$y=-2x+3$.

九、 直线围成的区域

例 15　画出直线 $y=2x,x=1,y=0$ 所围成的区域.

解: 由 $\begin{cases} y=2x, \\ x=1, \end{cases}$ 解得 $x=1,y=2$,即直线 $y=2x$ 与 $x=1$ 的交点为点 $(1,2)$.

在同一直角坐标系下分别画出 $y=2x,x=1,y=0$ 的图像,再画出三条直线所围成的区域,如下图中阴影区域所示.

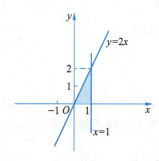

例 16　画出直线 $x+y=3,y=x+1,x=-1$ 所围成的区域.

解: 由 $\begin{cases} x+y=3, \\ y=x+1, \end{cases}$ 解得 $x=1,y=2$,即直线 $x+y=3$ 与 $y=x+1$ 的交点为点 $A(1,2)$;

由 $\begin{cases} x+y=3, \\ x=-1, \end{cases}$ 解得 $x=-1,y=4$,即直线 $x+y=3$ 与 $x=-1$ 的交点为点 $B(-1,4)$;

由 $\begin{cases} y=x+1, \\ x=-1, \end{cases}$ 解得 $x=-1,y=0$,即直线 $y=x+1$ 与 $x=-1$ 的交点为点 $C(-1,0)$.

在同一直角坐标系下画出三条直线所围成的区域,如下图中阴影区域所示.

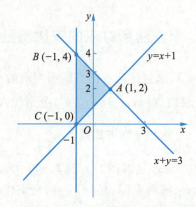

十、　一次函数的反函数

由一次函数 $y=kx+b$（$k\neq0$），得 $x=\dfrac{1}{k}(y-b)=\dfrac{1}{k}y-\dfrac{b}{k}$，交换变量名 x,y，得到反函数为 $y=\dfrac{1}{k}x-\dfrac{b}{k}$.

例 17　求一次函数 $y=2x+3$ 的反函数，并在同一直角坐标系下画出原函数和反函数的图像.

解：由 $y=2x+3$ 得到 $x=\dfrac{1}{2}(y-3)=\dfrac{1}{2}y-\dfrac{3}{2}$，交换变量名 x,y，得反函数为 $y=\dfrac{1}{2}x-\dfrac{3}{2}$. 两个函数的图像如下图所示.

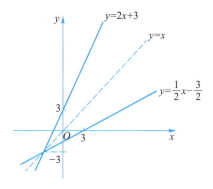

从图中不难看出原函数和反函数的图像关于 $y=x$ 对称.

例 18　求一次函数 $y=-\dfrac{1}{2}x-5$ 的反函数，并在同一直角坐标系下画出原函数和反函数的图像.

解：由 $y=-\dfrac{1}{2}x-5$ 得到 $x=-2(y+5)=-2y-10$，交换变量名 x,y，得反函数为 $y=-2x-10$. 两个函数的图像如下图所示.

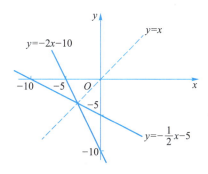

从例 17 和例 18 的图中可以看出，原函数与其反函数的图像关于 $y=x$ 对称.

十一、 绝对值函数

定义:

$$y = |x| = \begin{cases} x, & x \geqslant 0, \\ -x, & x < 0. \end{cases}$$

$y = |x|$ 的图像由两部分组成,当 $x \geqslant 0$ 时,取 $y = x$;当 $x < 0$ 时,取 $y = -x$.

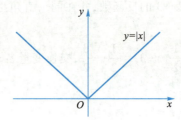

$y = |x|$ 的图像性质:

(1) 经过原点 $(0,0)$.

(2) 当 $x \geqslant 0$ 时,$y = |x|$ 为增函数;当 $x < 0$ 时,$y = |x|$ 为减函数.

(3) $y = |x|$ 为偶函数,图像关于 y 轴对称.

(4) 任取 $x \in (-\infty, +\infty)$,$y = |x|$ 均连续.

(5) 当 $x = 0$ 时,$y = |x|$ 不可导.

例 19　画出函数 $y = |x+1|$ 的图像.

解:方法一:如下图所示,先画出一次函数 $y = x+1$ 的图像,然后把图像在 x 轴下方的部分"翻折上去",即可得到 $y = |x+1|$ 的图像.

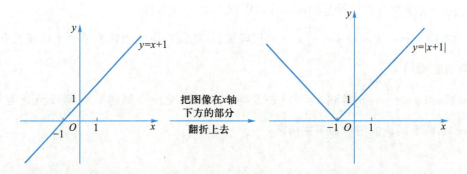

方法二:如下图所示,将 $y = |x|$ 的图像向左移动 1 个单位,得到 $y = |x+1|$ 的图像.

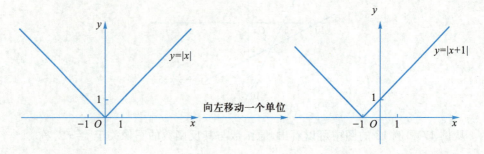

例 20　画出函数 $y = |x| + 2$ 的图像.

解: 如下图所示,将 $y = |x|$ 的图像向上移动 2 个单位,得到 $y = |x| + 2$ 的图像.

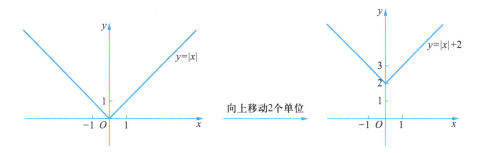

例 21　画出函数 $y = -|x-3| - 4$ 的图像.

解: 如下图所示,先画 $y = -|x|$ 的图像,向右移动 3 个单位得到 $y = -|x-3|$ 的图像,再向下移动 4 个单位,得到 $y = -|x-3| - 4$ 的图像.

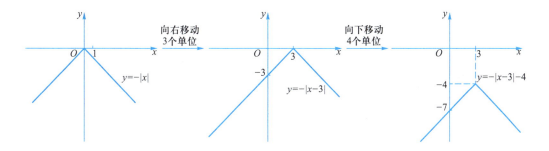

同步练习

1. 已知一次函数的图像过点 $(3,6)$ 与 $(-1,2)$,则这个一次函数的表达式为_____.

2. 过点 $(-1,6)$ 且与直线 $y = -\dfrac{5}{2}x + 4$ 平行的直线表达式为_____.

3. 过点 $(3,-5)$ 且与直线 $y = \dfrac{3}{5}x + \dfrac{1}{2}$ 垂直的直线表达式为_____.

4. 将一次函数 $y = -5x + \dfrac{7}{2}$ 的图像向右移动 4 个单位,再向上移动 $\dfrac{2}{3}$ 个单位,所得图像对应一次函数的表达式为_____.

5. 过直线 $y = 3x - 5$ 与 $y = -4x + 30$ 的交点并且与直线 $y = 3x + 4$ 平行的直线表达式为_____.

6. 一次函数 $y = -3x + 4$ 的图像与 x 轴的交点坐标为_____,与 y 轴的交点坐标为_____.

7. 若一次函数 $y = (2a-3)x + 1 - 2a$ 的图像经过二、三、四象限,则 a 的取值范围为_____.

8. 求一次函数 $y = -4x + 3$ 的反函数,并在同一直角坐标系下画出原函数和反函数的图像.

9. 画出 $y=-|x+4|+3$ 的图像.

10. 已知一次函数 $y=3x+6$ 的图像与 x 轴的交点为 A,与 y 轴的交点为 B,求 $\triangle AOB$ 的面积.

11. 已知一次函数 $y=(m-3)x+8-2m$,当 m 分别取什么值时,(1) y 随 x 增大而减小;(2) 为正比例函数;(3) 图像不经过第四象限.

参考答案

1. 设一次函数为 $y=kx+b$,将点 $(3,6)$ 与 $(-1,2)$ 分别代入得关于 k 和 b 的二元一次方程组 $\begin{cases} 6=3k+b, \\ 2=-k+b, \end{cases}$ 解得 $k=1,b=3$,所以函数表达式为 $y=x+3$.

2. 设所求直线为 $y=-\dfrac{5}{2}x+b$,将 $(-1,6)$ 代入得 $6=-\dfrac{5}{2}\times(-1)+b$,即 $b=\dfrac{7}{2}$,所以其表达式为 $y=-\dfrac{5}{2}x+\dfrac{7}{2}$.

3. 设与直线 $y=\dfrac{3}{5}x+\dfrac{1}{2}$ 垂直的直线表达式为 $y=-\dfrac{5}{3}x+b$,将点 $(3,-5)$ 代入得 $-5=-\dfrac{5}{3}\times3+b$,即 $b=0$,故所求直线表达式为 $y=-\dfrac{5}{3}x$.

4. $y=-5x+\dfrac{7}{2}$ 的图像向右移动 4 个单位得 $y=-5(x-4)+\dfrac{7}{2}$ 的图像,再向上移动 $\dfrac{2}{3}$ 个单位得 $y=-5(x-4)+\dfrac{7}{2}+\dfrac{2}{3}$ 的图像,解得 $y=-5x+\dfrac{145}{6}$.

5. $\begin{cases} y=3x-5, \\ y=-4x+30, \end{cases}$ 解得交点 $(5,10)$,设与直线 $y=3x+4$ 平行的直线表达式为 $y=3x+b$,将 $(5,10)$ 代入得 $10=3\times5+b$,所以 $b=-5$,所求直线表达式为 $y=3x-5$.

6. $y=-3x+4$,当 $y=0$ 时,$x=\dfrac{4}{3}$,函数图像与 x 轴的交点坐标为 $\left(\dfrac{4}{3},0\right)$;当 $x=0$ 时,$y=4$,函数图像与 y 轴的交点坐标为 $(0,4)$.

7. 因为一次函数 $y=(2a-3)x+1-2a$ 的图像经过第二、第三、第四象限,所以 $\begin{cases} 2a-3<0, \\ 1-2a<0, \end{cases}$ 解得 $\begin{cases} a<\dfrac{3}{2}, \\ a>\dfrac{1}{2}, \end{cases}$ 即 $\dfrac{1}{2}<a<\dfrac{3}{2}$.

8. 由 $y=-4x+3$ 得到 $x=\dfrac{3-y}{4}$,x,y 互换得 $y=\dfrac{3-x}{4}$,所以反函数为 $y=-\dfrac{x}{4}+\dfrac{3}{4}$.在同一直角坐标系下,原函数与反函数的图像如右图所示.

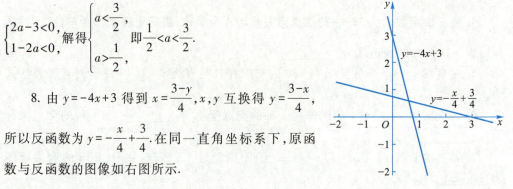

9. 先画 $y=-|x|$ 的图像,再向左移动 4 个单位,得到 $y=-|x+4|$ 的图像,再向上移动 3 个单位,得到 $y=-|x+4|+3$ 的图像,如右图所示.

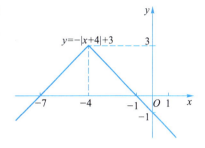

10. 当 $y=0$ 时,$x=-2$,点 A 为 $(-2,0)$;当 $x=0$ 时,$y=6$,点 B 为 $(0,6)$.如下图所示,
$$S_{\triangle AOB}=\frac{1}{2}\times|-2|\times 6=6.$$

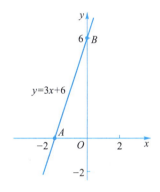

11. (1) 因为 y 随 x 增大而减小,所以 $m-3<0$,即 $m<3$;

(2) 因为函数是正比例函数,所以 $8-2m=0$ 且 $m-3\neq 0$,解得 $m=4$;

(3) 因为函数图像不经过第四象限,所以 $\begin{cases} m-3\geqslant 0, \\ 8-2m\geqslant 0, \end{cases}$ 解得 $\begin{cases} m\geqslant 3, \\ m\leqslant 4, \end{cases}$ 即 $3\leqslant m\leqslant 4$.

第九章

勾股定理

三角形中若有一个内角是直角,这样的三角形称为直角三角形.如下图所示,ABC 是一个以 C 为直角的直角三角形,A 所对的边为 a,B 所对的边为 b,C 所对的边为 c.

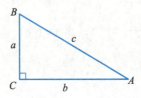

勾股定理:对任意直角三角形,两条直角边长的平方和等于斜边长的平方,即

$$a^2 + b^2 = c^2.$$

中国古代称直角三角形的斜边为"弦",两直角边分别称为"勾"和"股",所以这个定理称为勾股定理.勾股定理可以用于计算直角三角形的边长.

例 1 已知直角三角形,其斜边长为 c,直角边长分别为 a 和 b,

(1) 若 $a = 3, b = 4$,求 c; (2) 若 $a = 5, b = 12$,求 c.

解:(1) 由勾股定理 $a^2 + b^2 = c^2$,可得 $c^2 = 3^2 + 4^2 = 9 + 16 = 25$,$c = 5$;

(2) 由勾股定理 $a^2 + b^2 = c^2$,可得 $c^2 = 5^2 + 12^2 = 25 + 144 = 169$,$c = 13$.

下图所示的两个直角三角形,边长分别为 $3,4,5$ 和 $5,12,13$,应作为常用勾股数熟记.

 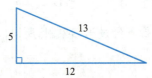

特殊直角三角形:直角三角板所对应的直角三角形,是两个最常见的特殊直角三角形.如下图所示,对于这两个三角形的三边关系,也必须熟记.

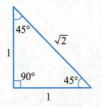

特点:两条直角边相等,斜边长是直角边长的 $\sqrt{2}$ 倍.

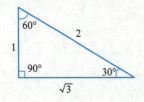

特点:长直角边长是短直角边长的 $\sqrt{3}$ 倍,斜边长是短直角边长的 2 倍,$30°$ 角所对的直角边长是斜边长的一半.

例 2　求一次函数 $y=x$ 对应的直线与 x 轴的夹角 α.

解：如右图,画出一次函数 $y=x$ 的图像,取点 $A(1,1)$.
在直角三角形 OAB 中,$OB=1$,$AB=1$,$OA=\sqrt{2}$,故 $\alpha=45°$.

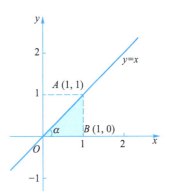

例 3　求一次函数 $y=\sqrt{3}x$ 对应的直线与 x 轴的夹角 α.

解：如右图,画出一次函数 $y=\sqrt{3}x$ 的图像,取点 $A(1,\sqrt{3})$.在直角三角形 OAB 中,$OB=1$,$AB=\sqrt{3}$,$OA=2$,故 $\alpha=60°$.

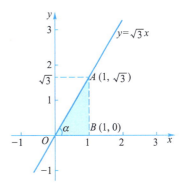

例 4　求一次函数 $y=\dfrac{\sqrt{3}}{3}x$ 对应的直线与 x 轴的夹角 α.

解：如右图,画出一次函数 $y=\dfrac{\sqrt{3}}{3}x$ 的图像,取点 $A(3,\sqrt{3})$.在直角三角形 OAB 中,$OB=3$,$AB=\sqrt{3}$,由勾股定理得 $OA=2\sqrt{3}$,故 $\alpha=30°$.

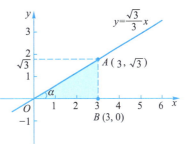

将例 2、例 3、例 4 中的函数图像向左、向右、向上、向下移动,其函数对应的直线与 x 轴的夹角不变,如下表:

一次函数	$y=\dfrac{\sqrt{3}}{3}x+b$	$y=x+b$	$y=\sqrt{3}x+b$
k 取值	$k=\dfrac{\sqrt{3}}{3}$	$k=1$	$k=\sqrt{3}$
函数对应的直线与 x 轴的夹角	30°	45°	60°
图示	![y=√3/3 x+b, 30°]	![y=x+b, 45°]	![y=√3 x+b, 60°]

同步练习

1. 如图,矩形 $ABCD$ 中,$AB=5$,$AC=13$,则这个矩形的面积为多少?

2. 一个直角三角形的三边长为三个连续偶数,求它的三边长.
3. 如果直角三角形两边长分别为 3,4,求第三边的长.
4. $\triangle ABC$ 中,$AB=AC=20$,$BC=32$,求 $S_{\triangle ABC}$.

参考答案

1. 由勾股定理得 $BC^2=AC^2-AB^2=13^2-5^2=169-25=144$,故 $BC=12$,所以矩形面积 $S=5\times12=60$.

2. 设三条边的边长分别为 a,$a+2$,$a+4$,因为斜边最长,所以斜边长为 $a+4$,直角边长分别为 a,$a+2$.由勾股定理,得

$$a^2+(a+2)^2=(a+4)^2,$$

所以 $a^2-4a-12=0$,$(a-6)(a+2)=0$,故 $a=6$ 或 $a=-2$(舍去).直角三角形的三边长分别为 6,8,10.

3. 设第三边的长为 x,由于边长为 3 的边不可能为斜边,所以斜边长可能等于 4,也可能等于 x.

当斜边长等于 4 时,由勾股定理,得 $4^2=x^2+3^2$,$x^2=7$,$x=\sqrt{7}$;

当斜边长等于 x 时,由勾股定理,得 $4^2+3^2=x^2$,$x^2=25$,$x=5$.

所以第三边的长等于 5 或 $\sqrt{7}$.

4. 如下图所示,$\triangle ABC$ 为等腰三角形,取 BC 中点 D,AD 垂直于 BC.在直角三角形 ABD 中,$AB=20$,$BD=16$,由勾股定理,得

$$AD^2=AB^2-BD^2=20^2-16^2=(20+16)(20-16)=36\times4,$$

所以 $AD=12$,$S_{\triangle ABC}=\dfrac{1}{2}\times32\times12=192$.

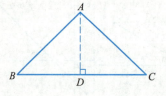

第十章

反比例函数

一、反比例函数的定义

一般地,如果两个变量 y 与 x 的关系可以表示成 $y = \dfrac{k}{x}$ (k 为常数,$k \neq 0$)的形式,那么称 y 是 x 的反比例函数.

说明:(1) k 叫作反比例系数.

(2)分母只能是 x,分子是非零常数.

(3)反比例函数还可以写成 $xy = k$ 或 $y = kx^{-1}$.

例 1 判断下列函数哪些为反比例函数,并指出反比例函数的反比例系数.

(1) $y = -\dfrac{3}{x}$;

(2) $y = \dfrac{1}{x+1}$;

(3) $xy = 2$;

(4) $y = 2x^{-1}$;

(5) $y = 1 - \dfrac{1}{x}$;

(6) $y = x + 1$.

解:(1)是反比例函数,反比例系数为 -3;

(2)不是反比例函数,因为分母不是单独含 x;

(3)是反比例函数,可写为 $y = \dfrac{2}{x}$,反比例系数为 2;

(4)是反比例函数,反比例系数为 2;

(5)不是反比例函数,$y = 1 - \dfrac{1}{x} = \dfrac{x-1}{x}$,分子不是常数;

(6)不是反比例函数,是一次函数.

二、反比例函数的图像和性质

例 2 画出反比例函数 $y = \dfrac{1}{x}$ 的图像.

解:利用描点法,画出 $y = \dfrac{1}{x}$ 的图像,如下图所示.

x	y
-3	$-\dfrac{1}{3}$
-2	$-\dfrac{1}{2}$
-1	-1
$-\dfrac{1}{2}$	-2
$\dfrac{1}{2}$	2
1	1
2	$\dfrac{1}{2}$
3	$\dfrac{1}{3}$

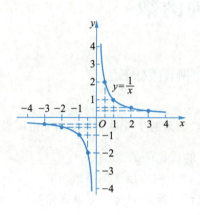

例 3 画出反比例函数 $y = -\dfrac{1}{x}$ 的图像.

解: 利用描点法,画出 $y = -\dfrac{1}{x}$ 的图像,如下图所示.

x	y
-3	$\dfrac{1}{3}$
-2	$\dfrac{1}{2}$
-1	1
$-\dfrac{1}{2}$	2
$\dfrac{1}{2}$	-2
1	-1
2	$-\dfrac{1}{2}$
3	$-\dfrac{1}{3}$

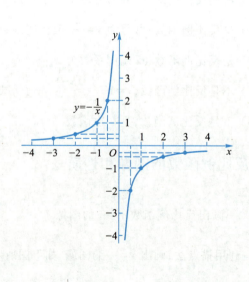

例 4 在同一个直角坐标系下画出两个函数的图像,总结一下反比例函数的性质.

（1） $y = \dfrac{2}{x}$, $y = \dfrac{5}{x}$;   （2） $y = -\dfrac{2}{x}$, $y = -\dfrac{5}{x}$.

解:先作图,再总结.

（1）$y=\dfrac{2}{x}$,$y=\dfrac{5}{x}$在同一直角坐标系下的图像如下图所示.

（2）$y=-\dfrac{2}{x}$,$y=-\dfrac{5}{x}$在同一直角坐标系下的图像如下图所示.

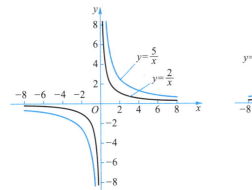
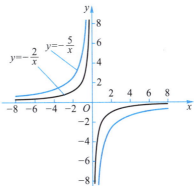

通过图像分析,得到反比例函数 $y=\dfrac{k}{x}$ 图像的特征及性质:

（1）定义域为$(-\infty,0)\cup(0,+\infty)$;

（2）当 $k>0$ 时,图像位于第一、第三象限,以 x 轴、y 轴为渐近线,在每一象限内 y 随 x 的增大而减小;

（3）当 $k<0$ 时,图像位于第二、第四象限,以 x 轴、y 轴为渐近线,在每一象限内 y 随 x 的增大而增大.

例 5　反比例函数 $y=\dfrac{2a+1}{x}$ 的图像过点$(-3,5)$,求该反比例函数的解析式.

解:把 $x=-3$,$y=5$ 代入 $y=\dfrac{2a+1}{x}$,得 $5=\dfrac{2a+1}{-3}$,解得 $a=-8$,所以函数解析式为 $y=-\dfrac{15}{x}$.

例 6　函数 $y=(m+1)x^{3-m^2}$ 是反比例函数,求 m 的值.

解:因为该函数是反比例函数,所以 $3-m^2=-1$,解得 $m=\pm2$.当 $m=\pm2$ 时,$m+1\neq0$,均满足题意.

三、　反比例函数拓展

例 7　画出函数 $y=\dfrac{1}{|x|}$ 的图像.

解:如下图所示,先画出 $y=\dfrac{1}{x}$ 在第一象限中的图像,保留第一象限图像,然后将其关于 y 轴对称,翻折到第二象限中,得到函数 $y=\dfrac{1}{|x|}$ 的图像.

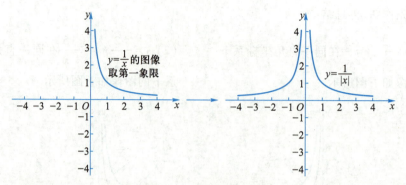

例 8 画出函数(1) $y=\dfrac{1}{x+2}$;(2) $y=\dfrac{1}{x-2}$ 的图像.

解:(1)如下图所示,先画出 $y=\dfrac{1}{x}$ 的图像,向左移动 2 个单位,得到 $y=\dfrac{1}{x+2}$ 的图像.

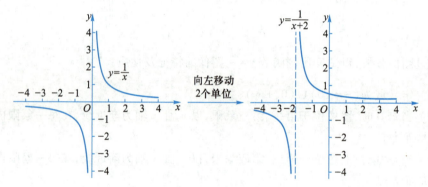

(2)如下图所示,先画出 $y=\dfrac{1}{x}$ 的图像,向右移动 2 个单位,得到 $y=\dfrac{1}{x-2}$ 的图像.

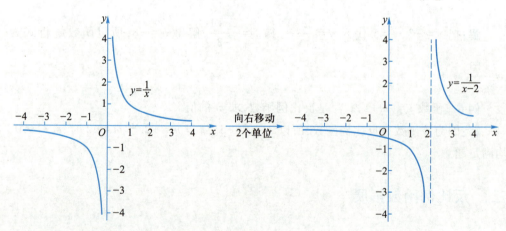

例 9 画出函数(1) $y=\dfrac{1}{x}+1$;(2) $y=\dfrac{1}{x}-1$ 的图像.

解:(1)先画出 $y=\dfrac{1}{x}$ 的图像,向上移动 1 个单位,得到 $y=\dfrac{1}{x}+1$ 的图像.

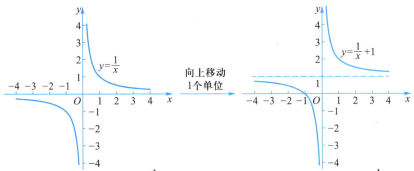

（2）如下图所示,先画出 $y = \dfrac{1}{x}$ 的图像,向下移动 1 个单位,得到 $y = \dfrac{1}{x} - 1$ 的图像.

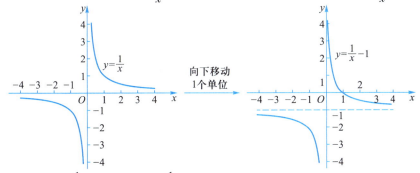

结论：（1）$y = \dfrac{1}{|x|}$ 的图像由 $y = \dfrac{1}{x}$ 的图像在第一象限的部分及与其关于 y 轴对称的图像组成,口诀为：留右去左,右翻左.

（2）函数 $y = \dfrac{1}{x+k}$ 的图像,当 $k > 0$ 时,由 $y = \dfrac{1}{x}$ 的图像向左平移 k 个单位得到；

当 $k < 0$ 时,由 $y = \dfrac{1}{x}$ 的图像向右平移 $|k|$ 个单位得到.口诀为：左加右减.

（3）函数 $y = \dfrac{1}{x} + k$ 的图像,当 $k > 0$ 时,由 $y = \dfrac{1}{x}$ 的图像向上平移 k 个单位得到；

当 $k < 0$ 时,由 $y = \dfrac{1}{x}$ 的图像向下平移 $|k|$ 个单位得到.口诀为：上加下减.

例 10 画出函数 $y = \dfrac{3}{x-2} + 4$ 的图像.

解：第一步,用描点法画出 $y = \dfrac{3}{x}$ 的图像,如下图所示.

x	y
-3	-1
-2	$-\dfrac{3}{2}$
-1	-3
$-\dfrac{1}{2}$	-6
$\dfrac{1}{2}$	6
1	3
2	$\dfrac{3}{2}$
3	1

第二步,将 $y=\dfrac{3}{x}$ 的图像向右移动 2 个单位,得到 $y=\dfrac{3}{x-2}$ 的图像;

再将 $y=\dfrac{3}{x-2}$ 的图像向上移动 4 个单位,得到 $y=\dfrac{3}{x-2}+4$ 的图像.整个过程如下图所示.

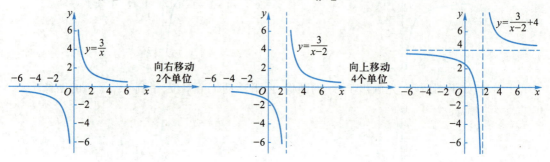

四、 反比例函数的图像与直线的交点和围成的区域

例 11 求反比例函数 $y=\dfrac{1}{x}$ 与正比例函数 $y=4x$ 的交点.

解:联立方程组 $\begin{cases} y=\dfrac{1}{x}, \\ y=4x, \end{cases}$ 将 $y=4x$ 代入 $y=\dfrac{1}{x}$,得 $4x=\dfrac{1}{x}$,即 $4x^2=1$,得 $x=\pm\dfrac{1}{2}$.

当 $x=\dfrac{1}{2}$ 时,$y=2$;当 $x=-\dfrac{1}{2}$ 时,$y=-2$.故交点为 $\left(\dfrac{1}{2},2\right)$ 和 $\left(-\dfrac{1}{2},-2\right)$.

两函数在同一直角坐标系下的图像如下图所示.

例 12 求反比例函数 $y=-\dfrac{1}{x}$ 与一次函数 $y=-2x+1$ 的交点.

解:联立方程组 $\begin{cases} y=-\dfrac{1}{x}, \\ y=-2x+1, \end{cases}$ 将 $y=-2x+1$ 代入 $y=-\dfrac{1}{x}$,得 $-\dfrac{1}{x}=-2x+1$,即 $2x^2-x-1=0$,

故 $x=1$ 或 $x=-\dfrac{1}{2}$.

当 $x=-\dfrac{1}{2}$ 时,$y=2$;当 $x=1$ 时,$y=-1$.故交点为 $\left(-\dfrac{1}{2},2\right)$,$(1,-1)$.

两函数在同一直角坐标系下的图像如下图所示.

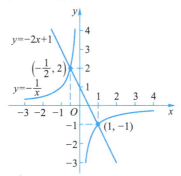

例 13 求反比例函数 $y = \dfrac{1}{x}$ 与 $x = 2, y = 4$ 围成的区域.

解: 分别画出 $y = \dfrac{1}{x}, x = 2, y = 4$ 的图像,三者围成的区域如下图中阴影部分所示.

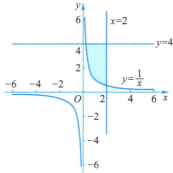

例 14 求反比例函数 $y = \dfrac{1}{x}$ 与一次函数 $y = x, y = \dfrac{1}{4}x$ 在第一象限中围成的区域.

解: 联立方程组 $\begin{cases} y = \dfrac{1}{x}, \\ y = x, \end{cases}$ 得交点为 $(1,1), (-1,-1)$.

联立方程组 $\begin{cases} y = \dfrac{1}{x}, \\ y = \dfrac{1}{4}x, \end{cases}$ 得交点为 $\left(2, \dfrac{1}{2}\right), \left(-2, -\dfrac{1}{2}\right)$.

只考虑第一象限,三者围成的区域如下图阴影部分所示.

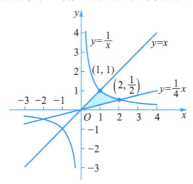

同步练习

1. 若反比例函数 $y = \dfrac{k-1}{x}$ 的图像位于第二、第四象限,则 k 的取值范围是_____.

2. 已知点 $A(1-a, 1+a)$ 在反比例函数 $y = -\dfrac{3}{x}$ 的图像上,则 $a =$ _____.

3. 已知 y 与 x 成反比例函数,并且当 $x = -4$ 时,$y = \dfrac{1}{2}$,则当 $x = 2$ 时,$y =$ _____.

4. 已知反比例函数 $y = (2a+1)x^{a^2-10}$,当 $x > 0$ 时,y 随 x 的增大而增大,则 $a =$ _____.

5. 已知反比例函数 $y = \dfrac{1-2k}{3x}$,当 $x = -3$ 时,$y = 1$.

(1) 求 k 的值; (2) 当 $2 \leqslant x \leqslant 3$ 时,求 y 的取值范围.

6. 求反比例函数 $y = \dfrac{4}{x}$ 与正比例函数 $y = x$ 的交点.

7. 画出函数 $y = \dfrac{4x+11}{x+2}$ 的图像.

8. 画出函数 $y = \dfrac{1}{|x+3|}$ 的图像.

9. 求反比例函数 $y = \dfrac{1}{x}$ 与 $x = -2$,$y = -4$ 围成的区域.

参考答案

1. 因为反比例函数的图像位于第二、第四象限,所以 $k-1 < 0$,解得 $k < 1$.

2. 将点 $A(1-a, 1+a)$ 的坐标代入 $y = -\dfrac{3}{x}$,得 $1+a = -\dfrac{3}{1-a}$,$(1+a)(1-a) = -3$,$a^2 = 4$,所以 $a = \pm 2$.

3. 设反比例函数为 $y = \dfrac{k}{x}$ $(k \neq 0)$,将 $x = -4$,$y = \dfrac{1}{2}$ 代入得 $\dfrac{1}{2} = \dfrac{k}{-4}$,所以 $k = -2$,即 $y = -\dfrac{2}{x}$,再将 $x = 2$ 代入得 $y = -\dfrac{2}{2} = -1$.

4. 因为 $y = (2a+1)x^{a^2-10}$ 是反比例函数,所以 $a^2 - 10 = -1$,$a^2 = 9$,从而 $a = \pm 3$.因为当 $x > 0$ 时,y 随 x 的增大而增大,所以 $2a+1 < 0$,即 $a < -\dfrac{1}{2}$,所以 $a = -3$.

5. (1) 把 $x = -3$,$y = 1$ 代入 $y = \dfrac{1-2k}{3x}$ 得 $1 = \dfrac{1-2k}{3 \times (-3)}$,解得 $k = 5$.

(2) 由 (1) 得解析式为 $y = \dfrac{-9}{3x} = -\dfrac{3}{x}$,当 $x = 2$ 时,$y = -\dfrac{3}{2}$,当 $x = 3$ 时,$y = -1$,所以 y 的取值范围是 $-\dfrac{3}{2} \leqslant y \leqslant -1$.

6. 联立方程组 $\begin{cases} y = \dfrac{4}{x}, \\ y = x, \end{cases}$ 将 $y = x$ 代入 $y = \dfrac{4}{x}$,得 $x = \dfrac{4}{x}$,即 $x^2 = 4$,得 $x = \pm 2$.

当 $x = 2$ 时,$y = 2$;当 $x = -2$ 时,$y = -2$.故交点为 $(2,2)$ 和 $(-2,-2)$.

7. $y = \dfrac{4x+11}{x+2} = \dfrac{4(x+2)+3}{x+2} = 4 + \dfrac{3}{x+2}$.

第一步,用描点法画出 $y = \dfrac{3}{x}$ 的图像;

第二步,将 $y = \dfrac{3}{x}$ 的图像向左移动 2 个单位,得到 $y = \dfrac{3}{x+2}$ 的图像;

第三步,将 $y = \dfrac{3}{x+2}$ 的图像向上移动 4 个单位,得到 $y = \dfrac{3}{x+2} + 4$ 的图像,如下图所示.

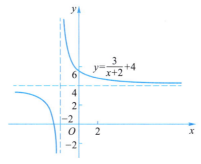

8. 先画出 $y = \dfrac{1}{x}$ 在第一象限的图像,然后将其关于 y 轴对称,翻折到第二象限中得

到 $y = \dfrac{1}{|x|}$ 的图像,再向左移动 3 个单位,得到 $y = \dfrac{1}{|x+3|}$ 的图像,如下图所示.

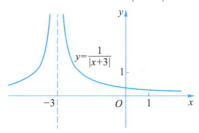

9. 分别画出 $y = \dfrac{1}{x}$,$x = -2$,$y = -4$ 的图像,三者围成的区域如下图中阴影部分所示.

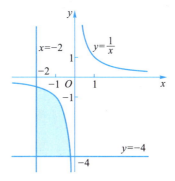

第十一章

二次函数

一、 基本概念

形如 $y = ax^2 + bx + c$(其中 a, b, c 为常数，$a \neq 0$)的函数称为**二次函数**.其中 a 为二次项系数，ax^2 为二次项，b 为一次项系数，bx 为一次项，c 为常数项.$y = ax^2 + bx + c$ ($a \neq 0$)称为二次函数的**一般式**.

例1 已知关于 x 的函数 $y = (a-1)x^{3a-a^2}$ 是二次函数，求 a 的值.

解:因为函数 $y = (a-1)x^{3a-a^2}$ 是二次函数，所以 $\begin{cases} a-1 \neq 0, \\ 3a-a^2 = 2, \end{cases}$ 解得 $\begin{cases} a \neq 1, \\ a = 2 \end{cases}$ 或 $a = 1$，故 $a = 2$.

例2 将下列二次函数化成一般式，并写出二次项系数 a、一次项系数 b 和常数项 c 的值.

(1) $y = (x+1)(2x-3) - 1$; (2) $y = 3x^2 - (2x-5)^2$.

解:(1) 一般式为 $y = 2x^2 - 3x + 2x - 3 - 1 = 2x^2 - x - 4$，二次项系数 $a = 2$，一次项系数 $b = -1$，常数项 $c = -4$;

(2) 一般式为 $y = 3x^2 - (4x^2 - 20x + 25) = -x^2 + 20x - 25$，二次项系数 $a = -1$，一次项系数 $b = 20$，常数项 $c = -25$.

二、 图像与性质

例3 在同一直角坐标系下画出下列函数的图像.

(1) $y = x^2$; (2) $y = 2x^2$; (3) $y = \dfrac{1}{2}x^2$.

解:用描点法画出 $y = x^2$ 的图像，如下图所示.

x	$y = x^2$
-3	9
-2	4
-1	1
0	0
1	1
2	4
3	9

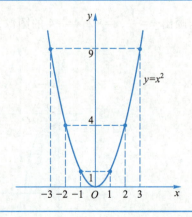

同理,可在同一直角坐标系下画出 $y = 2x^2$, $y = \frac{1}{2}x^2$ 的图像,如下图所示.

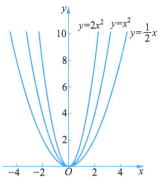

从图中可看出,$y = 2x^2$ 的开口最小,$y = x^2$ 的开口居中,$y = \frac{1}{2}x^2$ 的开口最大.

例 4 在同一直角坐标系下画出下列函数的图像.

(1) $y = -x^2$;   (2) $y = -2x^2$;   (3) $y = -\frac{1}{2}x^2$.

解:在同一直角坐标系下,$y = -x^2$, $y = -2x^2$, $y = -\frac{1}{2}x^2$ 的图像如下图所示.

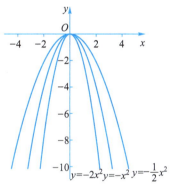

从图中可看出,$y = -2x^2$ 的开口最小,$y = -x^2$ 的开口居中,$y = -\frac{1}{2}x^2$ 的开口最大.

通过例 3、例 4 不难发现,对于二次函数 $y = ax^2$,$|a|$ 越大,开口越小,$|a|$ 越小,开口越大.

二次函数的图像是抛物线.

二次函数 $y = ax^2 (a \neq 0)$ 的图像与性质:

$y = ax^2 (a \neq 0)$	$a > 0$	$a < 0$
图像		

续表

$y=ax^2(a\neq 0)$	$a>0$	$a<0$
开口方向	开口向上	开口向下
对称轴	$x=0(y$ 轴$)$	$x=0(y$ 轴$)$
顶点坐标	$(0,0)$	$(0,0)$
增减性	在对称轴左侧,y 随着 x 增大而减小;在对称轴右侧,y 随着 x 增大而增大	在对称轴左侧,y 随着 x 增大而增大;在对称轴右侧,y 随着 x 增大而减小
最值	当 $x=0$ 时,y 有最小值 0	当 $x=0$ 时,y 有最大值 0

例 5　在同一直角坐标系下画出下列函数的图像.

（1）$y=3x^2$；　　　　（2）$y=3x^2+1$；　　　　（3）$y=3x^2-2$.

解：先在直角坐标系中画出 $y=3x^2$ 的图像；

$y=3x^2$ 的图像向上移动 1 个单位,得到 $y=3x^2+1$ 的图像；

$y=3x^2$ 的图像向下移动 2 个单位,得到 $y=3x^2-2$ 的图像.

三个函数在同一直角坐标系下的图像如下图所示.

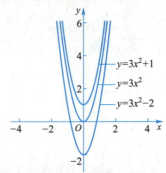

例 6　在同一直角坐标系下画出下列函数的图像.

（1）$y=-2x^2$；　　　　（2）$y=-2x^2+1$；　　　　（3）$y=-2x^2-2$.

解：先在直角坐标系中画出 $y=-2x^2$ 的图像；

$y=-2x^2$ 的图像向上移动 1 个单位,得到 $y=-2x^2+1$ 的图像；

$y=-2x^2$ 的图像向下移动 2 个单位,得到 $y=-2x^2-2$ 的图像.

三个函数在同一直角坐标系下的图像如下图所示.

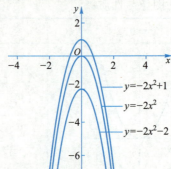

从例 5、例 6 的图像可以看出,二次函数 $y=ax^2+k$（$a\neq 0$）的图像可以由 $y=ax^2$ 的图

像向上（$k>0$）或向下（$k<0$）平移 $|k|$ 个单位长度得到.

二次函数 $y=ax^2+k$（$a\neq0$）的图像与性质：

$y=ax^2+k$（$a\neq0$）	$a>0$		$a<0$	
	$k>0$	$k<0$	$k>0$	$k<0$
图像	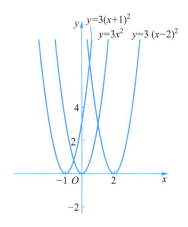			
开口方向	开口向上		开口向下	
对称轴	$x=0$（y 轴）		$x=0$（y 轴）	
顶点坐标	$(0,k)$		$(0,k)$	
增减性	在对称轴左侧,y 随着 x 增大而减小; 在对称轴右侧,y 随着 x 增大而增大		在对称轴左侧,y 随着 x 增大而增大; 在对称轴右侧,y 随着 x 增大而减小	
最值	当 $x=0$ 时,y 有最小值 k		当 $x=0$ 时,y 有最大值 k	

例 7　在同一直角坐标系下画出下列函数的图像.

（1）$y=3x^2$；　　　　（2）$y=3(x+1)^2$；　　　　（3）$y=3(x-2)^2$.

解：先在直角坐标系中画出 $y=3x^2$ 的图像；

$y=3x^2$ 的图像向左移动 1 个单位,得到 $y=3(x+1)^2$ 的图像；

$y=3x^2$ 的图像向右移动 2 个单位,得到 $y=3(x-2)^2$ 的图像.

三个函数在同一直角坐标系下的图像如下图所示.

例 8　在同一直角坐标系下画出下列函数的图像.

（1）$y=-2x^2$；　　　　（2）$y=-2(x+1)^2$；　　　　（3）$y=-2(x-2)^2$.

解：先在直角坐标系中画出 $y=-2x^2$ 的图像；

$y=-2x^2$ 的图像向左移动 1 个单位,得到 $y=-2(x+1)^2$ 的图像;

$y=-2x^2$ 的图像向右移动 2 个单位,得到 $y=-2(x-2)^2$ 的图像.

三个函数在同一直角坐标系下的图像如下图所示.

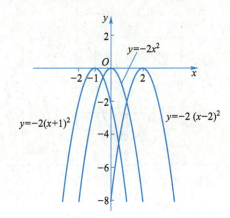

从例 7、例 8 的图像可以看出,二次函数 $y=a(x-h)^2$ $(a\neq 0)$ 的图像由 $y=ax^2$ 的图像向左($h<0$)或向右($h>0$)平移 $|h|$ 个单位长度得到.

二次函数 $y=a(x-h)^2(a\neq 0)$ 的图像与性质:

$y=a(x-h)^2$ $(a\neq 0)$	$a>0$		$a<0$	
	$h<0$	$h>0$	$h<0$	$h>0$
图像				
开口方向	开口向上		开口向下	
对称轴	$x=h$		$x=h$	
顶点坐标	$(h,0)$		$(h,0)$	
增减性	在对称轴左侧,y 随着 x 增大而减小;在对称轴右侧,y 随着 x 增大而增大		在对称轴左侧,y 随着 x 增大而增大;在对称轴右侧,y 随着 x 增大而减小	
最值	当 $x=h$ 时,y 有最小值 0		当 $x=h$ 时,y 有最大值 0	

例 9 画出下列函数的图像.

(1) $y=3x^2$;   (2) $y=3(x+1)^2+2$;   (3) $y=3(x-2)^2-3$.

解:利用平移的口诀"左加右减、上加下减".

先画出 $y=3x^2$ 的图像,通过向左移动 1 个单位,再向上移动 2 个单位得到 $y=3(x+1)^2+2$ 的图像,如下图所示.

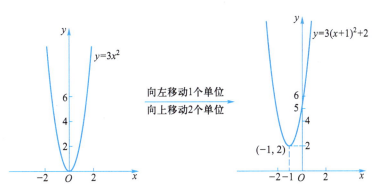

将 $y=3x^2$ 的图像向右移动 2 个单位,再向下移动 3 个单位得到 $y=3(x-2)^2-3$ 的图像,如下图所示.

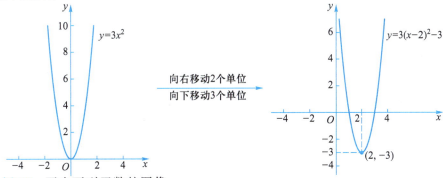

例 10 画出下列函数的图像.

（1）$y=-2x^2$；   （2）$y=-2(x+1)^2+2$；   （3）$y=-2(x-2)^2-3$.

解:先画出 $y=-2x^2$ 的图像,通过向左移动 1 个单位,再向上移动 2 个单位得到 $y=-2(x+1)^2+2$ 的图像,如下图所示.

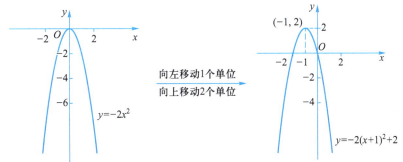

将 $y=-2x^2$ 的图像向右移动 2 个单位,再向下移动 3 个单位得到 $y=-2(x-2)^2-3$ 的图像,如下图所示.

　　从例9、例10的图像可以看出,二次函数 $y=a(x-h)^2+k$ $(a\neq0)$ 的图像先由 $y=ax^2$ 的图像向左($h<0$)或向右($h>0$)平移 $|h|$ 个单位长度,再向上($k>0$)或向下($k<0$)平移 $|k|$ 个单位长度得到.

　　函数 $y=a(x-h)^2+k$ $(a\neq0)$ 的性质:

$y=a(x-h)^2+k$ $(a\neq0)$	$a>0$	$a<0$
开口方向	开口向上	开口向下
对称轴	$x=h$	$x=h$
顶点坐标	(h,k)	(h,k)
增减性	在对称轴左侧,y 随着 x 增大而减小; 在对称轴右侧,y 随着 x 增大而增大	在对称轴左侧,y 随着 x 增大而增大; 在对称轴右侧,y 随着 x 增大而减小
最值	当 $x=h$ 时,y 有最小值 k	当 $x=h$ 时,y 有最大值 k

　　说明:$y=a(x-h)^2+k$ 称为二次函数的顶点式.

三、 利用配方法化二次函数为顶点式

　　研究二次函数的性质时,二次函数一般式 $y=ax^2+bx+c$ 的性质特点不如顶点式 $y=a(x-h)^2+k$ 明显,通常先用配方法将一般式化为顶点式.

　　例11　将下列二次函数化为顶点式,并写出开口方向、对称轴、顶点坐标、最大值或最小值.

　　(1) $y=x^2+6x+3$;　　　　(2) $y=-x^2+4x+2$;　　　　(3) $y=2x^2+8x+5$;

　　(4) $y=-2x^2+4x+1$;　　　(5) $y=\dfrac{1}{2}x^2+6x-2$;　　　(6) $y=-\dfrac{1}{2}x^2-3x-1$.

　　解:(1) $y=x^2+6x+3=x^2+6x+9-6=(x+3)^2-6$.

　　　　开口方向:向上,对称轴:$x=-3$,顶点坐标$(-3,-6)$,最小值为-6.

　　(2) $y=-x^2+4x+2=-(x^2-4x+4-4)+2=-(x^2-4x+4)+6=-(x-2)^2+6$.

　　　　开口方向:向下,对称轴:$x=2$,顶点坐标$(2,6)$,最大值为 6.

　　(3) $y=2x^2+8x+5=2(x^2+4x+4-4)+5=2(x^2+4x+4)-3=2(x+2)^2-3$.

　　　　开口方向:向上,对称轴:$x=-2$,顶点坐标$(-2,-3)$,最小值为-3.

　　(4) $y=-2x^2+4x+1=-2(x^2-2x+1-1)+1=-2(x^2-2x+1)+3=-2(x-1)^2+3$.

　　　　开口方向:向下,对称轴:$x=1$,顶点坐标$(1,3)$,最大值为 3.

　　(5) $y=\dfrac{1}{2}x^2+6x-2=\dfrac{1}{2}(x^2+12x+36-36)-2=\dfrac{1}{2}(x^2+12x+36)-20=\dfrac{1}{2}(x+6)^2-20$.

　　　　开口方向:向上,对称轴:$x=-6$,顶点坐标$(-6,-20)$,最小值为-20.

　　(6) $y=-\dfrac{1}{2}x^2-3x-1=-\dfrac{1}{2}(x^2+6x+9-9)-1=-\dfrac{1}{2}(x+3)^2+\dfrac{7}{2}$.

　　　　开口方向:向下,对称轴:$x=-3$,顶点坐标$\left(-3,\dfrac{7}{2}\right)$,最大值为$\dfrac{7}{2}$.

将 $y=ax^2+bx+c$ ($a\neq0$) 配方得 $y=a\left(x+\dfrac{b}{2a}\right)^2+\dfrac{4ac-b^2}{4a}$，得到 $y=ax^2+bx+c$ ($a\neq0$) 的性质：

$y=ax^2+bx+c$ ($a\neq0$)	$a>0$	$a<0$
开口方向	向上	向下
对称轴	$x=-\dfrac{b}{2a}$	$x=-\dfrac{b}{2a}$
顶点坐标	$\left(-\dfrac{b}{2a},\dfrac{4ac-b^2}{4a}\right)$	$\left(-\dfrac{b}{2a},\dfrac{4ac-b^2}{4a}\right)$
增减性	在对称轴左侧，y 随着 x 增大而减小；在对称轴右侧，y 随着 x 增大而增大	在对称轴左侧，y 随着 x 增大而增大；在对称轴右侧，y 随着 x 增大而减小
最值	当 $x=-\dfrac{b}{2a}$ 时，y 有最小值 $\dfrac{4ac-b^2}{4a}$	当 $x=-\dfrac{b}{2a}$ 时，y 有最大值 $\dfrac{4ac-b^2}{4a}$

四、 二次函数的图像与 x 轴、y 轴的交点

二次函数 $y=ax^2+bx+c$ ($a\neq0$) 的图像与 y 轴的交点：令 $x=0$，得 $y=c$，与 y 轴的交点为 $(0,c)$.

二次函数 $y=ax^2+bx+c$ ($a\neq0$) 的图像与 x 轴的交点：令 $y=0$，根据方程 $ax^2+bx+c=0$ 的解的情况，分成 3 种情况讨论：

（1）若方程 $ax^2+bx+c=0$ 无解，则二次函数 $y=ax^2+bx+c$ 的图像与 x 轴没有交点，如右图所示；

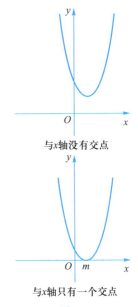

与 x 轴没有交点

（2）若方程 $ax^2+bx+c=0$ 有两个相同的实根 $x_1=x_2=m$，则二次函数 $y=ax^2+bx+c$ 的图像与 x 轴有一个交点 $(m,0)$，如右图所示；

与 x 轴只有一个交点

（3）若方程 $ax^2+bx+c=0$ 有两个不同的实根 $x_1=m$，$x_2=n$ ($m\neq n$)，则二次函数 $y=ax^2+bx+c$ 的图像与 x 轴有两个交点 $(m,0)$，$(n,0)$，如右图所示.

例 12　求下列二次函数的图像与 x 轴、y 轴的交点坐标，并画出函数的图像.

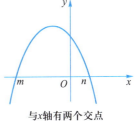

与 x 轴有两个交点

（1） $y=(x-1)(x-2)$；   （2） $y=x^2-6x+10$；   （3） $y=-x^2+x-\dfrac{1}{4}$.

解：（1）令 $x=0$，得 $y=(-1)\times(-2)=2$，此函数的图像与 y 轴的交点为 $(0,2)$.

令 $y=0$，得 $(x-1)(x-2)=0$，$x=1$ 或 $x=2$，所以函数 $y=(x-1)(x-2)$ 的图像与 x 轴的交点坐标为 $(1,0)$，$(2,0)$.

函数图像如下图所示.

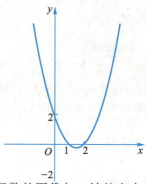

（2）令 $x=0$，得 $y=10$，此函数的图像与 y 轴的交点为 $(0,10)$.

令 $y=0$，得 $x^2-6x+10=0$，即 $(x-3)^2+1=0$，方程无实根，故函数 $y=x^2-6x+10$ 的图像与 x 轴无交点.

函数的图像如下图所示.

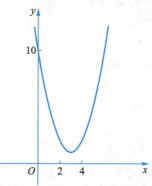

（3）令 $x=0$，得 $y=-\dfrac{1}{4}$，此函数的图像与 y 轴的交点为 $\left(0,-\dfrac{1}{4}\right)$.

令 $y=0$，得 $-x^2+x-\dfrac{1}{4}=0$，即 $-\left(x-\dfrac{1}{2}\right)^2=0$，$x_1=x_2=\dfrac{1}{2}$，函数 $y=-x^2+x-\dfrac{1}{4}$ 的图像与 x 轴只有一个交点 $\left(\dfrac{1}{2},0\right)$.

图像如下图所示.

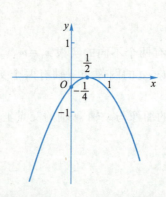

若一个二次函数的图像与 x 轴有两个交点,分别为 $(x_1,0)$ 和 $(x_2,0)$,则这个二次函数可以写成 $y=a(x-x_1)(x-x_2)$,其中 $a\neq 0$,称为二次函数的 交点式.

通过例 12 不难发现,二次函数 $y=a(x-x_1)(x-x_2)$ 的对称轴为 $x=\dfrac{x_1+x_2}{2}$.

五、 含绝对值的二次函数

例 13　画出函数 $y=x^2-4|x|-3$ 的图像.

解:第一步,先画出函数 $y=x^2-4x-3$ 的图像,且只取 y 轴(含)右侧的部分.
$$y=x^2-4x-3=x^2-4x+4-7=(x-2)^2-7,$$
顶点为 $(2,-7)$,对称轴为 $x=2$,开口向上,与 y 轴交于点 $(0,-3)$.

第二步,将第一步的图像翻折到 y 轴左侧,得到 $y=x^2-4|x|-3$ 的图像,具体过程如下图所示.

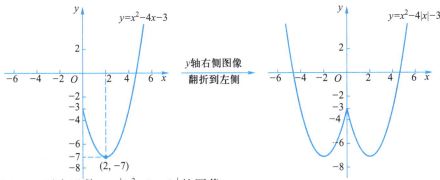

例 14　画出函数 $y=\left|x^2+2x-3\right|$ 的图像.

解:第一步,先画出 $y=x^2+2x-3$ 的图像.
$$y=x^2+2x+1-4=(x+1)^2-4,$$
顶点为 $(-1,-4)$,对称轴为 $x=-1$,开口向上,与 y 轴交于点 $(0,-3)$.

第二步,保留 x 轴(含)上方的图像,将 x 轴下方的图像,翻折到 x 轴上方,具体过程如下图所示.

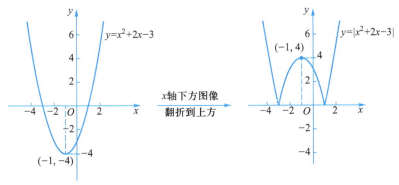

六、 抛物线 $y^2=x$

$y^2=x$ 不是函数,根据函数的定义,要求任给一个 x,只能有唯一的 y 与之对应.对

$y^2 = x$，若取 $x = 1$，有 $y = 1, y = -1$ 两个 y 值与之对应，故 $y^2 = x$ 不是函数.

对 $y^2 = x$ 两边同时开平方得 $y = \pm\sqrt{x}$，即方程 $y^2 = x$ 对应的图像可看作两个函数：$y = \sqrt{x}$ 和 $y = -\sqrt{x}$ 的图像拼合而成.

例 15　画出 $y^2 = x$ 的图像.

解：利用描点法，画出图像.

y	$x = y^2$
-3	9
-2	4
-1	1
0	0
1	1
2	4
3	9

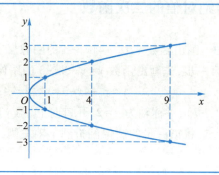

例 16　在同一直角坐标系下画出 $y^2 = x$ 和 $y^2 = x+1$ 的图像.

解：将 $y^2 = x$ 的图像向左移动 1 个单位，得到 $y^2 = x+1$ 的图像，在同一直角坐标系下的图像如右图所示.

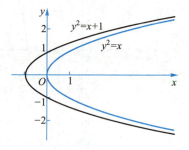

例 17　在同一直角坐标系下画出 $y^2 = x$ 和 $y^2 = x-3$ 的图像.

解：将 $y^2 = x$ 的图像向右移动 3 个单位，得到 $y^2 = x-3$ 的图像，在同一直角坐标系下的图像如右图所示.

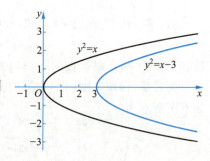

七、抛物线与直线围成的区域

例 18　画出抛物线 $y = x^2$ 与直线 $y = x$ 围成的区域.

解：联立方程组 $\begin{cases} y = x^2, \\ y = x, \end{cases}$ 解为 $\begin{cases} x = 0, \\ y = 0 \end{cases}$ 或 $\begin{cases} x = 1, \\ y = 1, \end{cases}$ 故抛物线与直线的交点为 $(0, 0), (1, 1)$，围成的区域如右图中阴影部分所示.

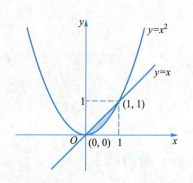

例 19　画出抛物线 $y^2 = x$ 与直线 $y = x - 2$ 围成的区域.

解：联立方程组 $\begin{cases} y^2 = x, \\ y = x - 2, \end{cases}$ 解为 $\begin{cases} x = 4, \\ y = 2 \end{cases}$ 或 $\begin{cases} x = 1, \\ y = -1, \end{cases}$ 故抛物线与直线的交点为 $(4, 2)$，$(1, -1)$，围成的区域如右图中阴影部分所示.

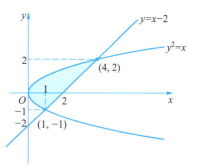

例 20　画出抛物线 $y^2 = x$ 与 $y = x^2$ 围成的区域.

解：联立方程组 $\begin{cases} y^2 = x, \\ y = x^2, \end{cases}$ 将 $y = x^2$ 代入 $y^2 = x$，得 $x^4 = x$，$x(x^3 - 1) = 0$，故 $x = 0$ 或 $x = 1$，解为 $\begin{cases} x = 0, \\ y = 0 \end{cases}$ 或 $\begin{cases} x = 1, \\ y = 1. \end{cases}$

围成的区域如右图中阴影部分所示.

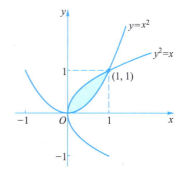

同步练习

1. 下列函数中不一定属于二次函数的是（　　　）

A. $y = (2 - x)(x + 1)$.　　　　B. $y = \dfrac{1}{2}x^2 + ax + 2a^2 - 1$.

C. $y = mx^2 + (1 - 2m)x + 2$.　　D. $y = 3 - x^2$.

2. 将二次函数 $y = -2x^2 + 1$ 的图像向右平移 2 个单位长度，再向上平移 3 个单位长度，所得函数解析式为（　　　）

A. $y = -2(x - 2)^2 - 3$.　　　　B. $y = -2(x - 2)^2 + 4$.

C. $y = -2(x + 2)^2 - 3$.　　　　D. $y = -2(x + 2)^2 + 4$.

3. 对于二次函数 $y = -\dfrac{1}{2}(x + 2)^2 - 1$ 的图像，下列说法正确的是（　　　）

A. 对称轴是 $x = 2$.　　　　　　B. 在对称轴右侧，y 随着 x 增大而增大.

C. 顶点坐标是 $(-2, -1)$.　　　　D. 有最小值 -1.

4. 已知二次函数 $y = x^2 + (b - 2)x + c$，当 $x < 2$ 时，y 随着 x 增大而减小，则实数 b 的取值范围是_____.

5. 根据下列条件分别求出二次函数解析式.

（1）函数图像过点 $A(1, 2)$，$B(0, -3)$，$C(-2, 5)$；

（2）函数图像过点 $A(-2, 0)$，$B(6, 0)$，最小值是 -32；

（3）函数图像的顶点是 $(-3, 2)$，且过点 $(-2, 6)$.

6. 画出函数 $y = x^2 - 4|x| - 5$ 的图像.

7. 画出函数 $y = |x^2 - 2x - 3|$ 的图像.

8. 画出抛物线 $y = x^2$ 与直线 $y = x + 2$ 围成的区域.

参考答案

1. 因为 $y=mx^2+(1-2m)x+2$ 的二次项系数 m 可能为 0,所以不一定为二次函数,故答案为 C.

2. 二次函数 $y=-2x^2+1$ 的图像向右平移 2 个单位长度得到 $y=-2(x-2)^2+1$ 的图像,再向上平移 3 个单位长度得到 $y=-2(x-2)^2+1+3=-2(x-2)^2+4$ 的图像,故答案为 B.

3. 二次函数 $y=-\frac{1}{2}(x+2)^2-1$ 的图像的对称轴是 $x=-2$,故选项 A 错误;在对称轴右侧,y 随着 x 增大而减小,故选项 B 错误;因为开口向下,所以有最大值 -1,故选项 D 错误,所以正确答案为 C.

4. 因为二次函数 $y=x^2+(b-2)x+c$ 的对称轴为直线 $x=-\frac{b-2}{2}$,且开口向上,所以当 $x\leqslant-\frac{b-2}{2}$ 时,y 随着 x 增大而减小,所以 $-\frac{b-2}{2}\geqslant 2$,解得 $b\leqslant-2$.

5. (1) 设二次函数解析式为 $y=ax^2+bx+c$ $(a\neq 0)$,分别将点 $A(1,2)$,$B(0,-3)$,$C(-2,5)$ 代入得 $\begin{cases}a+b+c=2,\\c=-3,\\4a-2b+c=5,\end{cases}$ 解得 $\begin{cases}a=3,\\b=2,\\c=-3,\end{cases}$ 所以二次函数解析式为 $y=3x^2+2x-3$.

(2) 设二次函数解析式为 $y=a(x+2)(x-6)$,由题意知二次函数的对称轴为 $x=2$,顶点为 $(2,-32)$,所以 $a(2+2)(2-6)=-32$,解得 $a=2$,所求解析式为 $y=2(x+2)(x-6)=2x^2-8x-24$.

(3) 设二次函数解析式为 $y=a(x+3)^2+2$,将点 $(-2,6)$ 代入得 $a(-2+3)^2+2=6$,解得 $a=4$,所以二次函数解析式为 $y=4(x+3)^2+2=4x^2+24x+38$.

6. 第一步,先画出函数 $y=x^2-4x-5=(x-2)^2-9=(x-5)(x+1)$ 的图像.

顶点为 $(2,-9)$,对称轴为 $x=2$,与 x 轴交点为 $(-1,0)$ 和 $(5,0)$.

第二步,只取 y 轴(含)的右侧部分.

第三步,将 y 轴的右侧部分图像翻折到 y 轴左侧,得到 $y=x^2-4|x|-5$ 的图像,如下图所示.

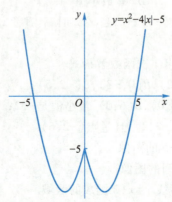

7. 第一步,先作出 $y=x^2-2x-3$ 的图像.

第二步,保留 x 轴(含)上方的图像,将 x 轴下方的图像翻折到 x 轴上方,所得即为 $y=|x^2-2x-3|$ 的图像,如下图所示.

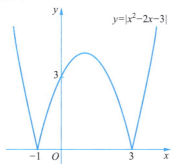

8. 联立得方程组 $\begin{cases} y=x^2, \\ y=x+2, \end{cases}$ 解为 $\begin{cases} x=-1 \\ y=1 \end{cases}$ 或 $\begin{cases} x=2 \\ y=4, \end{cases}$ 故抛物线与直线的交点为 $(-1,1)$,$(2,4)$,围成的区域如下图中阴影部分所示.

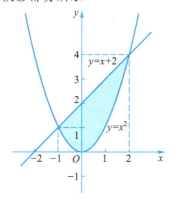

第十二章
不等式

一、基本概念

一般地,用符号">""≥""<""≤"" ≠ "连接的式子叫作不等式.

例如 $x+1>2$,$\sin x<\dfrac{1}{2}$,$e^x\geq 1$,$\log_2 x\leq 2$,$5x\neq 5$ 都是不等式.

不等式包含:一次不等式、二次不等式、指数不等式、对数不等式、三角不等式等.

二、一元一次不等式

形如:$x+3>9$,$\dfrac{2}{3}y-2\leq 7$,$m+7\geq 2m-2$ 的不等式,只含有一个未知数,未知数的次数为 1,且未知数的系数不为 0,叫作一元一次不等式.

例 1 解下列一元一次不等式.

(1) $x+3>10$；　　　　(2) $-\dfrac{1}{2}x\leq 2$；　　　　(3) $2x+3>7-x$.

解: 　(1) $x+3>10$

$\downarrow$ 将 3 移至右边

$x>10-3$

$\downarrow$

$x>7$

(2) $-\dfrac{1}{2}x\leq 2$

$\downarrow$ 两边同时乘 (-2),不等号变方向

$(-2)\times\left(-\dfrac{1}{2}x\right)\geq(-2)\times 2$

$\downarrow$

$x\geq -4$

(3) $2x+3>7-x$

$\downarrow$ 将 $-x$ 移至左边

$2x+3+x>7$

$\downarrow$ 将 3 移至右边

$3x>4$

$\downarrow$ 两边同乘 $\dfrac{1}{3}$,不等号不变方向

$\dfrac{1}{3}\times 3x>\dfrac{1}{3}\times 4$

$\downarrow$

$x>\dfrac{4}{3}$

解一元一次不等式时,先把含未知数的项移到一边,再把常数项移到另一边.两边同时乘正数时,不等号不变方向;两边同时乘负数时,不等号改变方向.

三、 一元二次不等式

形如:$x^2+x-3>0,4x^2-6x+7\leq0,-5x^2-2>0$ 的不等式,只含有一个未知数,未知数的最高次数为 2 且二次项的系数不为 0 的不等式,叫作一元二次不等式.

例 2　解一元二次不等式:$x^2+2x+2\geq0$.

解:方法一(配方法):原不等式变为:$x^2+2x+1+1\geq0$,即$(x+1)^2+1\geq0$,显然恒成立,所以 $x\in\mathbf{R}$.

方法二(图像法):在平面直角坐标系下画出二次函数 $y=x^2+2x+2$ 的图像,如下图所示,其图像位于 x 轴的上方,$y\geq0$ 恒成立,所以 $x\in\mathbf{R}$.

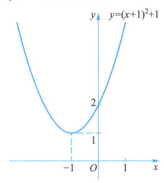

例 3　解一元二次不等式:$x^2+4x+6\leq1$.

解:方法一(配方法):将 1 移到左侧,不等式变为 $x^2+4x+5\leq0$,配方得$(x+2)^2+1\leq0$,而$(x+2)^2+1\geq1$,故原不等式不可能成立,所以 $x\in\varnothing$.

方法二(图像法):令 $y=x^2+4x+5$,在平面直角坐标系下画出其图像,如下图所示.根据图像,$y=x^2+4x+5\geq1$ 恒成立,所以 $x^2+4x+5\leq0$ 不可能成立,故 $x\in\varnothing$.

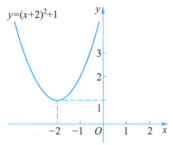

例 4　解一元二次不等式:$-x^2+2x-1>0$.

解:不等式两边同时乘-1(不等号方向改变),得到 $x^2-2x+1<0$,即$(x-1)^2<0$,不可能成立,故 $x\in\varnothing$.

例 5　利用赋值验证法解不等式:$x^2+2x-3>0$.

解:第一步,将不等式转化为方程,并求出方程的解.

令 $x^2+2x-3=0$,即$(x+3)(x-1)=0$,解得 $x=-3$ 或 $x=1$.

第二步,利用方程的解将数轴分割.

用 $x=-3,x=1$ 将数轴分为三部分：$(-\infty,-3),(-3,1),(1,+\infty)$，如下图所示.

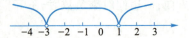

第三步，代入特殊值验证.(当 0 不是分割点时，一般用 0 作为特殊值代入验证.)

将 $x=0$ 代入原不等式 $x^2+2x-3>0$ 左边，得 $0^2+2\times0-3=-3<0$，原不等式不成立，故 0 所在的区间 $(-3,1)$ 不满足不等式，在数轴对应的区间内用"×"标记，如下图所示.

第四步，判断其他区间是否满足不等式.

因区间 $(-3,1)$ 不满足不等式，可代入 $x=-4,x=2$ 分别验证，其所在的区间 $(-\infty,-3),(1,+\infty)$ 满足不等式.在数轴对应的区间内用"√"标记，如下图所示.

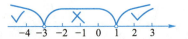

所以，原不等式的解集为 $(-\infty,-3)\cup(1,+\infty)$.

例 6   利用图像法解不等式：$x^2+2x-3\geqslant0$.

解：第一步，构造二次函数：$y=x^2+2x-3$.

第二步，画出二次函数的图像.

$y=x^2+2x-3=x^2+2x+1-4=(x+1)^2-4$，顶点为 $(-1,-4)$，对称轴为 $x=-1$.

当 $x=0$ 时，$y=-3$，二次函数图像与 y 轴的交点为 $(0,-3)$.解方程 $x^2+2x-3=0$，即 $(x+3)(x-1)=0$，解得 $x=-3$ 或 $x=1$，故二次函数图像与 x 轴的交点为 $(-3,0),(1,0)$.图像如下图所示.

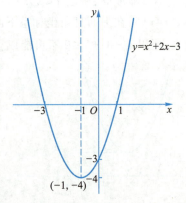

第三步，在图像上求解.

对于原不等式 $x^2+2x-3\geqslant0$，在图像上找符合 $y\geqslant0$ 的 x 的区间，即 $(-\infty,-3]\cup[1,+\infty)$.

注：因为图像法解不等式的过程要画出二次函数的图像，所以，图像法比赋值验证法要复杂一些.同时，如果是系数较复杂、次数较高的函数，图像很难准确画出，通常情况下，赋值验证法更方便一些.

例 7 利用赋值验证法解不等式:$x^2+4x-12\leqslant 0$.

解:第一步,将不等式转化为方程,并求出方程的解.

令 $x^2+4x-12=0$,即 $(x+6)(x-2)=0$,解得 $x=-6$ 或 $x=2$.

第二步,利用方程的解将数轴分割.

用 $x=-6,x=2$ 将数轴分为三部分:$(-\infty,-6]$,$[-6,2]$,$[2,+\infty)$,如下图所示.

(区间端点的开闭取决于原不等式中是否包含等号)

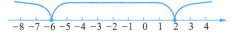

第三步,代入特殊值验证.

将 $x=0$ 代入原不等式 $x^2+4x-12\leqslant 0$ 左边,得 $0^2+4\times 0-12=-12\leqslant 0$,原不等式成立,故 0 所在的区间 $[-6,2]$ 满足不等式,在数轴对应的区间内用"√"标记,如下图所示.

第四步,判断其他区间是否满足不等式.

因区间 $[-6,2]$ 满足不等式,可代入 $x=-10$,$x=3$ 分别验证,其对应的区间 $(-\infty,-6]$,$[2,+\infty)$ 不满足不等式,在数轴对应的区间内用"×"标记,如下图所示.

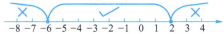

所以,原不等式的解集为 $[-6,2]$.

例 8 利用赋值验证法解不等式:$x^2-x>0$.

解:第一步,将不等式转化为方程,并求出方程的解.

令 $x^2-x=0$,即 $x(x-1)=0$,解得 $x=0$ 或 $x=1$.

第二步,利用方程的解将数轴分割.

用 $x=0,x=1$ 将数轴分为三部分:$(-\infty,0)$,$(0,1)$,$(1,+\infty)$,如下图所示.

第三步,代入特殊值验证.(本题中 0 是分割点,故不用 0,选用 2 作为特殊值代入验证.)

将 $x=2$ 代入原不等式 $x^2-x>0$ 左边,得 $2^2-2=2>0$,原不等式成立,故 2 所在的区间 $(1,+\infty)$ 满足不等式,在数轴对应的区间内用"√"标记,如下图所示.

第四步,判断其他区间是否满足不等式.

因区间 $(1,+\infty)$ 满足不等式,可依次验证其左侧的区间,$(0,1)$ 不满足不等式,$(-\infty,0)$ 满足不等式,并在数轴上表示出来,如下图所示.

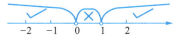

所以,原不等式的解集为 $(-\infty,0)\cup(1,+\infty)$.

例 9 利用赋值验证法解不等式:$4(x-12)(5-x)<0$.

解:第一步,将不等式转化为方程,并求出方程的解.

令 $4(x-12)(5-x)=0$,即 $(x-12)(5-x)=0$,解得 $x=5$ 或 $x=12$.

第二步,利用方程的解将数轴分割.

用 $x=5$，$x=12$ 将数轴分为三部分：$(-\infty,5)$，$(5,12)$，$(12,+\infty)$，如下图所示.

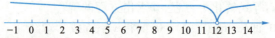

第三步，代入特殊值验证.

将 $x=0$ 代入原不等式 $4(x-12)(5-x)<0$ 左边，得 $4(0-12)(5-0)=-240<0$，原不等式成立，故 0 所在的区间 $(-\infty,5)$ 满足不等式.在数轴对应的区间内用"√"标记，如下图所示.

第四步，判断其他区间是否满足不等式.

因区间 $(-\infty,5)$ 满足不等式，可依次验证其右侧的区间，$(5,12)$ 不满足不等式，$(12,+\infty)$ 满足不等式，并在数轴上表示出来，如下图所示.

所以，原不等式的解集为 $(-\infty,5)\cup(12,+\infty)$.

四、 一元三次不等式

例 10　解不等式 $x^2(x+5)\leqslant0$.

解：显然 $x^2\geqslant0$，当 $x=0$ 时，原不等式成立.又 $x+5\leqslant0$，$x\leqslant-5$.故原不等式的解集为 $\{x\mid x\leqslant-5 \text{ 或 } x=0\}$.

例 11　解不等式 $(x-7)^2(x-1)>0$.

解：显然 $(x-7)^2\geqslant0$，当 $x=7$ 时，原不等式不成立.又 $x-1>0$，$x>1$.故原不等式的解集为 $\{x\mid x>1 \text{ 且 } x\neq7\}$.

> 注：从例 10、例 11 不难发现，对于含有偶次项因式的不等式，可先讨论其偶次项因式为零时原不等式是否成立，再根据偶次项的非负性消去偶次项，求解降次后的不等式.

例 12　解一元三次不等式 $(x-1)(x-2)(x-4)\geqslant0$.

解：第一步，将不等式转化为方程，并求出方程的解.

令 $(x-1)(x-2)(x-4)=0$，解得 $x=1$ 或 $x=2$ 或 $x=4$.

第二步，利用方程的解将数轴分割.

用 $x=1$，$x=2$，$x=4$ 将数轴分为四部分：$(-\infty,1]$，$[1,2]$，$[2,4]$，$[4,+\infty)$，如下图所示.

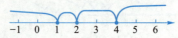

第三步，代入特殊值验证.

将 $x=0$ 代入原不等式 $(x-1)(x-2)(x-4)\geqslant0$ 左边，得 $(-1)\times(-2)\times(-4)=-8<0$，原不等式不成立，故 0 所在的区间 $(-\infty,1]$ 不满足不等式.在数轴对应的区间内用"×"标记，如下图所示.

第四步,判断其他区间是否满足不等式.

因区间 $(-\infty,1]$ 不满足不等式,可依次验证其右侧的区间,$[1,2]$ 满足不等式,$[2,4]$ 不满足不等式,$[4,+\infty)$ 满足不等式,并在数轴上表示出来,如下图所示.

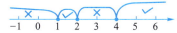

所以,原不等式的解集为 $[1,2]\cup[4,+\infty)$.

五、 分式不等式

在解分式不等式时,通常将其先转化为整式不等式(组).下面通过将几种不同的分式不等式转化为整式不等式(组)的形式,说明分式不等式的解题思路:

(1) 分式不等式 $\dfrac{x-a}{x-b}>0$,与整式不等式 $(x-a)(x-b)>0$ 的解集相同;

(2) 分式不等式 $\dfrac{x-a}{x-b}\geq 0$,与整式不等式组 $\begin{cases}(x-a)(x-b)\geq 0,\\x-b\neq 0\end{cases}$ 的解集相同;

(3) 分式不等式 $\dfrac{x-a}{(x-b)(x-c)}<0$,与整式不等式 $(x-a)(x-b)(x-c)<0$ 的解集相同;

(4) 分式不等式 $\dfrac{x-a}{(x-b)(x-c)}\leq 0$,与整式不等式组 $\begin{cases}(x-a)(x-b)(x-c)\leq 0,\\x-b\neq 0,\\x-c\neq 0\end{cases}$ 的解集相同.

解分式不等式时,应注意分母不为 0 的要求.

例 13　解下列分式不等式.

(1) $\dfrac{x-8}{x-1}<0$;　　(2) $\dfrac{x-2}{x+5}\geq 0$.

解:(1) 分式不等式等价于 $(x-8)(x-1)<0$,所以 $x\in(1,8)$.

(2) 分式不等式等价于 $(x-2)(x+5)\geq 0$ 且 $x+5\neq 0$,所以 $x\in(-\infty,-5)\cup[2,+\infty)$.

例 14　解下列分式不等式.

(1) $\dfrac{x-2}{x-6}\leq 1$;　　(2) $\dfrac{x+8}{x+1}\geq -2$.

解:(1) $\dfrac{x-2}{x-6}-1\leq 0$,$\dfrac{x-2-(x-6)}{x-6}=\dfrac{4}{x-6}\leq 0$,等价于 $x-6<0$,所以 $x\in(-\infty,6)$.

(2) $\dfrac{x+8}{x+1}+2=\dfrac{x+8+2(x+1)}{x+1}\geq 0$,即 $\dfrac{3x+10}{x+1}\geq 0$,等价于 $(3x+10)(x+1)\geq 0$ 且 $x\neq -1$,所以 $x\in\left(-\infty,-\dfrac{10}{3}\right)\cup(-1,+\infty)$.

例 15　解分式不等式 $\dfrac{2(x+2)(x-7)}{x-1}\leq 0$.

解：分式不等式等价于 $\begin{cases}(x+2)(x-7)(x-1)\leqslant 0,\\x-1\neq 0,\end{cases}$ 所以 $x\in(-\infty,-2]\cup(1,7]$.

六、不等式组

多个不等式联立，形成不等式组．解不等式组时，先求每个不等式的解集，再求其交集．

例 16   解不等式组 $\begin{cases}6x-5<0,\\3x\leqslant 4x+2.\end{cases}$

解：由 $6x-5<0$ 得 $x<\dfrac{5}{6}$，由 $3x\leqslant 4x+2$ 得 $x\geqslant -2$，可通过数轴（如下图所示）解得 $x\in\left[-2,\dfrac{5}{6}\right)$.

例 17   解不等式组 $\begin{cases}x^2+7x\leqslant 0,\\3x<x-5.\end{cases}$

解：由 $x^2+7x\leqslant 0$ 得 $x(x+7)\leqslant 0$，解得 $-7\leqslant x\leqslant 0$．由 $3x<x-5$ 解得 $x<-\dfrac{5}{2}$．可通过数轴（如下图所示）解得 $x\in\left[-7,-\dfrac{5}{2}\right)$.

同步练习

1. 解不等式组：$\begin{cases}2x-1>3,\\2+2x\geqslant 1+x.\end{cases}$

2. 解不等式：$\dfrac{x+4}{3}-\dfrac{3x-1}{2}>1$.

3. 解下列一元二次不等式．

(1) $4x^2-1\geqslant 0$；   (2) $x^2+x+3\geqslant 0$；   (3) $-x^2+x+6<0$.

4. 解不等式：$\dfrac{3}{x+1}<1$.

5. 解不等式：$2-\dfrac{x-3}{x-2}>\dfrac{x-2}{x-1}$.

6. 解不等式组：$\begin{cases}5+x<13-3x,\\\dfrac{11+3x}{2x-1}\geqslant 1+x.\end{cases}$

7. 解不等式组：$\begin{cases} 5+x^2>9+3x, \\ \dfrac{3x-4}{x-1}\geqslant 2. \end{cases}$

参考答案

1. 由 $2x-1>3$ 得 $x>2$，由 $2+2x\geqslant 1+x$ 得 $x\geqslant -1$. 求交集后可得 $x\in(2,+\infty)$.

2. $\dfrac{x+4}{3}-\dfrac{3x-1}{2}>1 \Rightarrow \left(\dfrac{x+4}{3}-\dfrac{3x-1}{2}\right)\times 6>1\times 6 \Rightarrow 2(x+4)-3(3x-1)>6 \Rightarrow -7x>-5 \Rightarrow x\in\left(-\infty,\dfrac{5}{7}\right)$.

3. （1）$4x^2-1=(2x-1)(2x+1)\geqslant 0$，$2\times 2\times\left(x-\dfrac{1}{2}\right)\left(x+\dfrac{1}{2}\right)\geqslant 0$，得 $x\in\left(-\infty,-\dfrac{1}{2}\right]\cup\left[\dfrac{1}{2},+\infty\right)$.

（2）$x^2+x+3=\left(x+\dfrac{1}{2}\right)^2+\dfrac{11}{4}\geqslant 0$ 恒成立，故 $x\in\mathbf{R}$.

（3）$-x^2+x+6=-(x^2-x-6)=-(x-3)(x+2)<0$，即 $(x-3)(x+2)>0$，解得 $x\in(-\infty,-2)\cup(3,+\infty)$.

4. $\dfrac{3}{x+1}-1=\dfrac{3-(x+1)}{x+1}=\dfrac{2-x}{x+1}<0$，等价于 $(2-x)(x+1)<0$，解得 $x\in(-\infty,-1)\cup(2,+\infty)$.

5. 移项通分得 $\dfrac{2(x-2)(x-1)-(x-1)(x-3)-(x-2)^2}{(x-2)(x-1)}>0$，即 $\dfrac{2x-3}{(x-2)(x-1)}>0$，等价于 $(2x-3)(x-2)(x-1)>0$，解得 $x\in\left(1,\dfrac{3}{2}\right)\cup(2,+\infty)$.

6. $5+x<13-3x$ 化简得 $4x<8$，即 $x<2$. 将 $\dfrac{11+3x}{2x-1}\geqslant 1+x$ 移项通分得 $\dfrac{11+3x}{2x-1}-(1+x)=\dfrac{11+3x-(2x-1)(1+x)}{2x-1}=\dfrac{-2(x-3)(x+2)}{2x-1}\geqslant 0$，即 $\dfrac{(x-3)(x+2)}{2x-1}\leqslant 0$，解得 $x\leqslant -2$ 或 $\dfrac{1}{2}<x\leqslant 3$. 综上可得 $x\in(-\infty,-2]\cup\left(\dfrac{1}{2},2\right)$.

7. 将 $5+x^2>9+3x$ 化简得 $(x-4)(x+1)>0$，解得 $x<-1$ 或 $x>4$. 将 $\dfrac{3x-4}{x-1}\geqslant 2$ 移项通分得 $\dfrac{3x-4}{x-1}-2=\dfrac{3x-4-2(x-1)}{x-1}=\dfrac{x-2}{x-1}\geqslant 0$，解得 $x<1$ 或 $x\geqslant 2$. 综上可得 $x\in(-\infty,-1)\cup(4,+\infty)$.

第十三章

圆、环形、椭圆

一、圆

平面内到定点的距离等于定长的所有点组成的图形叫作圆.定点称为圆心,定长称为半径.

圆的标准方程为:$(x-a)^2+(y-b)^2=r^2$,其中点(a,b)为圆心,r为半径,如图所示.

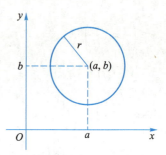

例 1 求下列圆的圆心及半径,并在同一直角坐标系下画出它们的图像.

(1) $x^2+y^2=1$;(2) $x^2+y^2=4$;(3) $x^2+y^2=9$.

解:(1) $x^2+y^2=1^2$,圆心为$(0,0)$,半径为 1;

(2) $x^2+y^2=2^2$,圆心为$(0,0)$,半径为 2;

(3) $x^2+y^2=3^2$,圆心为$(0,0)$,半径为 3.

三个圆在同一直角坐标系下的图像如右图所示.

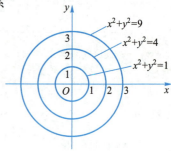

例 2 写出圆$(x-2)^2+(y+3)^2=9$的圆心及半径,并画出其图像.

解:$(x-2)^2+[y-(-3)]^2=3^2$,圆心为$(2,-3)$,半径为 3,其图像如右图所示.

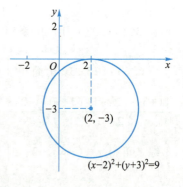

例 3 写出圆$\left(x+\dfrac{3}{2}\right)^2+\left(y-\dfrac{4}{5}\right)^2=\dfrac{1}{4}$的圆心及半径,并画出其图像.

解:$\left[x-\left(-\dfrac{3}{2}\right)\right]^2+\left(y-\dfrac{4}{5}\right)^2=\left(\dfrac{1}{2}\right)^2$,圆心为$\left(-\dfrac{3}{2},\dfrac{4}{5}\right)$,

半径为$\dfrac{1}{2}$,其图像如右图所示.

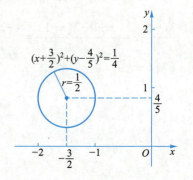

例 4　求圆 $x^2+y^2-2x+6y-2=0$ 的圆心及半径,并画出其图像.

解:配方得 $x^2-2x+1+y^2+6y+9-1-9-2=(x-1)^2+(y+3)^2-12=0$,即 $(x-1)^2+(y+3)^2=(2\sqrt{3})^2$,所以圆心为 $(1,-3)$,半径为 $2\sqrt{3}$,其图像如右图所示.

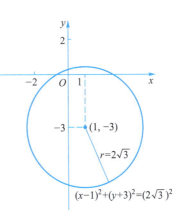

例 5　求圆 $2x^2+2y^2-8x+4y+1=0$ 的圆心及半径,并画出其图像.

解:将 $2x^2+2y^2-8x+4y+1=0$ 的二次项系数化为 1,可转化为 $x^2+y^2-4x+2y+\dfrac{1}{2}=0$,配方得

$$x^2-4x+4+y^2+2y+1-4-1+\dfrac{1}{2}=(x-2)^2+(y+1)^2-\dfrac{9}{2}=0,$$

即 $(x-2)^2+(y+1)^2=\dfrac{9}{2}$,所以圆心为 $(2,-1)$,半径为 $\dfrac{3\sqrt{2}}{2}$,其图像如右图所示.

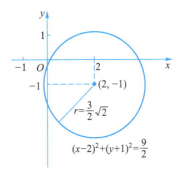

思考:圆的方程是不是函数?

答:圆的方程不是函数.

函数的概念要求任给一个 x,只能有一个 y 与其对应.对圆来说,如下左图所示,当 $x=x_1$ 时 $y=y_1$ 或 $y=y_2$,一个 x 对应两个 y,故圆的方程不是函数.

圆的图像可以用两个函数的图像拼成.例如:圆 $x^2+y^2=1$ 可以用函数 $y=\sqrt{1-x^2}\,(-1\leqslant x\leqslant 1)$ 和函数 $y=-\sqrt{1-x^2}\,(-1<x<1)$ 的图像拼成,如下右图所示.

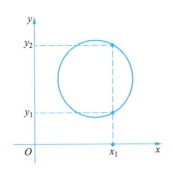
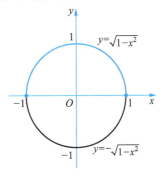

例 6　将圆 $(x-2)^2+(y+1)^2=16$ 的图像转化为两个函数的图像,写出这两个函数的表达式.

解:$(y+1)^2=16-(x-2)^2$,得 $y=-1\pm\sqrt{16-(x-2)^2}$,故圆的图像可以用两个函数的

图像拼成,这两个函数的解析式分别为:$y_1 = -1 + \sqrt{16 - (x-2)^2}$,$y_2 = -1 - \sqrt{16 - (x-2)^2}$.

二、 环形

如右图所示,环形的面积公式为:

$$S_{环形} = S_{大圆} - S_{小圆} = \pi R^2 - \pi r^2.$$

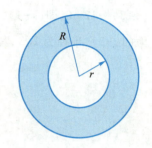

例 7 画出圆 $x^2 + y^2 = 1$ 和圆 $x^2 + y^2 = 4$ 围成的环形,并求环形区域的面积.

解:环形区域如右图中阴影所示.

$$S_{环形} = S_{大圆} - S_{小圆} = \pi \cdot 2^2 - \pi \cdot 1^2 = 3\pi.$$

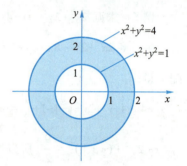

例 8 画出圆 $x^2 + y^2 = 9$,$x^2 + y^2 = 25$ 和直线 $y = x$ 及 x 轴在第一象限中围成的区域,并求其面积.

解:围成区域如右图中阴影所示.

$$S_{阴影} = \frac{1}{8} S_{环形} = \frac{1}{8}(S_{大圆} - S_{小圆})$$

$$= \frac{1}{8}(\pi \cdot 5^2 - \pi \cdot 3^2) = 2\pi.$$

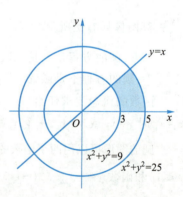

三、 椭圆

形如 $\dfrac{x^2}{a^2} + \dfrac{y^2}{b^2} = 1$ 或 $\dfrac{y^2}{a^2} + \dfrac{x^2}{b^2} = 1$ $(a > b > 0)$ 的方程称为 椭圆方程.

对于椭圆 $\dfrac{x^2}{a^2} + \dfrac{y^2}{b^2} = 1$ $(a > b > 0)$,与 x 轴的交点坐标为 $(a, 0)$ 和 $(-a, 0)$,与 y 轴的交点坐标为 $(0, b)$ 和 $(0, -b)$,图像如右图所示.

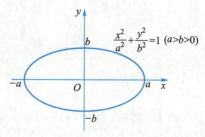

对于椭圆 $\dfrac{x^2}{b^2}+\dfrac{y^2}{a^2}=1$（$a>b>0$），与 x 轴的交点坐标为 $(b,0)$ 和 $(-b,0)$，与 y 轴的交点坐标为 $(0,a)$ 和 $(0,-a)$，图像如右图所示.

椭圆的面积公式：$S=\pi ab$.

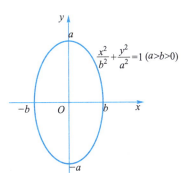

例 9　画出下列椭圆的图像，并求其面积.

（1）$\dfrac{x^2}{25}+\dfrac{y^2}{16}=1$；（2）$\dfrac{x^2}{4}+\dfrac{y^2}{9}=1$.

解：（1）椭圆方程变为 $\dfrac{x^2}{5^2}+\dfrac{y^2}{4^2}=1$，面积为 $\pi\times5\times4=20\pi$，图像如下左图所示.

（2）椭圆方程变为 $\dfrac{x^2}{2^2}+\dfrac{y^2}{3^2}=1$，面积为 $\pi\times2\times3=6\pi$，图像如下右图所示.

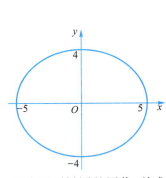
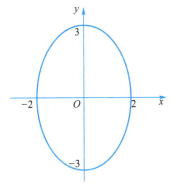

例 10　画出下列椭圆的图像，并求其面积.

（1）$4x^2+25y^2=100$；（2）$9x^2+4y^2=25$.

解：（1）将 $4x^2+25y^2=100$ 两边同时除以 100 得 $\dfrac{x^2}{25}+\dfrac{y^2}{4}=1$，即 $\dfrac{x^2}{5^2}+\dfrac{y^2}{2^2}=1$，面积为 $\pi\times5\times2=10\pi$，图像如右图所示.

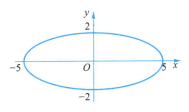

（2）将 $9x^2+4y^2=25$ 两边同时除以 25 得 $\dfrac{9x^2}{25}+\dfrac{4y^2}{25}=\dfrac{x^2}{\frac{25}{9}}+\dfrac{y^2}{\frac{25}{4}}=1$，即 $\dfrac{x^2}{\left(\frac{5}{3}\right)^2}+\dfrac{y^2}{\left(\frac{5}{2}\right)^2}=1$，面积为 $\pi\times\dfrac{5}{3}\times\dfrac{5}{2}=\dfrac{25}{6}\pi$，图像如右图所示.

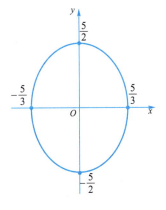

同步练习

1. 求圆 $x^2+y^2=25$ 的圆心及半径,并画出图像.
2. 求圆 $(x+1)^2+(y+1)^2=16$ 的圆心及半径,并画出图像.
3. 求圆 $x^2+y^2+2x+3y+2=0$ 的圆心及半径.
4. 画出圆 $x^2+y^2=2$ 和圆 $x^2+y^2=8$ 围成的环形,并求环形区域的面积.
5. 画出椭圆 $x^2+16y^2=16$ 的图像,并求其面积.
6. 将椭圆 $x^2+16y^2=16$ 的图像转化为两个函数的图像,并写出这两个函数的表达式.

参考答案

1. 圆心是 $(0,0)$,半径为 5,图像如下左图所示.
2. 圆心是 $(-1,-1)$,半径为 4,图像如下右图所示.

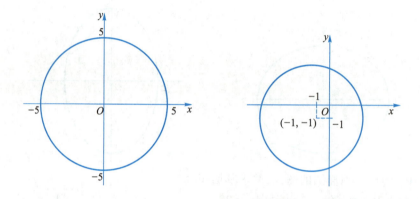

3. $x^2+y^2+2x+3y+2=x^2+2x+1+y^2+2\times\dfrac{3}{2}\times y+\left(\dfrac{3}{2}\right)^2+2-1-\left(\dfrac{3}{2}\right)^2$

$$=(x+1)^2+\left(y+\dfrac{3}{2}\right)^2-1-\dfrac{9}{4}+2=0,$$

即 $(x+1)^2+\left(y+\dfrac{3}{2}\right)^2=\dfrac{5}{4}$,所以圆心是 $\left(-1,-\dfrac{3}{2}\right)$,半径是 $\dfrac{\sqrt{5}}{2}$.

4. 环形区域如右图中阴影部分所示,$r_1=\sqrt{2}$,$r_2=2\sqrt{2}$,$S_{环形}=S_{大圆}-S_{小圆}=\pi\cdot(2\sqrt{2})^2-\pi\cdot(\sqrt{2})^2$ $=8\pi-2\pi=6\pi$.

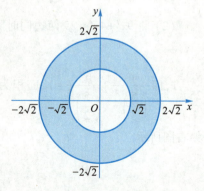

5. 将 $x^2+16y^2=16$ 整理得 $\dfrac{x^2}{16}+\dfrac{y^2}{1}=1$，$a=4$，$b=1$，

$S=\pi ab=\pi \times 4 \times 1 = 4\pi$，其图形如右图所示.

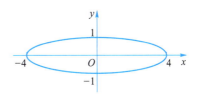

6. 将原式 $x^2+16y^2=16$ 变为 $y^2=\dfrac{16-x^2}{16}$，得 $y=\pm\sqrt{\dfrac{16-x^2}{16}}=\pm\dfrac{\sqrt{16-x^2}}{4}$，故椭圆的图像

可转化为两个函数的图像，其表达式分别为：$y_1=\dfrac{\sqrt{16-x^2}}{4}$，$x\in\left[-4,4\right]$；$y_2=-\dfrac{\sqrt{16-x^2}}{4}$，

$x\in\left(-4,4\right)$.

第十四章

周长、面积和体积

一、 长方形(矩形)的周长和面积

如右图所示,设长方形的长为 a,宽为 b,则周长 $C=2(a+b)$,面积 $S=ab$.

例1 已知长方形的长为 4,宽为 3,求该长方形的周长和面积.

解:周长 $C=2\times(4+3)=14$,面积 $S=4\times3=12$.

长方形

二、 正方形的周长和面积

如右图所示,设正方形的边长为 a ,则周长 $C=4a$,面积 $S=a^2$.

例2 已知正方形的边长为 5,求该正方形的周长和面积.

解:周长 $C=4\times5=20$,面积 $S=5^2=25$.

正方形

三、 平行四边形的周长和面积

如右图所示,设平行四边形的两邻边长分别为 a,b,长为 a 的边上的高为 h,则周长 $C=2(a+b)$,面积 $S=ah$.

例3 已知平行四边形的两邻边长分别为 6 和 7,长度为 7 的边对应的高为 5,求该平行四边形的周长和面积.

解:周长 $C=2\times(6+7)=26$,面积 $S=7\times5=35$.

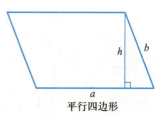

平行四边形

四、 梯形的周长和面积

如右图所示,设梯形的上、下底边长分别为 a,b,两腰长分别为 c,d,高为 h,则周长 $C=a+b+c+d$,面积 $S=\dfrac{1}{2}(a+b)h$.

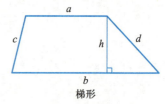

梯形

例 4　已知等腰梯形的上、下底边长分别为 4 和 6,高为 3,求该梯形的周长和面积.

解:如右图所示,过 B 向 CD 作垂线交 CD 于 E,$ED = \dfrac{6-4}{2} = 1$,$BD = \sqrt{BE^2 + DE^2} = \sqrt{3^2 + 1^2} = \sqrt{10}$.

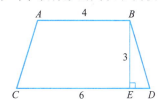

梯形的周长为:$AC + CD + BD + AB = \sqrt{10} + 6 + \sqrt{10} + 4 = 10 + 2\sqrt{10}$;

面积为:$\dfrac{(AB + CD) \times BE}{2} = \dfrac{(4+6) \times 3}{2} = 15$.

五、 三角形的周长和面积

如右图所示,三角形 ABC 的三边长分别为 a,b,c,长为 a 的边对应的高为 h,则周长 $C = a + b + c$,面积 $S = \dfrac{1}{2}ah$.

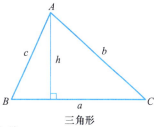

三角形

例 5　如右图所示,已知等边三角形 ABC 边长为 1,求其周长与面积.

解:三角形的周长为 $AB + BC + CA = 3$;

高 $AD = \sqrt{AC^2 - CD^2} = \sqrt{1^2 - \left(\dfrac{1}{2}\right)^2} = \sqrt{1 - \dfrac{1}{4}} = \dfrac{\sqrt{3}}{2}$,面积 $S = \dfrac{1}{2}BC \times AD = \dfrac{1}{2} \times 1 \times \dfrac{\sqrt{3}}{2} = \dfrac{\sqrt{3}}{4}$.

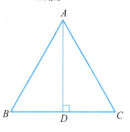

六、 圆的周长和面积

如右图所示,设圆的半径为 r,则周长 $C = 2\pi r$,面积 $S = \pi r^2$.

半圆形的周长 $C = \pi r + 2r$,面积 $S = \dfrac{1}{2}\pi r^2$.

四分之一圆形的周长 $C = \dfrac{1}{2}\pi r + 2r$,面积 $S = \dfrac{1}{4}\pi r^2$.

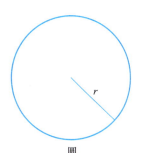

圆

例 6　已知圆的半径为 $r = 2$,求该圆的周长和面积.

解:该圆的周长 $C = 2\pi r = 2\pi \times 2 = 4\pi$,面积 $S = \pi r^2 = \pi \times 2^2 = 4\pi$.

七、 扇形的周长和面积

如右图所示,设扇形所在圆的半径为 r,圆心角的度数为 $n°$,

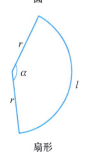

扇形

弧度为 α,对应的弧长为 l,则周长 $C = l + 2r = \alpha r + 2r = \dfrac{n\pi r}{180} + 2r$,面积 $S = \dfrac{1}{2}\alpha r^2 = \dfrac{1}{2}lr = \dfrac{n}{360}\pi r^2$.

注:扇形的周长=两个半径的长度+弧长.

例 7　已知扇形所在圆的半径 $r = 2$,圆心角的度数为 $120°$,求该扇形的周长与面积.

解:该扇形的弧长 $l = \dfrac{120}{360} \times 2\pi r = \dfrac{120}{360} \times 2\pi \times 2 = \dfrac{4\pi}{3}$,周长 $C = l + 2r = \dfrac{4\pi}{3} + 4$,面积 $S = \dfrac{120}{360} \times \pi r^2 = \dfrac{120}{360} \times \pi \times 2^2 = \dfrac{4\pi}{3}$.

八、 长方体的表面积和体积

如右图所示,设长方体的长、宽、高分别为 a,b,c,则表面积 $S = 2ab + 2bc + 2ac$,体积 $V = abc$.

长方体

例 8　已知长方体的长、宽、高分别为 3、4、5,求该长方体的表面积与体积.

解:该长方体的表面积 $S = 2ab + 2bc + 2ac = 2 \times (3\times4 + 3\times5 + 4\times5) = 94$;

体积 $V = abc = 3\times4\times5 = 60$.

九、 正方体的表面积和体积

如右图所示,设正方体的边长为 a,则表面积 $S = 6a^2$,体积 $V = a^3$.

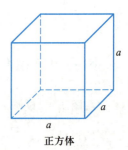
正方体

例 9　已知正方体的边长为 2,求其表面积与体积.

解:该正方体的表面积 $S = 6a^2 = 6 \times 2^2 = 24$,体积 $V = a^3 = 2^3 = 8$.

十、 圆柱体的表面积和体积

如右图所示,设圆柱体的底面半径为 r,高为 h,则表面积 $S = 2\pi rh + 2\pi r^2$,体积 $V = S_{底面积}h = \pi r^2 h$.

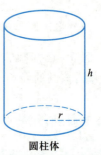
圆柱体

注:圆柱体的表面积=顶部和底部的两个圆的面积+侧面展开面积.

例 10　如右图所示,圆柱体的底面直径为 8 cm,高为 10 cm,求其表面积与体积.

解:该圆柱体的底面半径 $r = 4$ cm,高 $h = 10$ cm,表面积 $S = 2\pi rh + 2\pi r^2 = 2\pi \times 4 \times 10 + 2\pi \times 4^2 = 112\pi \, (\text{cm}^2)$,体积 $V = \pi r^2 h = \pi \times 4^2 \times 10 = 160\pi \, (\text{cm}^3)$.

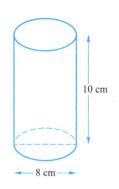

十一、 圆锥体的表面积和体积

如右图所示,设圆锥体的底面半径为 r,母线长为 l,高为 h,则表面积 $S = \pi rl + \pi r^2$,体积 $V = \dfrac{1}{3} S_{\text{底面积}} h = \dfrac{1}{3}\pi r^2 h$.

> 注:圆锥体的表面积=底面圆的面积+侧面展开图的面积.

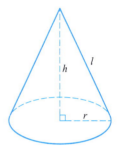

例 11　设圆锥的底面半径 $r = 1$,母线长 $l = 2$,求该圆锥的高、表面积与体积.

解:如右图所示,$h = \sqrt{l^2 - r^2} = \sqrt{2^2 - 1^2} = \sqrt{3}$,表面积 $S = \pi rl + \pi r^2 = \pi \times 1 \times 2 + \pi \times 1^2 = 3\pi$,体积 $V = \dfrac{1}{3} S_{\text{底面积}} h = \dfrac{1}{3}\pi r^2 h = \dfrac{1}{3}\pi \times 1^2 \times \sqrt{3} = \dfrac{\sqrt{3}}{3}\pi$.

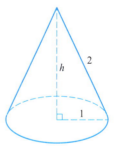

十二、 球体的表面积和体积

如右图所示,设球体的半径为 r,则表面积 $S = 4\pi r^2$,体积 $V = \dfrac{4}{3}\pi r^3$.

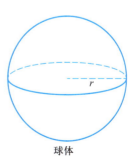

球体

例 12　设球体的半径 $r = 2$,求其表面积与体积.

解:表面积 $S = 4\pi r^2 = 4\pi \times 2^2 = 16\pi$,体积 $V = \dfrac{4}{3}\pi r^3 = \dfrac{4}{3}\pi \times 2^3 = \dfrac{32}{3}\pi$.

同步练习

1. 已知矩形的长为 5,宽为 2,求矩形的周长和面积.

2. 已知正方形的边长为 7,求正方形的周长和面积.

3. 如右图所示,已知等腰梯形 $ABCD$ 的上下底边长分别为 $AB=4$ 和 $CD=6$,腰 $BD=2$,求梯形的周长和面积。

4. 如右图所示,等腰三角形 ABC 的腰 $AC=5$,底 $BC=2$,求三角形 ABC 的周长与面积.

5. 设圆的半径为 $r=3$,求该圆的周长与面积.

6. 已知长方体的长、宽、高分别为 2、2、4,求该长方体的表面积与体积.

7. 设圆锥体的底面半径为 2,母线长为 4,求该圆锥的高、表面积与体积.

8. 某圆柱体的底面直径为 2,高为 5,求其表面积与体积.

9. 某封闭半球的半径 $r=1$,求其表面积与体积.

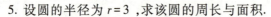
第 3 题

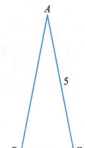
第 4 题

参考答案

1. 矩形的周长 $C=2\times(5+2)=14$,面积 $S=2\times5=10$.

2. 正方形的周长 $C=4\times7=28$,面积 $S=7^2=49$.

3. 如右图所示,过 B 向 CD 作垂线交 CD 于 E,则 $ED=1,BE=\sqrt{2^2-1^2}=\sqrt{3}$.

梯形 $ABCD$ 的周长为:$2+6+2+4=14$,

面积为:$\dfrac{(AB+CD)\times BE}{2}=\dfrac{(4+6)\times\sqrt{3}}{2}=5\sqrt{3}$.

4. 如右图所示,过 A 向 BC 作垂线交 BC 于 E,则 $CE=1,AE=\sqrt{5^2-1^2}=\sqrt{24}=2\sqrt{6}$.

周长为:$5+5+2=12$,面积为:$\dfrac{1}{2}BC\times AE=\dfrac{1}{2}\times2\times2\sqrt{6}=2\sqrt{6}$.

5. 该圆的周长 $C=2\pi r=2\pi\times3=6\pi$,面积 $S=\pi r^2=\pi\times3^2=9\pi$.

6. 表面积 $S=2\times(2\times2+2\times4+2\times4)=40$,体积 $V=2\times2\times4=16$.

7. 如右图所示,过 A 作底面的高 AB,则 $h=AB=\sqrt{l^2-r^2}=\sqrt{4^2-2^2}=2\sqrt{3}$,表面积 $S=\pi rl+\pi r^2=\pi\times2\times4+\pi\times2^2=12\pi$,体积 $V=\dfrac{1}{3}\pi r^2h=\dfrac{1}{3}\pi\times2^2\times2\sqrt{3}=\dfrac{8\sqrt{3}}{3}\pi$.

8. 由已知条件可知,底面半径 $r=1$,高 $h=5$,表面积 $S=2\pi rh+2\pi r^2=2\pi\times1\times5+2\pi\times1^2=12\pi$,体积 $V=\pi r^2h=\pi\times1^2\times5=5\pi$.

9. 封闭半球的表面积 $S=\dfrac{1}{2}\times4\pi r^2+\pi r^2=2\pi\times1^2+\pi=3\pi$,体积 $V=\dfrac{1}{2}\times\dfrac{4}{3}\pi r^3=\dfrac{2}{3}\pi\times1^3=\dfrac{2}{3}\pi$.

第 3 题

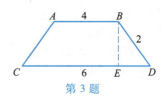
第 4 题

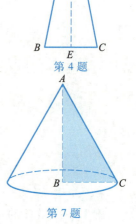
第 7 题

第十五章

数列

第一节 数 列

一、 引例

（1）正整数 $2,3,5,7,11$ 的倒数排成一列数：

$$\frac{1}{2},\frac{1}{3},\frac{1}{5},\frac{1}{7},\frac{1}{11};$$

（2）无穷多个 10 排成一列数：

$$10,10,10,10,10,\cdots;$$

（3）正偶数按照从小到大的顺序排成一列数：

$$2,4,6,8,10,\cdots;$$

（4）当 n 分别取 $1,2,3,4,5,\cdots$ 时，$\frac{1}{2^n}$ 的值排成一列数：

$$\frac{1}{2},\frac{1}{4},\frac{1}{8},\frac{1}{16},\frac{1}{32},\cdots.$$

上面例子中的每一列数，都是按照一定顺序排列起来的数列.

二、 基本概念

1. 数列的定义

按照一定顺序排列起来的一列数称为数列.数列中的每一个数称为这个数列的项，各项依次叫作第 1 项（首项），第 2 项，$\cdots$，第 n 项，$\cdots$.

数列的一般形式可以写成

$$a_1,a_2,a_3,\cdots,a_n,\cdots,$$

简记为 $\{a_n\}$，其中 a_n 是数列的第 n 项，称为数列的一般项或者通项.

有穷数列：项数有限的数列.例如引例中的数列（1）.

无穷数列：项数无限的数列.例如引例中的数列（2）（3）（4）.

递增数列：$a_1<a_2<a_3<\cdots<a_n<\cdots$.例如引例中的数列（3）.

递减数列：$a_1>a_2>a_3>\cdots>a_n>\cdots$.例如引例中的数列（1）（4）.

有界数列：存在 $M>0$，对任意的 $n\in\mathbf{N}_+$，都有 $|a_n|\leqslant M$ 成立.否则，称为无界数列.例如引例中的数列（1）（2）（4）是有界数列，而数列（3）为无界数列.

2. 数列的通项公式

如果数列的第 n 项 a_n 与 n 之间的关系可以用一个式子表示为

$$a_n = f(n),$$

则称上式为该数列的**通项公式**.例如,

引例中数列(2)的通项公式是 $a_n = 10$;

引例中数列(3)的通项公式是 $a_n = 2n$;

引例中数列(4)的通项公式是 $a_n = \dfrac{1}{2^n}$.

3. 数列的前 n 项和

给定数列 $\{a_n\}$,其前 n 项的和为

$$S_n = a_1 + a_2 + a_3 + \cdots + a_n.$$

例如,$S_1 = a_1$,$S_2 = a_1 + a_2$,$S_3 = a_1 + a_2 + a_3$,$\cdots$.容易知道:

$$S_{n+1} = S_n + a_{n+1}.$$

反过来,已知数列前 n 项的和 S_n,可以求得数列的通项公式:

$$a_n = \begin{cases} S_1, & n = 1, \\ S_n - S_{n-1}, & n \geqslant 2. \end{cases}$$

例 1　根据下列数列 $\{a_n\}$ 的通项公式,写出它的前 4 项.

（1）$a_n = 10 + 2n$;　　　　　　（2）$a_n = \dfrac{1}{n(n+1)}$;

（3）$a_n = (-1)^{n-1} \dfrac{1}{n^2}$;　　　（4）$a_n = \cos \dfrac{n\pi}{2}$.

解:（1）在通项公式中依次取 $n = 1,2,3,4$,得到数列的前 4 项为

$$12, 14, 16, 18.$$

（2）在通项公式中依次取 $n = 1,2,3,4$,得到数列的前 4 项为

$$\frac{1}{2}, \frac{1}{6}, \frac{1}{12}, \frac{1}{20}.$$

（3）在通项公式中依次取 $n = 1,2,3,4$,得到数列的前 4 项为

$$1, -\frac{1}{4}, \frac{1}{9}, -\frac{1}{16}.$$

（4）在通项公式中依次取 $n = 1,2,3,4$,得到数列的前 4 项为

$$0, -1, 0, 1.$$

例 2　写出下列数列的一个通项公式,使它的前 4 项分别是下列各数.

（1）$1, 4, 9, 16$;　　　　　　（2）$1, \dfrac{1}{3}, \dfrac{1}{5}, \dfrac{1}{7}$;

（3）$100, -200, 300, -400$;　　（4）$\dfrac{1}{2}, \dfrac{2}{5}, \dfrac{3}{10}, \dfrac{4}{17}$.

解:（1）这个数列的前 4 项 $1, 4, 9, 16$ 都是序号的平方,因此这个数列的一个通项公式为

$$a_n = n^2.$$

（2）这个数列的前 4 项可以写成分数,分子是 1,分母是序号的 2 倍减 1,因此这个

数列的一个通项公式为

$$a_n = \frac{1}{2n-1}.$$

（3）这个数列的前 4 项正负交错,绝对值为序号的 100 倍,因此这个数列的一个通项公式为

$$a_n = (-1)^{n-1} \cdot 100n.$$

（4）这个数列的前 4 项是分数,分子是序号,分母是序号的平方加 1,因此这个数列的一个通项公式为

$$a_n = \frac{n}{n^2+1}.$$

例 3　根据下列数列 $\{a_n\}$ 的通项公式,求出数列前 n 项的和 S_n.

（1）$a_n = 2n - 11$;　　（2）$a_n = \dfrac{1}{n(n+1)}$.

解:（1）$S_n = a_1 + a_2 + a_3 + \cdots + a_n$

$$= (2 \times 1 - 11) + (2 \times 2 - 11) + (2 \times 3 - 11) + \cdots + (2n - 11)$$

$$= 2 \times (1 + 2 + 3 + \cdots + n) - 11n$$

$$= 2 \times \frac{n(n+1)}{2} - 11n$$

$$= n^2 - 10n.$$

（2）因为 $a_n = \dfrac{1}{n(n+1)} = \dfrac{1}{n} - \dfrac{1}{n+1}$,所以

$$S_n = \frac{1}{1 \times 2} + \frac{1}{2 \times 3} + \frac{1}{3 \times 4} + \cdots + \frac{1}{n(n+1)}$$

$$= \left(1 - \frac{1}{2}\right) + \left(\frac{1}{2} - \frac{1}{3}\right) + \left(\frac{1}{3} - \frac{1}{4}\right) + \cdots + \left(\frac{1}{n} - \frac{1}{n+1}\right)$$

$$= 1 - \frac{1}{n+1}$$

$$= \frac{n}{n+1}.$$

例 4　已知数列 $\{a_n\}$ 的前 n 项的和 $S_n = \dfrac{2n}{2n+1}$,求数列的通项公式.

解:当 $n \geqslant 2$ 时,将 $n-1$ 代入数列的前 n 项和公式,得

$$S_{n-1} = \frac{2(n-1)}{2(n-1)+1} = \frac{2n-2}{2n-1},$$

因此

$$a_n = S_n - S_{n-1} = \frac{2n}{2n+1} - \frac{2n-2}{2n-1} = \frac{2}{4n^2-1} \quad (n \geqslant 2).$$

当 $n = 1$ 时,$a_1 = S_1 = \dfrac{2}{3}$ 也满足上式,所以数列的通项公式为

$$a_n = \frac{2}{4n^2-1}.$$

同步练习

1. 根据下列数列 $\{a_n\}$ 的通项公式，写出它的前 5 项.

(1) $a_n = n(n+3)$；

(2) $a_n = \dfrac{n-1}{n(n+1)}$；

(3) $a_n = 2n \cdot (-1)^n$；

(4) $a_n = 1 + (-1)^{n-1}\dfrac{1}{n}$.

2. 已知无穷数列 $\{a_n\}$ 的通项公式 $a_n = n(n+2)$，写出这个数列的第 5 项，第 10 项，第 $n-1$ 项及第 $n+1$ 项.

3. 求下列数列的一个通项公式，使它的前 5 项分别是下列各数.

(1) $1, \dfrac{1}{\sqrt{2}}, \dfrac{1}{\sqrt{3}}, \dfrac{1}{2}, \dfrac{1}{\sqrt{5}}$；

(2) $13, 15, 17, 19, 21$；

(3) $\dfrac{1}{2}, -\dfrac{2}{3}, \dfrac{3}{4}, -\dfrac{4}{5}, \dfrac{5}{6}$；

(4) $\dfrac{1}{3}, \dfrac{2}{15}, \dfrac{3}{35}, \dfrac{4}{63}, \dfrac{5}{99}$.

4. 根据下列数列 $\{a_n\}$ 的通项公式，求出数列前 n 项的和 S_n.

(1) $a_n = 2n - 1$；

(2) $a_n = \dfrac{1}{(2n-1) \cdot (2n+1)}$；

(3) $a_n = (-1)^{n-1} \cdot 2$；

(4) $a_n = \dfrac{1}{\sqrt{n+1} + \sqrt{n}}$.

5. 根据数列 $\{a_n\}$ 的前 n 项的和 S_n，求数列的通项公式.

(1) $S_n = 2n^2 + 7n$；

(2) $S_n = \dfrac{3n}{2(n+2)}$.

参考答案

1. (1) $4, 10, 18, 28, 40$；

(2) $0, \dfrac{1}{6}, \dfrac{1}{6}, \dfrac{3}{20}, \dfrac{2}{15}$；

(3) $-2, 4, -6, 8, -10$；

(4) $2, \dfrac{1}{2}, \dfrac{4}{3}, \dfrac{3}{4}, \dfrac{6}{5}$.

2. $a_5 = 35, a_{10} = 120, a_{n-1} = (n-1)(n+1), a_{n+1} = (n+1)(n+3)$.

3. (1) $a_n = \dfrac{1}{\sqrt{n}}$；

(2) $a_n = 2n + 11$；

(3) $a_n = (-1)^{n-1}\dfrac{n}{n+1}$；

(4) $a_n = \dfrac{n}{(2n-1)(2n+1)}$.

4. (1) $S_n = n^2$；

(2) $S_n = \dfrac{n}{2n+1}$；

(3) $S_n = \begin{cases} 2, & n \text{ 为奇数,} \\ 0, & n \text{ 为偶数;} \end{cases}$

(4) $S_n = \sqrt{n+1} - 1$.

5. (1) $a_n = 4n + 5$；

(2) $a_n = \dfrac{3}{(n+1)(n+2)}$.

第二节 等差数列

一、 引例

观察下列三个数列具有怎样的共同特征:

（1） $-76,0,76,152,\cdots$;

（2） $28,22,16,10,\cdots$;

（3） $1,1,1,1,1,\cdots$.

共同特征:① 后一项与它的前一项的差等于一个固定常数.

② 这个固定常数可以为正数或负数,还可以为零.

二、 基本概念

1. 等差数列的定义

一般地,如果数列 $\{a_n\}$ 从第 2 项起,它的每一项与前一项的差都等于同一个常数 d,即

$$a_{n+1}-a_n=d$$

恒成立,则称 $\{a_n\}$ 为等差数列,其中 d 称为等差数列的公差,$n\in \mathbf{N}^*$.

因此,引例中的(1)(2)(3)都是等差数列,且公差分别为 $76,-6,0$.

例 5 下列数列是等差数列吗? 如果是等差数列,请求出公差.

（1） $1,3,5,7,9,2,4,6,8,10,\cdots$;

（2） $5,5,5,5,5,5,\cdots$;

（3） $4,7,10,13,16,19,22,25,\cdots$.

解:（1） 不是等差数列,因为 $3-1=7-5=9-7\neq 2-9$.

（2） 是等差数列,公差为 0.

（3） 是等差数列,公差为 3.

例 6 已知数列 $\{a_n\}$ 的通项公式 $a_n=3n-5$,判断这个数列是否是等差数列.如果是,求出公差.

解:因为 $a_{n+1}-a_n=3(n+1)-5-(3n-5)=3$,所以数列 $\{a_n\}$ 是等差数列,且公差为 3.

2. 等差数列的通项公式

已知数列 $4,7,10,13,16,19,22,25,\cdots$,请写出它的一个通项公式.

记数列为 $\{a_n\}$,可以看出,

$$a_1=4,$$

$$a_2=a_1+3,$$

$$a_3=a_2+3=a_1+3+3=a_1+2\times 3,$$

$$a_4=a_3+3=a_1+2\times 3+3=a_1+3\times 3,$$

$$a_5 = a_4 + 3 = a_1 + 3 \times 3 + 3 = a_1 + 4 \times 3,$$

$$\cdots\cdots\cdots\cdots$$

由此可以归纳出等差数列 $\{a_n\}$ 的通项公式为

$$a_n = a_1 + (n-1)d, n \in \mathbf{N}^*.$$

例 7　已知下列等差数列的通项公式,求数列的首项与公差.

(1) $a_n = 3n + 6$;　(2) $a_n = 12 - 2n$.

解: (1) $a_1 = 3 \times 1 + 6 = 9, a_2 = 3 \times 2 + 6 = 12, d = a_2 - a_1 = 12 - 9 = 3$.

(2) $a_1 = 12 - 2 \times 1 = 10, a_2 = 12 - 2 \times 2 = 8, d = a_2 - a_1 = 8 - 10 = -2$.

例 8　求等差数列 $12, 7, 2, \cdots$ 的第 15 项.

解: $a_1 = 12, a_2 = 7, d = a_2 - a_1 = 7 - 12 = -5$,

所以 $a_n = a_1 + (n-1)d = 12 + (n-1) \times (-5) = 17 - 5n, a_{15} = 17 - 5 \times 15 = -58$.

3. 等差数列 $\{a_n\}$ 的前 n 项和 S_n

设等差数列 $\{a_n\}$ 的前 n 项和为 S_n,

$$S_n = a_1 + a_2 + \cdots + a_n,$$

把各项的顺序倒过来,又可写成

$$S_n = a_n + a_{n-1} + \cdots + a_1,$$

两式相加,得

$$2S_n = (a_1 + a_n) + (a_2 + a_{n-1}) + \cdots + (a_n + a_1) = n(a_1 + a_n),$$

等式两边同时除以 2 可得

$$S_n = \frac{n(a_1 + a_n)}{2}.$$

因为 $a_n = a_1 + (n-1)d$, 所以 $S_n = \frac{n(a_1 + a_n)}{2} = na_1 + \frac{1}{2}n(n-1)d$.

由此,我们推导出等差数列的两个求和公式:

公式一: $S_n = \frac{n(a_1 + a_n)}{2}$, 其中 a_1 为首项, a_n 为末项, n 为项数.

公式二: $S_n = na_1 + \frac{1}{2}n(n-1)d$, 其中 a_1 为首项, d 为公差, n 为项数.

例 9　求下列各式的值.

(1) $1 + 3 + 5 + \cdots + (2n-1)$;　　　(2) $2 + 4 + 6 + \cdots + 2n$.

解: (1) $1 + 3 + 5 + \cdots + (2n-1) = \frac{(1 + 2n - 1)n}{2} = n^2$;

(2) $2 + 4 + 6 + \cdots + 2n = \frac{(2 + 2n)n}{2} = n^2 + n$.

例 10　根据下列各题中的条件,求相应等差数列的前 n 项和 S_n.

(1) $a_1 = 2, d = 5, n = 10$;　　(2) $a_1 = -2, a_{12} = 6, n = 12$.

解: (1) $S_n = na_1 + \frac{n(n-1)d}{2}$, 从而 $S_{10} = 10 \times 2 + \frac{10 \times 9 \times 5}{2} = 245$;

(2) $S_n = \frac{(a_1 + a_n)n}{2}$, 从而 $S_{12} = \frac{(-2 + 6)}{2} \times 12 = 24$.

同步练习

1. 在等差数列 $\{a_n\}$ 中，$a_1 = 6$，$d = 3$，求 a_8.

2. 在等差数列 $\{a_n\}$ 中，$a_5 = 6$，$a_7 = 16$，求首项 a_1 和通项 a_n.

3. 在等差数列 $\{a_n\}$ 中，$d = -5$，$a_{10} = -2$，求 S_8.

4. 求下列各式的值.

（1）$1 + 3 + 5 + \cdots + 99$；

（2）$1 + 4 + 7 + \cdots + (3n + 1)$.

参考答案

1. $a_8 = a_1 + (8 - 1)d = 6 + (8 - 1) \times 3 = 27$.

2. $\left. \begin{array}{l} a_5 = a_1 + (5 - 1)d, 6 = a_1 + 4d \\ a_7 = a_1 + (7 - 1)d, 16 = a_1 + 6d \end{array} \right\}$ 解得 $a_1 = -14$，$d = 5$，

所以 $a_n = -14 + (n - 1) \times 5 = 5n - 19$.

3. $d = -5$，$a_{10} = -2 = a_1 + (10 - 1) \times (-5)$，得 $a_1 = 43$，$S_8 = 8a_1 + \dfrac{8 \times 7}{2}d = 8 \times 43 + \dfrac{8 \times 7}{2} \times (-5) = 204$.

4. （1）$a_1 = 1$，$a_n = 2n - 1 = 99$，得 $n = 50$，$S_{50} = \dfrac{50 \times (1 + 99)}{2} = 2500$.

（2）$a_1 = 1$，$a_n = 1 + 3(n - 1) = 3n - 2$，题目中最后一项 $3n + 1$ 可改写为：$3(n + 1) - 2$，故共有 $n + 1$ 项.

$$1 + 4 + 7 + \cdots + (3n + 1) = \dfrac{(\text{首项} + \text{末项}) \times \text{项数}}{2} = \dfrac{(1 + 3n + 1)(n + 1)}{2} = \dfrac{3n^2 + 5n + 2}{2}.$$

第三节　等 比 数 列

一、 引例

观察下列三个数列具有怎样的共同特征：

（1）$1, 2, 4, 8, \cdots$；

（2）$9, -3, 1, -\dfrac{1}{3}, \cdots$；

（3）$1, 1, 1, 1, 1, \cdots$.

共同特征：① 后一项与前一项的比值等于一个固定非零常数.

② 这个常数可以为正、为负，还可以等于 1.

二、 基本概念

1. 等比数列的定义

一般地，如果数列 $\{a_n\}$ 从第 2 项起，每一项与它的前一项的比等于同一常数 q，即

$$\frac{a_{n+1}}{a_n} = q$$

恒成立,则称 $\{a_n\}$ 为等比数列,其中 q 称为等比数列的公比 $(q \neq 0)$.

因此引例中 $(1)(2)(3)$ 都是等比数列,且公比分别为 $2, -\dfrac{1}{3}, 1$.

2. 等比数列的通项公式

由等比数列的定义可知:

$a_2 = a_1 q,$

$a_3 = a_2 q = (a_1 q) q = a_1 q^2,$

$a_4 = a_3 q = (a_1 q^2) q = a_1 q^3,$

$a_5 = a_4 q = (a_1 q^3) q = a_1 q^4,$

…………

由此归纳可得等比数列 $\{a_n\}$ 的通项公式为

$$a_n = a_1 q^{n-1}, n \in \mathbf{N}^*, q \neq 0.$$

3. 等比数列 $\{a_n\}$ 的前 n 项和 S_n

$$S_n = a_1 + a_2 + \cdots + a_n.$$

当 $q = 1$ 时,$S_n = a_1 + a_1 + \cdots + a_1 = n a_1$;

当 $q \neq 1$ 时,

$$S_n = a_1 + a_2 + \cdots + a_{n-1} + a_n, \qquad\qquad ①$$

$$q S_n = a_1 q + a_2 q + \cdots + a_n q = a_2 + a_3 + \cdots + a_n + a_n q, \qquad ②$$

① $-$ ② 得

$$(1-q) S_n = a_1 - a_n q,$$

$$S_n = \frac{a_1 - a_n q}{1-q} = \frac{a_1 - a_1 q^{n-1} q}{1-q} = \frac{a_1 (1-q^n)}{1-q}.$$

故等比数列前 n 项和公式为:

$$S_n = \begin{cases} n a_1, & q = 1, \\ \dfrac{a_1 (1-q^n)}{1-q}, & q \neq 1. \end{cases}$$

例 11 判断以下数列是否是等比数列,如果是,请求出公比.

(1) $1, 10, 100, 1000, 10000, \cdots$;

(2) $0, 1, 2, 4, 8, \cdots$;

(3) $a, a^2, a^3, a^4, a^5, \cdots$.

解:(1) 因为 $\dfrac{10}{1} = \dfrac{100}{10} = \dfrac{1000}{100} = \cdots$,所以是等比数列,公比为 10.

(2) 因为 $\dfrac{1}{0}$ 没有意义,所以不是等比数列.

(3) 当 $a \neq 0$ 时,$\dfrac{a^2}{a} = \dfrac{a^3}{a^2} = \dfrac{a^4}{a^3} = \dfrac{a^5}{a^4} = \cdots$,此时数列为等比数列,公比为 a.

当 $a=0$ 时, $\dfrac{0}{0}$ 没有意义, 此时数列不是等比数列.

例 12　在等比数列 $\{a_n\}$ 中, $a_1=8$, 公比 $q=\dfrac{1}{2}$.

(1) 求 a_8;

(2) 判断 18 是否是这个数列中的项.

解:(1) 数列的通项公式为 $a_n=a_1q^{n-1}=8\times\left(\dfrac{1}{2}\right)^{n-1}=2^3\times 2^{1-n}=2^{4-n}$, 所以 $a_8=2^{4-8}=2^{-4}=\dfrac{1}{16}$.

(2) 假设 18 是数列中的第 n 项, 则 $a_n=2^{4-n}=18$, 无正整数解, 所以 18 不是数列 $\{a_n\}$ 中的项.

例 13　求下列各式的值.

(1) $2+4+8+\cdots+2^n$;　　(2) $\dfrac{1}{2}+\dfrac{1}{4}+\dfrac{1}{8}+\cdots+\dfrac{1}{2^n}$.

解:(1) $2+4+8+\cdots+2^n=\dfrac{2(1-2^n)}{1-2}=2(2^n-1)=2^{n+1}-2$.

(2) $\dfrac{1}{2}+\dfrac{1}{4}+\dfrac{1}{8}+\cdots+\dfrac{1}{2^n}=\dfrac{\dfrac{1}{2}\left[1-\left(\dfrac{1}{2}\right)^n\right]}{1-\dfrac{1}{2}}=1-\left(\dfrac{1}{2}\right)^n$.

同步练习

1. 在等比数列 $\{a_n\}$ 中, 若 $a_3=3$, $a_4=6$, 则 $a_5=$ _____.

2. 已知等比数列 $\{a_n\}$ 的前三项依次为 $a-1$, $a+1$, $a+4$, 则 $a_n=$ _____.

3. 求和: $1+2+4+8+\cdots+2^n$.

参考答案

1. 因为 $q=\dfrac{a_4}{a_3}=2$, 所以 $a_5=a_4q=6\times 2=12$.

2. 由题目可知 $(a+1)^2=(a-1)(a+4)$, 解得 $a=5$, 所以 $a_1=4$, $a_2=6$, 从而 $q=\dfrac{a_2}{a_1}=\dfrac{6}{4}=\dfrac{3}{2}$, 所以 $a_n=4\times\left(\dfrac{3}{2}\right)^{n-1}$.

3. 判断和式中的各项构成等比数列, 首项为 1, 公比为 2, 共有 $n+1$ 项, 所以

$$1+2+4+8+\cdots+2^n=\dfrac{1\times(1-2^{n+1})}{1-2}=2^{n+1}-1.$$

第十六章

函数

第一节 函 数

一、函数的概念

　　简单地说:在一个变化过程中,有两个变量 x 和 y,如果给定了一个 x 值,相应地就确定唯一的一个 y 值,那么我们称 y 是 x 的函数,其中 x 是自变量, y 是因变量.

　　在一个函数关系中,要指出自变量的变化范围、由自变量确定因变量的对应法则,以及由此确定的因变量的取值范围.函数关系实质上描述的是两个数集(自变量的取值集合和因变量的取值集合)之间,按照某种法则确定的一种对应关系.

　　1. 函数的定义:设 x,y 是两个变量, D 是一个给定的非空数集,如果对 D 中的每一个数 x,按照确定的对应法则 f,总有唯一确定的数 y 与之对应,

$$x \xrightarrow{f} y ,$$
$$\text{自变量} \qquad \text{因变量}$$

则称对应法则 f 为定义在 D 上的一个函数,也称变量 y 是变量 x 的函数,记作

$$y = f(x), \quad x \in D.$$

其中 x 称为自变量, y 称为因变量,自变量取值的集合 D 称为这个函数的定义域.

　　对任何一个 $x_0 \in D$,所对应的 y 值称为函数在点 x_0 处的函数值,记作

$$y_0 = y|_{x=x_0} = f(x_0).$$

　　当 x 取遍 D 内所有数值时,函数值的全体构成的数集

$$\{y \mid y = f(x), x \in D\}$$

称为这个函数的值域.

　　函数关系 $y = f(x)$ 可以用下图直观地表示.

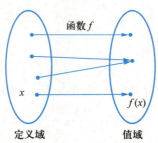

定义域　　　　　　　值域

　　例 1　设 $f(x) = x^2 - 3x + 2$,求 $f(0), f(2), f(-x), f(x+1)$.

　　分析:在函数关系 $y = f(x)$ 中, $f(x)$ 表示 x 对应的函数值,这里 x 可以是具体的数值,可以是表示数值的字母,也可以是某个数学表达式.

解: $f(0) = 0-0+2 = 2$,

$f(2) = 2^2 - 3 \times 2 + 2 = 0$,

$f(-x) = (-x)^2 - 3(-x) + 2 = x^2 + 3x + 2$,

$f(x+1) = (x+1)^2 - 3(x+1) + 2 = x^2 - x$.

2. 函数的两个要素:因为函数的值域由函数的定义域和对应法则完全确定,所以确定一个函数只需要两个要素:定义域和对应法则.

由此可知,要检验两个变量之间是否具有函数关系,只需检验以下两点:

（1）定义域和对应法则是否给出;

（2）根据给出的对应法则,自变量 x 在其定义域内的每一个值,是否都能确定唯一的函数值 y.

3. 函数的定义域:在一个函数关系 $y = f(x)$ 中,如果没有标明函数的定义域,则默认这个函数的定义域就是使这个函数关系式有意义的实数的全体构成的集合.

在实际问题中,函数的定义域应由问题的实际意义来确定.

例 2　求函数 $f(x) = \sqrt{x+3}$ 的定义域.

解: 要使函数关系式有意义,则须满足 $x+3 \geq 0$,解得 $x \geq -3$.

所以函数的定义域为 $\{x \mid x \geq -3\}$,即 $[-3, +\infty)$.

例 3　求函数 $f(x) = \dfrac{2}{x-5}$ 的定义域.

解: 要使函数关系式有意义,只需满足 $x-5 \neq 0$ 即可,也即 $x \neq 5$.

所以函数的定义域为 $(-\infty, 5) \cup (5, +\infty)$.

二、分段函数

下面通过两个具体的例子,简单地介绍一下分段函数.

例 4　函数

$$y = f(x) = |x| = \begin{cases} x, & x \geq 0, \\ -x, & x < 0. \end{cases}$$

这个函数称为绝对值函数.在定义域 $(-\infty, +\infty)$ 内,对于自变量 x 的不同取值范围,函数 $y = f(x)$ 有两个不同的表达式.

分段函数的定义:在函数的定义域内,对于自变量 x 的不同取值范围,对应法则用不同的表达式表示,这样的函数称为分段函数.

例 5　已知 $f(x) = \begin{cases} 2x, & 0 \leq x \leq 1, \\ 3-x, & x > 1, \end{cases}$ 求 $f\left(\dfrac{1}{4}\right)$, $f(1)$, $f(2)$.

分析: 在计算分段函数的函数值时,要特别注意不同自变量取值范围内的表达式不同.

解: $f\left(\dfrac{1}{4}\right) = 2x\big|_{x=\frac{1}{4}} = 2 \times \dfrac{1}{4} = \dfrac{1}{2}$,

$f(1) = 2x\big|_{x=1} = 2 \times 1 = 2$,

$f(2) = (3-x)\big|_{x=2} = 3-2 = 1$.

同步练习

1. 已知 $f(x-1)=x^2-2x+7$,求 $f(x)$,$f(x+1)$.

2. 求下列函数的定义域.

(1) $f(x)=\dfrac{1}{\sqrt{4-x^2}}$; (2) $f(x)=\dfrac{1}{\ln(x-5)}$.

3. 求函数 $y=\sqrt{2+x-x^2}$ 的定义域和值域.

参考答案

1. 设 $x-1=t$,则 $x=t+1$,所以
$$f(t)=(t+1)^2-2(t+1)+7=t^2+6,$$
因此 $f(x)=x^2+6$,$f(x+1)=(x+1)^2+6=x^2+2x+7$.

2. (1)要使函数关系式有意义,则须满足 $4-x^2>0$,解得 $-2<x<2$,所以函数 $f(x)$ 的定义域为 $(-2,2)$.

(2) 由 $\begin{cases} x-5>0, \\ \ln(x-5)\neq0, \end{cases}$ 得 $\begin{cases} x>5, \\ x-5\neq1, \end{cases}$ 即 $\begin{cases} x>5, \\ x\neq6, \end{cases}$

所以函数 $f(x)$ 的定义域为 $(5,6)\cup(6,+\infty)$.

3. 由 $2+x-x^2\geqslant0$,解得 $-1\leqslant x\leqslant2$,所以函数 y 的定义域为 $[-1,2]$;

又 $2+x-x^2=-\left(x-\dfrac{1}{2}\right)^2+\dfrac{9}{4}$,得 $0\leqslant y\leqslant\dfrac{3}{2}$,即函数 y 的值域为 $\left[0,\dfrac{3}{2}\right]$.

第二节　函数的性质

一、函数的单调性

观察函数 $y=2x$(下左图)与 $y=\dfrac{1}{x}$ $(x>0)$(下右图)的图像,并思考:在定义域内随着自变量的增大,函数值怎样变化?

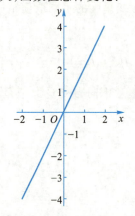
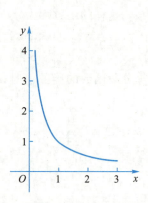

从正比例函数 $y=2x$ 的图像可以看出,当自变量在定义域内由小变大时,它的函数值也随着逐渐增大,即函数值 y 随着自变量 x 的增大而增大.

从 $y=\dfrac{1}{x}$ $(x>0)$ 的图像可以看出,当自变量在定义域内由小变大时,它的函数值逐渐减小,即函数值 y 随着自变量 x 的增大而减小.

通过这两个例子引入增函数和减函数的定义.

1. 增函数:设函数 $y=f(x)$ 的定义域为 D,区间 $I\subseteq D$.如果对于区间 I 内的任意两个值 x_1,x_2,当 $x_1<x_2$ 时,都有

$$f(x_1)<f(x_2),$$

则称 $y=f(x)$ 在区间 I 上是增函数,或者说 $y=f(x)$ 在区间 I 上是单调递增的.这时区间 I 称为函数 $y=f(x)$ 的单调递增区间.

2. 减函数:设函数 $y=f(x)$ 的定义域为 D,区间 $I\subseteq D$.如果对于区间 I 内的任意两个值 x_1,x_2,当 $x_1<x_2$ 时,都有

$$f(x_1)>f(x_2),$$

则称 $y=f(x)$ 在区间 I 上是减函数,或者说 $y=f(x)$ 在区间 I 上是单调递减的.这时区间 I 称为函数的单调递减区间.

3. 单调函数:增函数和减函数统称为单调函数.相应的,函数的单调递增区间和单调递减区间统称为函数的单调区间.

4. 单调函数的图像特征:从函数的图像上看,增函数的图像中 y 随着 x 的增加而上升(如下左图),减函数的图像中 y 随着 x 的增加而下降(如下右图).

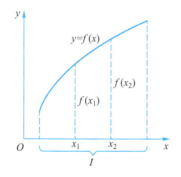 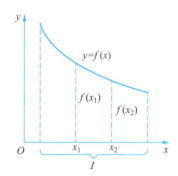

例6　求证函数 $y=f(x)=-2x$ 在实数集 $\mathbf{R}$ 上是减函数.

证明:任取 $x_1,x_2\in\mathbf{R}$,且 $x_1<x_2$,则

$$f(x_1)-f(x_2)=(-2x_1)-(-2x_2)=2(x_2-x_1)>0,$$

从而 $f(x_1)>f(x_2)$,因此 $y=f(x)=-2x$ 在实数集 $\mathbf{R}$ 上是减函数.

例7　若函数 $y=f(x)=(a-1)x+b$ 在实数集 $\mathbf{R}$ 上是增函数,求 a 的取值范围.

解:因为 $y=f(x)=(a-1)x+b$ 是增函数,所以 $a-1>0$,即 $a>1$.

例8　求函数 $y=f(x)=x^2-1$ 的单调递增区间和单调递减区间.

解:二次函数 $y=x^2-1$ 的图像如下图所示.

根据图像可知,单调递增区间是 $(0,+\infty)$,单调递减区间是 $(-\infty,0)$.

由例8可知,一个函数并不一定在其整个定义域内单调递增或单调递减,而往往是

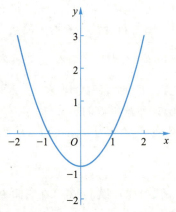

在定义域内的某一部分区间上单调递增,在另一部分区间上单调递减.

因此,讨论函数的单调性必须指明对应的区间.

二、 函数的奇偶性

观察函数 $f(x)=x^3$(下左图)与 $g(x)=\dfrac{1}{|x|}$(下右图)的图像.

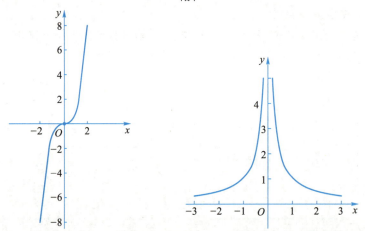

容易看出,函数 $f(x)=x^3$ 的图像关于坐标原点对称.对两个互为相反数的自变量 x 和 $-x$,它们的函数值也互为相反数,即

$$f(-x)=-f(x).$$

而函数 $g(x)=\dfrac{1}{|x|}$ 的图像关于 y 轴对称.对两个互为相反数的自变量 x 和 $-x$,它们的函数值相等,即

$$g(-x)=g(x).$$

通过这两个例子引入奇函数与偶函数的定义.

1. 奇函数:设函数 $y=f(x)$ 的定义域为 D,如果对 D 内的任意一个 x,都有 $-x \in D$,且

$$f(-x)=-f(x),$$

则称 $y=f(x)$ 为奇函数.

2. 偶函数:设函数 $y=g(x)$ 的定义域为 D,如果对 D 内的任意一个 x,都有 $-x \in$

D,且
$$g(-x) = g(x),$$
则称 $y = g(x)$ 为偶函数.

奇、偶函数的图像特征:

（1）如果 $y = f(x)$ 是奇函数,则函数 $f(x)$ 的图像关于原点对称;反过来,如果一个函数的图像关于原点对称,则这个函数为奇函数.如下左图所示.

（2）如果 $y = f(x)$ 是偶函数,则函数 $f(x)$ 的图像关于 y 轴对称;反过来,如果一个函数的图像关于 y 轴对称,则这个函数为偶函数.如下右图所示.

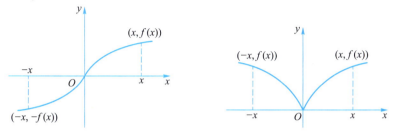

在奇函数与偶函数的定义中,都要求 $x \in D$, $-x \in D$,这就是说,一个函数无论是奇函数还是偶函数,它的定义域一定关于坐标原点对称.

因此讨论函数的奇偶性,前提条件是定义域关于原点对称.如果函数的定义域关于原点不对称,则函数不具有奇偶性.

例 9 判断下列函数的奇偶性.

（1）$f(x) = x^3 - \dfrac{1}{x}$;　　（2）$f(x) = (x-1)(x+1)$;

（3）$f(x) = x+1$;　　（4）$f(x) = x^2, x \in [-1, 2]$.

解:（1）函数定义域为 $(-\infty, 0) \cup (0, +\infty)$,定义域关于原点对称.因为
$$f(-x) = -x^3 - \left(-\dfrac{1}{x}\right) = -x^3 + \dfrac{1}{x} = -f(x),$$
所以 $f(x) = x^3 - \dfrac{1}{x}$ 为奇函数.

（2）函数定义域为实数集 **R**,定义域关于原点对称.因为
$$f(-x) = (-x-1)(-x+1) = (x-1)(x+1) = f(x),$$
所以 $f(x) = (x-1)(x+1)$ 为偶函数.

（3）函数定义域为实数集 **R**,定义域关于原点对称.因为
$$f(-x) = -x+1 \neq f(x), \text{且} f(-x) = -x+1 \neq -f(x),$$
所以 $f(x) = x+1$ 既不是偶函数,也不是奇函数(也可说 $f(x)$ 是非奇非偶函数).

（4）因为函数的定义域是 $[-1, 2]$,定义域关于原点不对称,所以 $f(x) = x^2, x \in [-1, 2]$ 既不是偶函数,也不是奇函数.

例 10 若函数 $f(x) = x^2 + (2m-1)x + 1$ 是偶函数,求实数 m 的值.

解:因为函数 $f(x)$ 是偶函数,则其对称轴 $x = -\dfrac{2m-1}{2}$ 应是 y 轴,即 $x = -\dfrac{2m-1}{2} = 0$,解得 $m = \dfrac{1}{2}$.

例 11　设奇函数 $f(x)$ 的定义域为 D,且 $0 \in D$,求证 $f(0)=0$.

证明:因为 $f(x)$ 是奇函数,所以 $f(-0)=-f(0)$,即 $f(0)=-f(0)$,移项可得 $2f(0)=0$,因此 $f(0)=0$.

三、 函数的有界性

对于函数 $y=\sqrt{1-x^2}$,其定义域为 $[-1,1]$.对任意的 $x \in [-1,1]$,都有 $0 \leqslant \sqrt{1-x^2} \leqslant 1$,故 $y=\sqrt{1-x^2}$ 在 $[-1,1]$ 上是有界函数,如右图所示.

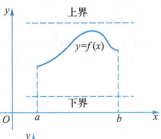

1. 有界函数:函数 $f(x)$ 在某区间 I 上有定义,如果存在常数 $M>0$,使得对任意的 $x \in I$,都有

$$|f(x)| \leqslant M,$$

则称 $f(x)$ 在区间 I 上有界;否则称 $f(x)$ 在 I 上无界.

有界性也可以表述为:如果存在常数 M_1,M_2,使得对任意的 $x \in I$,都有

$$M_1 \leqslant f(x) \leqslant M_2,$$

则称 $f(x)$ 在区间 I 上有界,其中 M_1,M_2 分别称为 $f(x)$ 的下界和上界.

2. 有界函数的图像特征:所谓有界性,是指函数值 y 的有界性.如右图所示,有界函数 $y=f(x)$ 的图像介于两条直线之间.

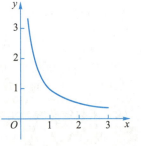

例 12　画出函数 $y=\dfrac{1}{x}$ $(x>0)$ 的图像,并指出函数在定义域 $(0,+\infty)$ 上是否有界? 在区间 $[1,+\infty)$ 上呢?

解:函数图像如右图所示.

由函数图像可以看出,函数 $y=\dfrac{1}{x}$ $(x>0)$ 在定义域 $(0,+\infty)$ 上无界,但是在区间 $[1,+\infty)$ 上有界,因为对任意的 $x \in [1,+\infty)$, $x \geqslant 1$,从而 $\left|\dfrac{1}{x}\right| \leqslant 1$,故函数 $y=\dfrac{1}{x}$ 在区间 $[1,+\infty)$ 上有界.

由例 12 可知,函数可以在定义域的某个子区间上有界,在定义域的另一个子区间上可能无界.

因此,在讨论函数的有界性时,必须指明对应的区间.

四、 函数的周期性

1. 周期函数:设函数 $f(x)$ 的定义域为 D,如果存在一个非零常数 T,使得对于任意的 $x \in D$,都有

$$f(x+T)=f(x),$$

则称函数 $f(x)$ 为周期函数,非零常数 T 称为函数的周期.满足上述等式的最小正数 T 称为函数 $f(x)$ 的最小正周期.

通常说函数的周期,指的是最小正周期.

例如,正弦函数 $y=\sin x$、余弦函数 $y=\cos x$ 都是以 2π 为周期的周期函数,正切函数 $y=\tan x$、余切函数 $y=\cot x$ 都是以 π 为周期的周期函数.

2. 有界函数的图像特征:周期函数的图像可以由一个周期内函数的图像左右平移得到.

如果函数 $f(x)$ 是周期函数,周期为 T,则 $f(ax+b)$ $(a\neq 0)$ 也是周期函数,周期为 $\dfrac{T}{|a|}$.

同步练习

1. 函数 $y=f(x)=\dfrac{1}{x}+2$ 的单调区间是_____.

2. 函数 $y=f(x)$ 在定义域 **R** 上是减函数,且 $f(a+1)>f(2a)$,则实数 a 的取值范围是_____.

3. 已知函数 $y=f(x)$ 在区间 $(0,+\infty)$ 上是增函数,则 $f(a^2-a+1)$ 与 $f\left(\dfrac{3}{4}\right)$ 的大小关系是_____.

4. 判断下列函数的奇偶性.

(1) $f(x)=\dfrac{\sqrt{1-x^2}}{|x+2|-2}$;　　　　(2) $f(x)=\sqrt{4-x^2}+\sqrt{x^2-4}$;

(3) $f(x)=\sqrt{3-2x}+\sqrt{2x-3}$;　(4) $f(x)=3^x-3^{-x}$.

5. 设 $f(x)$ 的定义域为实数集 **R**,若 $f(x)$ 既是奇函数又是偶函数,求证 $f(x)=0$.

参考答案

1. $y=f(x)=\dfrac{1}{x}+2$ 的图像是由 $y=\dfrac{1}{x}$ 的图像向上移动 2 个单位得到,如下图所示.

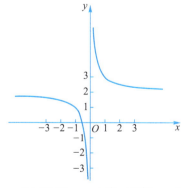

由函数图像得知,在 $(-\infty,0)$ 和 $(0,+\infty)$ 内,函数 $y=f(x)$ 为减函数.所以单调区间是 $(-\infty,0)$ 和 $(0,+\infty)$.

2. 因为 $f(x)$ 是减函数，$f(a+1) > f(2a)$，所以 $a+1 < 2a$，解得 $a > 1$.

3. $a^2 - a + 1 = \left(a - \dfrac{1}{2}\right)^2 + \dfrac{3}{4} \geqslant \dfrac{3}{4}$，因为 $y = f(x)$ 是增函数，所以 $f(a^2 - a + 1) \geqslant f\left(\dfrac{3}{4}\right)$.

4. (1) 分子中根式要有意义，$1 - x^2 \geqslant 0$，$x \in [-1, 1]$；分母 $|x+2| - 2$ 不等于 0，所以 $x \neq 0$ 或 $x \neq -4$. 于是函数定义域为 $[-1, 0) \cup (0, 1]$. 因为

$$f(x) = \frac{\sqrt{1-x^2}}{|x+2|-2} = \frac{\sqrt{1-x^2}}{x+2-2} = \frac{\sqrt{1-x^2}}{x}, f(-x) = \frac{\sqrt{1-x^2}}{-x} = -f(x),$$

所以函数 $f(x)$ 是奇函数.

(2) $4 - x^2 \geqslant 0$，$x^2 - 4 \geqslant 0$，所以 $4 \geqslant x^2 \geqslant 4$，即 $x^2 = 4$，$x = \pm 2$，于是函数定义域为 $\{2, -2\}$，从而

$$f(x) = 0, f(-x) = f(x), f(-x) = -f(x),$$

所以函数 $f(x)$ 既是奇函数又是偶函数.

(3) 定义域为 $\left\{\dfrac{3}{2}\right\}$，定义域关于原点不对称，所以是非奇非偶函数.

(4) 定义域是实数集 $\mathbf{R}$，关于原点对称，且 $f(-x) = 3^{-x} - 3^x = -f(x)$，所以函数 $f(x)$ 是奇函数.

5. 因为 $f(x)$ 是奇函数，所以 $f(-x) = -f(x)$，又因为 $f(x)$ 是偶函数，所以 $f(-x) = f(x)$，因此 $f(x) = -f(x)$，移项可得 $2f(x) = 0$，即 $f(x) = 0$.

第三节　反函数与复合函数

一、反函数

所谓反函数，顾名思义，就是通过反解原函数得到的函数.

引例：函数 $y = 2x + 3$，$x \in \mathbf{R}$，能否用 y 来表示 x？表达式是什么样的？它是否是一个函数？

解：由 $y = 2x + 3$，可解得 $x = \dfrac{y-3}{2}$.

也就是说：对每一个 y，总有唯一确定的 x 值与之对应，即表达式 $x = \dfrac{y-3}{2}$ 确定了 x 是 y 的函数，这就是原函数 $y = 2x + 3$ 的反函数.

反函数：设函数 $y = f(x)$ 的定义域是 D，值域为 A，如果对于 A 中的任意一个 y 值，在 D 中总有唯一确定的 x 值与之对应，则变量 x 是变量 y 的函数，称这个函数是函数 $y = f(x)$ 的反函数，记作

$$x = f^{-1}(y), \quad y \in A.$$

习惯上自变量用 x 表示，因变量用 y 表示，因此常将反函数 $x = f^{-1}(y)$ 改写为 $y = f^{-1}(x)$.

由反函数的定义，显然可知：

反函数的定义域是原函数的值域,反函数的值域是原函数的定义域.

反函数存在的条件:只有一一对应的函数才有反函数.

例 13 下列函数是否存在反函数? 如果有,请求出反函数.

(1) $y=x^2$ $(x\in\mathbf{R})$; (2) $y=x^2$ $(x\geqslant 0)$.

解:(1) 当 $x=\pm 1$ 时,$y=1$.反之,当 $y=1$ 时,$x=\pm 1$,所以 x 不是 y 的函数,即函数 $y=x^2$ $(x\in\mathbf{R})$没有反函数.

(2) $y=x^2$ $(x\geqslant 0)$是单调函数,一个 x 只对应唯一的 y,反之,一个 y 只对应唯一的 x,符合反函数存在的条件,所以 x 是 y 的函数,即函数有反函数.反解可得 $f^{-1}(x)=\sqrt{x}$ $(x\geqslant 0)$.

例 14 求函数 $y=x^3+1,x\in[0,1]$的反函数.

解:令 $y=f(x)=x^3+1$,因为 $x\in[0,1]$,所以 $x^3\in[0,1]$,$x^3+1\in[1,2]$,即原函数的值域为$[1,2]$.

由 $y=x^3+1$,解得 $y-1=x^3$,$x=(y-1)^{\frac{1}{3}}$,所以 $x=f^{-1}(y)=(y-1)^{\frac{1}{3}}$,互换 x,y 的位置,得反函数 $y=f^{-1}(x)=(x-1)^{\frac{1}{3}}$,$x\in[1,2]$.

求反函数的方法:

第一步,写出原函数 $y=f(x)$的值域 A;

第二步,反解得 $x=f^{-1}(y)$,$y\in A$;

第三步,互换 x,y 的位置,则反函数为 $y=f^{-1}(x)$,$x\in A$.

例 15 求函数 $y=2x-1$ 的反函数,并在同一直角坐标系下作出函数 $y=2x-1$ 及其反函数的图像.

解:函数 $y=2x-1$ 的定义域是实数集 $\mathbf{R}$,值域也是实数集 $\mathbf{R}$.

由 $y=2x-1$ 解得 $x=\dfrac{y+1}{2}$,$y\in\mathbf{R}$,所以反函数为 $y=\dfrac{x+1}{2}$, $x\in\mathbf{R}$.

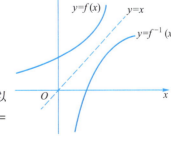

图像如右上图所示.

由例 15 可知,函数 $y=f(x)$与其反函数 $y=f^{-1}(x)$的图像关于直线 $y=x$ 对称,如右下图所示.

二、复合函数

设有两个函数 $y=\sin u$ 和 $u=x^2$,则通过变量 u,可以把 y 表示成 x 的函数 $y=\sin x^2$.我们称 $y=\sin x^2$ 是 $y=\sin u$ 与 $u=x^2$ 的复合函数.

复合函数:设有函数 $y=f(u)$,$u=\varphi(x)$,且 $\varphi(x)$ 的值域和 $f(u)$ 的定义域的交集不是空集,则称函数 $y=f[\varphi(x)]$是由 $y=f(u)$ 与 $u=\varphi(x)$复合而成的复合函数,这里变量 u 称为中间变量.

$$x \xrightarrow{\varphi} u \xrightarrow{f} y$$

自变量　　　　中间变量　　　因变量

说明:(1) 复合函数也可以由两个以上的函数复合而成.

例如,由三个函数 $y = u^3, u = \tan v, v = 2x+1$ 相继复合可以得到函数 $y = \tan^3(2x+1)$.

(2) 利用复合函数的概念,可以将一个较复杂的函数看作由几个简单函数复合而成,这样更便于对函数进行研究.

例 16 指出下列函数是由哪些简单函数复合而成的.

(1) $y = (1 + \ln x)^5$; (2) $y = e^{\sqrt{x^2+1}}$.

解:(1) $y = (1 + \ln x)^5$ 可以看作由 $y = u^5, u = 1 + \ln x$ 两个函数复合而成的.

(2) $y = e^{\sqrt{x^2+1}}$ 可以看作由 $y = e^u, u = \sqrt{v}, v = x^2 + 1$ 三个函数复合而成的.

同步练习

1. 求函数 $y = \sqrt[3]{x+1}$ 的反函数.

2. 求函数 $y = f(x) = x^2$ $(x < 0)$ 的反函数.

3. 求出函数 $y = f(x) = 3^x$ 的反函数,并在同一直角坐标系下画出两个函数的图像,指出两者之间的关系.

4. 指出下列函数是由哪些简单函数复合而成的.

(1) $y = (3x-1)^{20}$; (2) $y = \ln(\sin x)$;

(3) $y = e^{\sin^2 x}$; (4) $y = \sqrt{\ln\sqrt{x}}$.

参考答案

1. $y = \sqrt[3]{x+1}$ 的定义域为 $(-\infty, +\infty)$,值域为 $(-\infty, +\infty)$.

由 $y = \sqrt[3]{x+1}$ 解得 $x = y^3 - 1$,用 x 表示自变量,用 y 表示因变量,则所求反函数为 $y = x^3 - 1$, $x \in (-\infty, +\infty)$.

2. $x < 0, x^2 > 0$,所以原函数的值域为 $(0, +\infty)$.因为 $x < 0$,可解得 $x = -\sqrt{y}$,所以反函数为 $y = f^{-1}(x) = -\sqrt{x}$, $x \in (0, +\infty)$.

3. $y = 3^x$ 的值域为 $(0, +\infty)$, $x = \log_3 y$,即 $x = f^{-1}(y) = \log_3 y$,互换 x, y 的位置,得 $y = 3^x$ 的反函数为 $y = f^{-1}(x) = \log_3 x$, $x \in (0, +\infty)$.原函数与反函数在同一直角坐标系下的图像如下图所示.

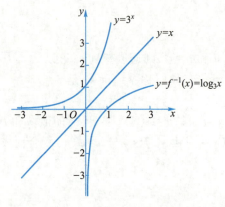

由上图可知,函数 $y=3^x$ 与其反函数 $y=f^{-1}(x)=\log_3 x, x \in (0, +\infty)$ 关于直线 $y=x$ 对称.

4. (1) $y=(3x-1)^{20}$ 可以看作由 $y=u^{20}, u=3x-1$ 两个函数复合而成的.

(2) $y=\ln(\sin x)$ 可以看作由 $y=\ln u, u=\sin x$ 两个函数复合而成的.

(3) $y=e^{\sin^2 x}$ 可以看作由 $y=e^u, u=v^2, v=\sin x$ 三个函数复合而成的.

(4) $y=\sqrt{\ln\sqrt{x}}$ 可以看作由 $y=\sqrt{u}, u=\ln v, v=\sqrt{x}$ 三个函数复合而成的.

第十七章

指数与指数函数

第一节 指数运算

一、整数指数

1. 正整数指数幂:当 n 为正整数时,a^n 是 n 个相同因数 a 连乘积的缩写.

a^n 叫作 a 的 n 次幂,a 叫作幂的底数,n 叫作幂的指数.

规定:$a^0 = 1(a \neq 0)$,$a^{-n} = \dfrac{1}{a^n}(a \neq 0, n \in \mathbf{N})$.

2. 整数指数幂的运算法则:$a^m a^n = a^{m+n}$,$(a^m)^n = a^{mn}$,$\dfrac{a^m}{a^n} = a^{m-n}$,$(ab)^m = a^m b^m$.

例如:$2^2 \times 2^3 = 4 \times 8 = 32 = 2^{2+3}$;

$\qquad (2^2)^3 = 4^3 = 64 = 2^{2 \times 3}$;

$\qquad \dfrac{2^3}{2^2} = \dfrac{8}{4} = 2 = 2^{3-2}$;

$\qquad (2 \times 3)^3 = 6^3 = 6 \times 6 \times 6 = 216 = 8 \times 27 = 2^3 \times 3^3$.

二、分数指数

引例:解方程:(1) $x^2 = 9$;(2) $x^3 = 27$;(3) $x^3 = -27$.

显然易解得:(1) $x = \pm 3$;(2) $x = 3$;(3) $x = -3$.

1. n 次方根:如果实数 x 满足 $x^n = a(a \neq 0)$,则 x 叫作 a 的 n 次方根.

当 n 为偶数,$a > 0$ 时,a 的 n 次方根有两个,它们互为相反数,其中正的方根称为 a 的 n 次算术根,记作 $\sqrt[n]{a}$,规定 $\sqrt[n]{a} = a^{\frac{1}{n}}$.负的方根记为 $-\sqrt[n]{a}$.

当 n 为奇数时,任意实数的奇数次方根有且只有一个,记为 $\sqrt[n]{a}$.

例如 $x^5 = -5$,则 $x = \sqrt[5]{-5}$,显然这是一个负数.

2. 根式的性质:

(1) $(\sqrt[n]{a})^n = a$;

(2) 当 n 为奇数时,$\sqrt[n]{a^n} = a$;当 n 为偶数时,$\sqrt[n]{a^n} = |a|$.

例如:$(\sqrt[3]{2^{-2}})^3 = 2^{-2} = \dfrac{1}{4}$,$\sqrt[3]{(-4)^3} = -4$,$\sqrt[4]{(-2)^4} = |-2| = 2$.

3. 分数指数幂:设 $a > 0$,则分数指数幂可定义为:

$$a^{\frac{1}{n}}=\sqrt[n]{a}\ (a>0),\ a^{\frac{m}{n}}=(\sqrt[n]{a})^m=\sqrt[n]{a^m}\ (a>0,m,n\in\mathbf{N}_+).$$

4. 分数指数幂的运算法则:把整数指数幂的运算法则推广到分数指数幂,当 s,t 都是有理数时,有

$$a^s a^t=a^{s+t},\ (a^s)^t=a^{st},\ (ab)^s=a^s b^s.$$

例 1　用分数指数幂的形式表示下列各式.

（1）$\sqrt[4]{a^3}$；　（2）$\dfrac{1}{\sqrt[3]{a}}$；　（3）$\dfrac{\sqrt{x}}{\sqrt[3]{y^4}}$.

解:（1）$\sqrt[4]{a^3}=(a^3)^{\frac{1}{4}}=a^{\frac{3}{4}}$；

（2）$\dfrac{1}{\sqrt[3]{a}}=\dfrac{1}{a^{\frac{1}{3}}}=a^{-\frac{1}{3}}$；

（3）$\dfrac{\sqrt{x}}{\sqrt[3]{y^4}}=\dfrac{x^{\frac{1}{2}}}{y^{\frac{4}{3}}}=x^{\frac{1}{2}}(y^{\frac{4}{3}})^{-1}=x^{\frac{1}{2}}y^{-\frac{4}{3}}$.

例 2　化简下列各式.

（1）$a^{\frac{1}{4}}\times a^{\frac{1}{3}}\times a^{\frac{5}{8}}$；　（2）$a^{\frac{1}{4}}\times a^{\frac{1}{3}}\div a^{\frac{5}{8}}$；　（3）$(a^{\frac{1}{4}}\times a^{\frac{1}{3}})^{24}$.

解:（1）$a^{\frac{1}{4}}\times a^{\frac{1}{3}}\times a^{\frac{5}{8}}=a^{\frac{1}{4}+\frac{1}{3}+\frac{5}{8}}=a^{\frac{29}{24}}$；

（2）$a^{\frac{1}{4}}\times a^{\frac{1}{3}}\div a^{\frac{5}{8}}=a^{\frac{1}{4}+\frac{1}{3}-\frac{5}{8}}=a^{-\frac{1}{24}}$；

（3）$(a^{\frac{1}{4}}\times a^{\frac{1}{3}})^{24}=(a^{\frac{1}{4}+\frac{1}{3}})^{24}=(a^{\frac{7}{12}})^{24}=a^{14}$.

例 3　计算下列各式的值.

（1）$\dfrac{\sqrt[3]{\sqrt{3^{10}}}}{\sqrt[3]{9}}$；　（2）$3^{2+\sqrt{3}}\times 27^{-\frac{\sqrt{3}}{3}}$.

解:（1）$\dfrac{\sqrt[3]{\sqrt{3^{10}}}}{\sqrt[3]{9}}=\dfrac{[(3^{10})^{\frac{1}{2}}]^{\frac{1}{3}}}{(3^2)^{\frac{1}{3}}}=\dfrac{3^{10\times\frac{1}{2}\times\frac{1}{3}}}{3^{\frac{2}{3}}}=\dfrac{3^{\frac{5}{3}}}{3^{\frac{2}{3}}}=3^{\frac{5}{3}-\frac{2}{3}}=3^1=3$；

（2）$3^{2+\sqrt{3}}\times 27^{-\frac{\sqrt{3}}{3}}=3^{2+\sqrt{3}}\times(3^3)^{-\frac{\sqrt{3}}{3}}=3^{2+\sqrt{3}}\times 3^{3\times(-\frac{\sqrt{3}}{3})}=3^{2+\sqrt{3}}\times 3^{-\sqrt{3}}=3^2=9$.

同步练习

1. 下列等式一定成立的是（　　）

A. $\sqrt{(-2)^2}=-2$.　　B. $a^{-\frac{3}{4}}=\dfrac{1}{\sqrt[4]{a^3}}$.　　C. $\sqrt[n]{a^n}=a$.　　D. $a\sqrt[3]{a^2}=a^{\frac{5}{2}}$.

2. $\left(\dfrac{64}{27}\right)^{-\frac{2}{3}}$ 的值是（　　）

A. $\dfrac{3}{4}$.　　B. $\dfrac{4}{3}$.　　C. $\dfrac{9}{16}$.　　D. $\dfrac{16}{9}$.

3. 下列各式中正确的有（　　）

A. $\sqrt{-x}=-x^{\frac{1}{2}}$.　　B. $\sqrt[6]{(-x)^2}=x^{\frac{1}{3}}\ (x<0)$.

C. $x^{-\frac{2}{3}}=\dfrac{1}{\sqrt[3]{x^2}}$.   D. $\left(\dfrac{3x^2 y^{\frac{3}{2}}}{4xy^3}\right)^2=\dfrac{9}{16}x^2 y^{-2}$.

4. 计算下列各式.

(1) $\sqrt{42}\times\sqrt{\dfrac{6}{7}}$；   (2) $\dfrac{\sqrt[6]{ab^5}}{(a^{\frac{2}{3}}b^{-1})^{\frac{1}{2}}a^{-\frac{1}{3}}b^{\frac{5}{2}}}$；   (3) $\left(2\dfrac{1}{4}\right)^{-\frac{1}{2}}-(-3.2)^0-\sqrt[4]{(1-\sqrt{2})^4}$.

参考答案

1. 选项 A 不正确,因为 $\sqrt{(-2)^2}=2$；选项 B 正确；选项 C 不正确,反例: $\sqrt[2]{(-2)^2}=2$；选项 D 不正确,因为 $a\sqrt[3]{a^2}=a^{\frac{5}{3}}$.

2. $\left(\dfrac{64}{27}\right)^{-\frac{2}{3}}=\dfrac{1}{\left(\dfrac{64}{27}\right)^{\frac{2}{3}}}=\dfrac{1}{\left(\dfrac{4}{3}\right)^2}=\dfrac{9}{16}$,所以选项 C 正确.

3. 选项 A 中等式左边 $x\leqslant 0$,右边 $x\geqslant 0$,所以不成立；

选项 B 中等号左边为正,右边为负,所以不成立；

选项 C 正确；

选项 D 不正确,因为 $\left(\dfrac{3x^2 y^{\frac{3}{2}}}{4xy^3}\right)^2=\left(\dfrac{3}{4}xy^{-\frac{3}{2}}\right)^2=\dfrac{9}{16}x^2 y^{-3}$.

4. (1) $\sqrt{42}\times\sqrt{\dfrac{6}{7}}=\sqrt{42\times\dfrac{6}{7}}=6$；

(2) $\dfrac{\sqrt[6]{ab^5}}{(a^{\frac{2}{3}}b^{-1})^{\frac{1}{2}}a^{-\frac{1}{3}}b^{\frac{5}{2}}}=\dfrac{a^{\frac{1}{6}}b^{\frac{5}{6}}}{a^{\frac{1}{3}}b^{-\frac{1}{2}}a^{-\frac{1}{3}}b^{\frac{5}{2}}}=a^{\frac{1}{6}}b^{\frac{5}{6}-2}=a^{\frac{1}{6}}b^{-\frac{7}{6}}$；

(3) $\left(2\dfrac{1}{4}\right)^{-\frac{1}{2}}-(-3.2)^0-\sqrt[4]{(1-\sqrt{2})^4}=\dfrac{2}{3}-1-(\sqrt{2}-1)=\dfrac{2}{3}-\sqrt{2}$.

第二节 指 数 函 数

引例: 计算 $2^{-2}=$ _____, $2^{-1}=$ _____, $2^0=$ _____, $2^2=$ _____,
$2^4=$ _____.

解: $2^{-2}=\dfrac{1}{4}$, $2^{-1}=\dfrac{1}{2}$, $2^0=1$, $2^2=4$, $2^4=16$.

对 $y=2^x$,描点 $\left(-2,\dfrac{1}{4}\right)$, $\left(-1,\dfrac{1}{2}\right)$, $(0,1)$, $(2,4)$, $(4,16)$.把这 5 个点用平滑曲线连接起来,得到了 $y=2^x$ 的图像,如下图所示.

1. 指数函数:一般地,函数 $y=a^x$ 称为指数函数.其中 a 是常数, $a>0$ 且 $a\neq 1$.

从图像可以看出,指数函数 $y=2^x$ 有如下性质:

(1) 定义域是实数集 **R**；

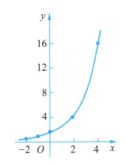

（2）值域是$(0,+\infty)$；

（3）函数图像过点$(0,1)$；

（4）函数是非奇非偶函数；

（5）函数在定义域 **R** 上是增函数.

下面再来研究指数函数 $y=\left(\dfrac{1}{2}\right)^{x}$ 的图像与性质. $y=\left(\dfrac{1}{2}\right)^{x}$ 的图像如下图所示.

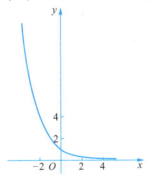

指数函数 $y=\left(\dfrac{1}{2}\right)^{x}$ 的性质：

（1）定义域是实数集 **R**；

（2）值域是$(0,+\infty)$；

（3）函数图像过点$(0,1)$；

（4）函数是非奇非偶函数；

（5）函数在定义域 **R** 上是减函数.

2. 指数函数 $y=a^{x}(a>0$ 且 $a\neq1)$ 的性质：

（1）定义域是实数集 **R**；

（2）值域是$(0,+\infty)$；

（3）函数图像在 x 轴的上方,且都过点$(0,1)$；

（4）指数函数是非奇非偶函数；

（5）当 $a>1$ 时函数 $y=a^{x}$ 为增函数,当 $0<a<1$ 时函数 $y=a^{x}$ 为减函数.

如果在同一个坐标轴上画出 $y=2^{x}$ 和 $y=\left(\dfrac{1}{2}\right)^{x}$ 的图像,观察还可以发现, $y=2^{x}$ 和

$y=\left(\dfrac{1}{2}\right)^{x}$ 的图像关于 y 轴对称.

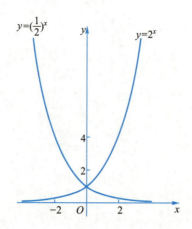

所以得出结论:$y = a^x$ 和 $y = \left(\dfrac{1}{a}\right)^x$ 的图像关于 y 轴对称.

例 4　利用指数函数的性质比较下列各题中两个值的大小.

（1）$0.8^{-0.1}$ 与 $0.8^{-0.2}$；　（2）2.3^b 与 2.3^{b+1}.

解:（1）因为 $0 < 0.8 < 1$,所以函数 $y = 0.8^x$ 在实数集 **R** 上为减函数.

又因为 $-0.1 > -0.2$,所以 $0.8^{-0.1} < 0.8^{-0.2}$.

（2）因为 $2.3 > 1$,所以函数 $y = 2.3^x$ 在实数集 **R** 上为增函数.

又因为 $b < b+1$,所以 $2.3^b < 2.3^{b+1}$.

例 5　已知实数 m, n 满足 $\left(\dfrac{3}{7}\right)^m > \left(\dfrac{3}{7}\right)^n$,试判断 6^m 与 6^n 的大小.

解:因为函数 $y = \left(\dfrac{3}{7}\right)^x$ 在实数集 **R** 上是减函数,所以由 $\left(\dfrac{3}{7}\right)^m > \left(\dfrac{3}{7}\right)^n$ 可知 $m < n$.

又因为 $y = 6^x$ 在实数集 **R** 上是增函数,所以 $6^m < 6^n$.

例 6　求函数 $y = 3^x, x \in [0, +\infty)$ 的值域.

解:函数 $y = 3^x$ 是增函数,因为 $x \geq 0$,所以 $3^x \geq 3^0 = 1$,从而此函数的值域为 $[1, +\infty)$.

例 7　求函数 $y = \sqrt{1 - 2^x}$ 的定义域与值域.

解:因为 $1 - 2^x \geq 0$,所以 $2^x \leq 1$,即 $x \leq 0$,所以定义域为 $(-\infty, 0]$;

又因为 $1 > 1 - 2^x \geq 0$,所以 $1 > \sqrt{1 - 2^x} \geq 0$,从而值域为 $[0, 1)$.

例 8　已知 $a > 0$ 且 $a \neq 1$,讨论 $y = a^{-x^2 + 3x + 2}$ 的单调性.

分析:这是一道与指数函数有关的讨论复合函数单调性的题目.

指数 $u = -x^2 + 3x + 2 = -\left(x - \dfrac{3}{2}\right)^2 + \dfrac{17}{4}$,当 $x \geq \dfrac{3}{2}$ 时,$u = -x^2 + 3x + 2$ 是关于 x 的减函数,

$x < \dfrac{3}{2}$ 时,$u = -x^2 + 3x + 2$ 是关于 x 的增函数,而 $y = a^u$ 的单调性又与 $0 < a < 1$ 和 $a > 1$ 两种范围有关,应分类讨论.

解:令 $u = -x^2 + 3x + 2 = -\left(x - \dfrac{3}{2}\right)^2 + \dfrac{17}{4}$,则

当 $x \geq \dfrac{3}{2}$ 时,u 是减函数,当 $x < \dfrac{3}{2}$ 时,u 是增函数.

又当 $a>1$ 时,$y=a^u$ 是增函数,$0<a<1$ 时,$y=a^u$ 是减函数,所以

当 $a>1$ 时,原函数 $y=a^{-x^2+3x+2}$ 在 $\left[\dfrac{3}{2},+\infty\right)$ 上是减函数,在 $\left(-\infty,\dfrac{3}{2}\right)$ 上是增函数;

当 $0<a<1$ 时,原函数 $y=a^{-x^2+3x+2}$ 在 $\left[\dfrac{3}{2},+\infty\right)$ 上是增函数,在 $\left(-\infty,\dfrac{3}{2}\right)$ 上是减函数.

同步练习

1. 如果 $a^{-5x}>a^{x+7}(a>0,$ 且 $a\neq 1)$,当 $a>1$ 时,x 的取值范围是_____;当 $0<a<1$ 时,x 的取值范围是_____.

2. 满足 $\left(\dfrac{1}{4}\right)^{x-3}<2$ 的 x 的取值范围是_____.

3. 函数 $y=\left(\dfrac{1}{2}\right)^{1-x}$ 的单调增区间为_____.

4. 比较下列各题中两个值的大小.

（1）$1.7^{-2.5},1.7^{-3}$; （2）$1.7^{0.3},1.5^{0.3}$.

5. 设 $0<a<1$,解关于 x 的不等式 $a^{2x^2-3x+2}>a^{2x^2+2x-3}$.

参考答案

1. $a>1$ 时,$y=a^x$ 是增函数,所以 $-5x>x+7$,$-6x>7$,解得 $x<-\dfrac{7}{6}$;

$0<a<1$ 时,$y=a^x$ 是减函数,所以 $-5x<x+7$,$-6x<7$,解得 $x>-\dfrac{7}{6}$.

2. $\left(\dfrac{1}{4}\right)^{x-3}=(2^{-2})^{x-3}=2^{-2x+6}<2^1$,所以 $-2x+6<1$,$2x>5$,解得 $x>\dfrac{5}{2}$.

3. $y=\left(\dfrac{1}{2}\right)^{1-x}=2^{x-1}$,在实数集 $\mathbf{R}$ 上为增函数,所以单调增区间为 $(-\infty,+\infty)$.

4. （1）因为 $y=1.7^x$ 在 $\mathbf{R}$ 上为增函数,又 $-2.5>-3$,所以 $1.7^{-2.5}>1.7^{-3}$.

（2）因为 $\dfrac{1.7^{0.3}}{1.5^{0.3}}=\left(\dfrac{1.7}{1.5}\right)^{0.3}>\left(\dfrac{1.7}{1.5}\right)^0=1$,所以 $1.7^{0.3}>1.5^{0.3}$.

5. 因为 $0<a<1$,所以 $y=a^x$ 在实数集 $\mathbf{R}$ 上是减函数.

又因为 $a^{2x^2-3x+2}>a^{2x^2+2x-3}$,所以 $2x^2-3x+2<2x^2+2x-3$,解得 $x>1$.

即不等式的解集是 $(1,+\infty)$.

第十八章

对数与对数函数

第一节　对数及其运算

一、对数

引例: 判断方程 $2^x = 16$ 的实数根的个数,并求出 $2^x = 16$ 的实数根.

解: 在同一直角坐标系下画出函数 $y = 2^x$ 和 $y = 16$ 的图像,如下图所示.

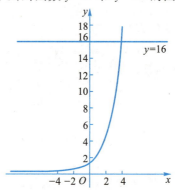

因为 $y = 2^x$ 为单调增函数,所以其图像与直线 $y = 16$ 只有一个交点,故方程 $2^x = 16$ 只有一个实数根.

由指数运算 $2^4 = 16$,可知方程的实数根为 $x = 4$.因此,称 4 为"以 2 为底 16 的对数".

更一般地,观察方程 $a^x = N(a > 0, a \neq 1, N > 0)$:指数函数 $y = a^x$ 的图像与直线 $y = N$ 有且只有一个交点,假设交点的横坐标为 b,即只有唯一的 b 能满足 $a^b = N$,这时 b 称为"以 a 为底 N 的对数".

1. 对数:一般地,对于指数式 $a^b = N$,b 叫作以 a 为底 N 的对数,记作 $b = \log_a N$.对于等式 $b = \log_a N(a > 0, a \neq 1, N > 0)$,其中数 a 称为对数的底数,N 称为对数的真数,读作"b 等于以 a 为底 N 的对数".

实质上,对数表达式 $b = \log_a N$ 不过是指数表达式 $a^b = N$ 的另一种形式.

例如,$2^4 = 16$ 与 $\log_2 16 = 4$ 是同一种关系的两种表达形式.

2. 对数 $\log_a N(a > 0, a \neq 1)$ 的性质:

(1)负数和零没有对数,真数 $N > 0$;

(2)$\log_a 1 = 0$,$\log_a a = 1$,即 1 的对数为 0,底的对数为 1;

(3)$a^{\log_a N} = N$,$\log_a a^b = b$.

例 1 求下列各式的值,并写出对应的对数式.

（1）2^5；　（2）3^2；　（3）2^{-3}；　（4）1.2^0.

解：（1）$2^5 = 32, \log_2 32 = 5$；

（2）$3^2 = 9, \log_3 9 = 2$；

（3）$2^{-3} = \dfrac{1}{8}, \log_2 \dfrac{1}{8} = -3$；

（4）$1.2^0 = 1, \log_{1.2} 1 = 0$.

例 2　求下列各式的值.

（1）$2^{\log_2 5}$；　（2）$\log_3 3^{10}$.

解：（1）$2^{\log_2 5} = 5$；

（2）$\log_3 3^{10} = 10$.

例 3　求下列各式的值.

（1）$\log_2 64$；　（2）$\log_5 \dfrac{1}{5}$；　（3）$2^{2\log_2 5}$.

解：（1）因为 $2^6 = 64$，所以 $\log_2 64 = 6$；

（2）因为 $\dfrac{1}{5} = 5^{-1}$，所以 $\log_5 \dfrac{1}{5} = -1$；

（3）$2^{2\log_2 5} = (2^{\log_2 5})^2 = 5^2 = 25$.

二、　常用对数与自然对数

1. 常用对数：以 10 为底的对数称为<u>常用对数</u>. 为了简便起见，常用对数 $\log_{10} N$ 通常简写为 $\lg N$.

2. 自然对数：在科学技术中，常常还遇到以无理数 $e = 2.71828\cdots$ 为底的对数. 以 e 为底的对数称为<u>自然对数</u>，自然对数 $\log_e N$ 通常简写为 $\ln N$.

例 4　求下列各式的值.

（1）$\lg 10$；　（2）$\lg 1000$；　（3）$\lg \dfrac{1}{1000}$；　（4）$\ln e^7$.

解：（1）因为 $10 = 10^1$，所以 $\lg 10 = 1$；

（2）因为 $1000 = 10^3$，所以 $\lg 1000 = 3$；

（3）因为 $\dfrac{1}{1000} = 10^{-3}$，所以 $\lg \dfrac{1}{1000} = -3$；

（4）因为 $\log_a a^b = b$，所以 $\ln e^7 = 7$.

例 5　已知 $\log_4 a = \log_{25} b = \sqrt{5}$，求 $\lg(ab)$.

解：由 $\log_4 a = \log_{25} b = \sqrt{5}$ 可得 $4^{\sqrt{5}} = a, 25^{\sqrt{5}} = b$，所以 $ab = 4^{\sqrt{5}} 25^{\sqrt{5}} = (4 \times 25)^{\sqrt{5}} = 100^{\sqrt{5}}$，因此 $\lg(ab) = \lg 100^{\sqrt{5}} = \lg 10^{2\sqrt{5}} = 2\sqrt{5}$.

三、　对数运算法则

1. 乘积、商、幂的对数运算法则：设 $a > 0$ 且 $a \neq 1, M > 0, N > 0$.

（1）$\log_a(MN)=\log_a M+\log_a N$.

上述结论可以推广到真数为有限多个正因数相乘的情形，即

$\log_a(M_1 M_2\cdots M_k)=\log_a M_1+\log_a M_2+\cdots+\log_a M_k$.

（2）$\log_a\dfrac{M}{N}=\log_a M-\log_a N$.

（3）$\log_a M^\alpha=\alpha\log_a M$.

2. 换底公式：$\log_a b=\dfrac{\log_c b}{\log_c a}(a>0,a\neq 1,b>0,c>0,c\neq 1)$.

例6 求下列各式的值.

（1）$\lg 100^{-2}$；　（2）$\ln\sqrt{e}$；　（3）$\log_2 6-\log_2 3$；　（4）$\lg 5+\lg 2$.

解：（1）$\lg 100^{-2}=\lg(10^2)^{-2}=\lg 10^{-4}=-4$；

（2）$\ln\sqrt{e}=\ln e^{\frac{1}{2}}=\dfrac{1}{2}\ln e=\dfrac{1}{2}$；

（3）$\log_2 6-\log_2 3=\log_2\dfrac{6}{3}=\log_2 2=1$；

（4）$\lg 5+\lg 2=\lg(5\times 2)=\lg 10=1$.

例7 用 $\log_a m,\log_a n,\log_a k$ 表示下列各式.

（1）$\log_a\dfrac{mn}{k}$；　　（2）$\log_a(m^4 n^5)$；　　（3）$\log_a\dfrac{m^2\sqrt{n}}{k^3}$.

解：（1）$\log_a\dfrac{mn}{k}=\log_a(mn)-\log_a k=\log_a m+\log_a n-\log_a k$；

（2）$\log_a(m^4 n^5)=\log_a m^4+\log_a n^5=4\log_a m+5\log_a n$；

（3）$\log_a\dfrac{m^2\sqrt{n}}{k^3}=\log_a(m^2 n^{\frac{1}{2}}k^{-3})=\log_a m^2+\log_a n^{\frac{1}{2}}+\log_a k^{-3}$

$$=2\log_a m+\dfrac{1}{2}\log_a n-3\log_a k.$$

例8 设 $\log_3 2=a,3^b=5$，用 a,b 表示 $\log_3\sqrt{30}$.

解： 因为 $3^b=5$，所以 $b=\log_3 5$.

$\log_3\sqrt{30}=\log_3 30^{\frac{1}{2}}=\dfrac{1}{2}\log_3 30=\dfrac{1}{2}\log_3(5\times 6)=\dfrac{1}{2}(\log_3 5+\log_3 6)$

$$=\dfrac{1}{2}(\log_3 5+\log_3 3+\log_3 2)=\dfrac{1}{2}(b+1+a)=\dfrac{1}{2}(a+b+1).$$

例9 求值：$(\lg 2)^2+\lg 20\times\lg 5$.

解：$(\lg 2)^2+\lg 20\times\lg 5=(\lg 2)^2+\lg(2\times 10)\lg\dfrac{10}{2}=(\lg 2)^2+(\lg 2+1)(1-\lg 2)$

$$=(\lg 2)^2+1-(\lg 2)^2=1.$$

例10 求 $\log_8 9\times\log_{81}16$ 的值.

解： 利用换底公式，$\log_8 9\times\log_{81}16=\dfrac{\lg 9}{\lg 8}\times\dfrac{\lg 16}{\lg 81}=\dfrac{\lg 3^2}{\lg 2^3}\times\dfrac{\lg 2^4}{\lg 3^4}=\dfrac{2\lg 3}{3\lg 2}\times\dfrac{4\lg 2}{4\lg 3}=\dfrac{2}{3}$.

同步练习

1. 用对数的形式表示下列各式中的 x.

（1）$3^x=18$；　（2）$5^x=8$；　（3）$7^x=\dfrac{4}{5}$；　（4）$9^x=44$.

2. 求下列各式的值.

（1）$3^{\log_3 18}$；　　（2）$5^{\log_5 7}$；　　（3）$e^{\ln\frac{1}{2}}$；　　（4）$10^{\lg 5}$；

（5）$\log_5 5^{-2}$；　（6）$\lg 10^{-6}$；　（7）$\lg 10^5$；　（8）$\ln e^{-5}$.

3. 求下列各式的值.

（1）$\lg 1+\lg 10+\lg 100+\lg 1000$；　（2）$\lg 0.1+\lg 0.01+\lg 0.001+\lg 0.0001$；

（3）$\log_5 25+\log_2\dfrac{1}{32}$；　　　　　（4）$\ln e^2+\lg 0.0001$.

4. 已知 $x>0$，$\log_x\dfrac{1}{32}=-5$，求 x 的值.

5. 计算下列各式的值.

（1）$\log_3 5-\log_3 15$；　　　（2）$\log_7 5+\log_7\dfrac{1}{5}$；

（3）$\lg\dfrac{1}{5}+\lg\dfrac{1}{2}$；　　　　（4）$\ln\sqrt[3]{e}+\ln e^2$.

6. 求证：当 $n>0$ 且 $n\neq 1$，$m>0$ 且 $m\neq 1$ 时，$\log_m n=\dfrac{1}{\log_n m}$.

7. 求 $\log_5 9\times\log_{81} 25$ 的值.

8. 已知 $\lg 2\approx 0.3010$，求 $\lg 5$ 的近似值（精确到 0.0001）.

参考答案

1.（1）$x=\log_3 18$；　　　　　　（2）$x=\log_5 8$；

（3）$x=\log_7\dfrac{4}{5}$；　　　　　　（4）$x=\log_9 44$.

2.（1）$3^{\log_3 18}=18$；　（2）$5^{\log_5 7}=7$；　（3）$e^{\ln\frac{1}{2}}=\dfrac{1}{2}$；　（4）$10^{\lg 5}=5$；

（5）$\log_5 5^{-2}=-2$；　（6）$\lg 10^{-6}=-6$；　（7）$\lg 10^5=5$；　（8）$\ln e^{-5}=-5$.

3.（1）$\lg 1+\lg 10+\lg 100+\lg 1000=0+1+2+3=6$；

（2）$\lg 0.1+\lg 0.01+\lg 0.001+\lg 0.0001=-1-2-3-4=-10$；

（3）$\log_5 25+\log_2\dfrac{1}{32}=2+(-5)=-3$；

（4）$\ln e^2+\lg 0.0001=2+(-4)=-2$.

4. 因为 $\log_x\dfrac{1}{32}=-5$，所以 $x^{-5}=\dfrac{1}{32}$，$\dfrac{1}{x^5}=\dfrac{1}{2^5}$，$x^5=2^5$，故 $x=2$.

5.（1）$\log_3 5-\log_3 15=\log_3\dfrac{5}{15}=\log_3\dfrac{1}{3}=\log_3 3^{-1}=-\log_3 3=-1$；

（2）$\log_7 5 + \log_7 \dfrac{1}{5} = \log_7\left(5 \times \dfrac{1}{5}\right) = \log_7 1 = 0$；

（3）$\lg \dfrac{1}{5} + \lg \dfrac{1}{2} = \lg\left(\dfrac{1}{5} \times \dfrac{1}{2}\right) = \lg \dfrac{1}{10} = \lg 10^{-1} = -\lg 10 = -1$；

（4）$\ln \sqrt[3]{e} + \ln e^2 = \ln e^{\frac{1}{3}} + \ln e^2 = \dfrac{1}{3}\ln e + 2\ln e = \dfrac{1}{3} + 2 = \dfrac{7}{3}$.

6. 记 $\log_m n = x$，则 $m^x = n$. 由于 $n > 0$ 且 $n \neq 1$，$m > 0$ 且 $m \neq 1$，所以 $n^{\frac{1}{x}} = m$，即 $\log_n m = \dfrac{1}{x}$，所以 $\log_m n = \dfrac{1}{\log_n m}$.

7. $\log_5 9 \times \log_{81} 25 = \dfrac{\lg 9}{\lg 5} \times \dfrac{\lg 25}{\lg 81} = \dfrac{\lg 3^2}{\lg 5} \times \dfrac{\lg 5^2}{\lg 3^4} = \dfrac{2\lg 3}{\lg 5} \times \dfrac{2\lg 5}{4\lg 3} = 1$.

8. $\lg 5 = \lg \dfrac{10}{2} = 1 - \lg 2 \approx 1 - 0.3010 = 0.6990$.

第二节　对数函数

引例：由指数式 $y = 2^x, x \in \mathbf{R}$ 可以得到对数式

$$x = \log_2 y.$$

显然，对于在正实数集内的每一个确定的 y 值，在实数集 $\mathbf{R}$ 内有唯一确定的 x 值与之对应，也就是说把 y 看成自变量，x 看成因变量，那么这里的 x 可以看成 y 的函数.

在指数函数 $y = 2^x$ 与对数函数 $x = \log_2 y$ 中，x 与 y 两个变量之间的关系是一样的. 不同的是：在指数函数 $y = 2^x$ 里，x 当作自变量，y 当作因变量，而在对数函数 $x = \log_2 y$ 里，y 当作自变量，x 是因变量.

习惯上，常用 x 表示自变量，y 表示因变量，因此上面的对数函数通常写成

$$y = \log_2 x.$$

1. 对数函数：函数 $y = \log_a x$ 称为**对数函数**，其中 a 是常数，$a > 0$ 且 $a \neq 1$. 自变量 x 在真数的位置上，需要满足 $x > 0$.

下面研究对数函数的性质与图像.

首先分析对数函数 $y = \log_2 x$ 的性质.

对数函数 $y = \log_2 x$，描点 $\left(\dfrac{1}{8}, -3\right)$，$\left(\dfrac{1}{4}, -2\right)$，$\left(\dfrac{1}{2}, -1\right)$，$(1, 0)$，$(2, 1)$，$(4, 2)$. 把这 6 个点用光滑的曲线连接起来，就得到 $y = \log_2 x$ 的图像，如下图所示.

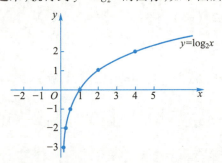

从图像可以看出,对数函数 $y=\log_2 x$ 的性质:

(1) 定义域为 $(0,+\infty)$;

(2) 值域为实数集 **R**;

(3) 函数图像过点 $(1,0)$;

(4) 函数在定义域 $(0,+\infty)$ 上为增函数.

我们再研究 $y=\log_{\frac{1}{2}}x$ 的性质.注意到 $y=\log_{\frac{1}{2}}x=\dfrac{\log_2 x}{\log_2 \frac{1}{2}}=\dfrac{\log_2 x}{-1}=-\log_2 x$,可以判断出

$y=\log_2 x$ 与 $y=\log_{\frac{1}{2}}x$ 的图像关于 x 轴对称,如下图所示.

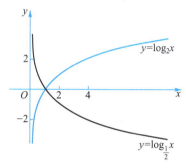

从图像可以看出,对数函数 $y=\log_{\frac{1}{2}}x$ 的性质:

(1) 定义域为 $(0,+\infty)$;

(2) 值域为实数集 **R**;

(3) 函数图像过点 $(1,0)$;

(4) 函数在定义域 $(0,+\infty)$ 上为减函数.

2. 对数函数 $y=\log_a x$ 的性质:

(1) 定义域为 $(0,+\infty)$,因此函数图像一定在 y 轴的右侧;

(2) 值域为实数集 **R**;

(3) 函数图像过点 $(1,0)$;

(4) 当 $a>1$ 时 $y=\log_a x$ 是增函数,当 $0<a<1$ 时 $y=\log_a x$ 是减函数.

3. 指数函数与对数函数的关系:由对数函数的定义可以知道,指数函数 $y=a^x$ 与对数函数 $y=\log_a x$ 互为反函数,它们的图像关于直线 $y=x$ 对称.

例 11　比较下列各题中两个值的大小.

(1) $\log_{0.3}3$ 与 $\log_{0.3}4$;　　(2) $\log_3 5$ 与 $\log_3 4$;　　(3) 0 与 $\log_{0.3}4$.

解:(1) 因为 $0<0.3<1$,所以 $y=\log_{0.3}x$ 是减函数,又因为 $3<4$,所以 $\log_{0.3}3>\log_{0.3}4$;

(2) 因为 $3>1$,所以 $y=\log_3 x$ 是增函数,又因为 $5>4$,所以 $\log_3 5>\log_3 4$;

(3) 因为 $0<0.3<1$,所以 $y=\log_{0.3}x$ 是减函数,从而有 $\log_{0.3}1>\log_{0.3}4$,即 $0>\log_{0.3}4$.

例 12　求函数 $y=\log_2(x+1)$ 的定义域.

解:要使 $y=\log_2(x+1)$ 有意义,需要 $x+1>0$,即 $x>-1$,所以定义域为 $(-1,+\infty)$.

例 13　求函数 $y=\log_2 x,x\in[4,+\infty)$ 的值域.

解:$y=\log_2 x$ 是增函数,且 $x\geq 4$,所以 $y=\log_2 x\geq\log_2 4=2$,因此值域为 $[2,+\infty)$.

例 14　根据下列各式,确定 a 的取值范围.

（1）$\log_a 3 > \log_a 4$；　　　（2）$\log_2 a > 0$.

解：（1）因为 $3 < 4$，且 $\log_a 3 > \log_a 4$，所以 $y = \log_a x$ 是减函数，所以 $0 < a < 1$.

（2）$\log_2 a > 0 = \log_2 1$，因为 $y = \log_2 x$ 是增函数，所以 $a > 1$.

同步练习

1. 已知 a 为正实数，比较下列各题中两个值的大小.

（1）$\lg a$ 与 $\lg(a+1)$；　　（2）$\ln 2$ 与 $\ln(2+a^2)$.

2. 求下列函数的定义域.

（1）$y = \sqrt{\lg x}$；　　（2）$y = \sqrt{1 - \lg x}$.

3. 求函数 $y = \ln(x^2 + 1)$ 的值域.

参考答案

1.（1）因为 $a < a+1$ 且 $y = \lg x$ 为增函数，所以 $\lg a < \lg(a+1)$；

（2）因为 $2 \leqslant 2 + a^2$ 且 $y = \ln x$ 为增函数，所以 $\ln 2 \leqslant \ln(2+a^2)$.

2.（1）要使根式有意义，需要 $\lg x \geqslant 0 = \lg 1$，而 $y = \lg x$ 为增函数，所以 $x \geqslant 1$，即定义域为 $[1, +\infty)$.

（2）要使根式有意义，需要 $1 - \lg x \geqslant 0$，$1 \geqslant \lg x$，所以 $\lg 10 = 1 \geqslant \lg x$，故 $10 \geqslant x$，又因为 $x > 0$，所以 $10 \geqslant x > 0$，即定义域为 $(0, 10]$.

3. $x^2 + 1 \geqslant 1$，且 $y = \ln x$ 为增函数，$\ln(x^2 + 1) \geqslant \ln 1 = 0$，$y \geqslant \ln 1 = 0$，所以值域为 $[0, +\infty)$.

第十九章

幂函数

一、 幂函数的定义

在本书之前的章节介绍过函数

$$y = x, y = x^2, y = \frac{1}{x}, \cdots,$$

观察这些函数可以发现,这些函数的解析式有着共同的特征:幂的底数是自变量,指数是常数.

形如 $y = x^a$ 的函数称为幂函数,其中 a 为常数.

上面提到的函数 $y = x, y = x^2, y = x^{-1}$ 都是幂函数.

二、 幂函数的性质

下面通过举例来研究幂函数的一些性质.

1. 函数 $y = \sqrt{x}$

函数的定义域为 $[0, +\infty)$,通过取点 $(0,0)$,$\left(\frac{1}{4}, \frac{1}{2}\right)$,$(1,1)$,$(4,2)$,$(16,4)$,再用光滑的曲线连接各点,可以得到函数 $y = \sqrt{x}$ 的图像如下.

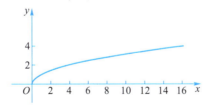

通过观察函数图像可以得到函数 $y = \sqrt{x}$ 的性质:

（1） 函数的定义域为 $[0, +\infty)$,值域为 $[0, +\infty)$;

（2） 函数在定义域 $[0, +\infty)$ 上为非奇非偶函数;

（3） 函数在定义域 $[0, +\infty)$ 上为增函数.

2. 函数 $y = x^2$

$y = x^2$ 的图像如下图所示.

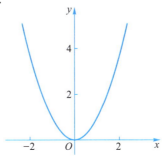

通过观察函数图像可以得到函数 $y=x^2$ 的性质:

（1）函数的定义域为实数集 **R**,值域为 $[0,+\infty)$;

（2）函数在定义域 **R** 内是偶函数,图像关于 y 轴对称;

（3）函数在区间 $[0,+\infty)$ 上为增函数,在区间 $(-\infty,0]$ 上为减函数.

3. 函数 $y=x^3$

$y=x^3$ 的图像如下图所示.

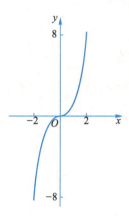

通过观察函数图像可以得到函数 $y=x^3$ 的性质:

（1）函数的定义域为实数集 **R**,值域为实数集 **R**;

（2）函数在定义域 **R** 内是奇函数,图像关于坐标原点对称;

（3）函数在定义域 **R** 内为增函数.

从这些函数的图像可以看到:幂函数 $y=x^a$,当 $a>0$ 时,随着 a 值的不同,函数的定义域、值域、奇偶性、单调性也不尽相同,但有一些共同的性质.

1. 幂函数 $y=x^a(a>0)$ 的性质:

（1）幂函数 $y=x^a(a>0)$ 在 $[0,+\infty)$ 上都有定义,且图像都过点 $(0,0)$ 和 $(1,1)$;

（2）幂函数 $y=x^a(a>0)$ 在 $[0,+\infty)$ 上为增函数.

同理,通过观察幂函数 $y=x^{-\frac{1}{2}}$,$y=x^{-2}$,$y=x^{-3}$ 的图像（如下图中从左至右依次排列）,可以总结得到幂函数 $y=x^a$ 当 $a<0$ 时的性质.

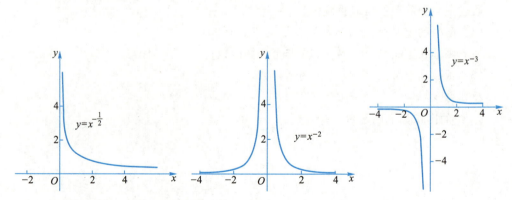

2. 幂函数 $y=x^a(a<0)$ 的性质:

（1）幂函数 $y=x^a(a<0)$ 在 $(0,+\infty)$ 上都有定义,且图像都过点 $(1,1)$;

（2）幂函数 $y=x^a (a<0)$ 在 $(0,+\infty)$ 上为减函数.

例 1 比较下面各题中两个值的大小.

（1） $2.3^{1.2}$ 和 $2.5^{1.2}$ ；（2） $0.31^{-\frac{6}{5}}$ 和 $2^{-\frac{6}{5}}$.

解：（1）对于幂函数 $y=x^{1.2}$，因为指数 $a=1.2>0$，所以幂函数 $y=x^{1.2}$ 在 $(0,+\infty)$ 上为增函数. 又因为 $2.3<2.5$，所以 $2.3^{1.2}<2.5^{1.2}$.

（2）对于幂函数 $y=x^{-\frac{6}{5}}$，因为指数 $a=-\frac{6}{5}<0$，所以幂函数 $y=x^{-\frac{6}{5}}$ 在 $(0,+\infty)$ 上为减函数，又因为 $0.31<2$，所以 $0.31^{-\frac{6}{5}}>2^{-\frac{6}{5}}$.

例 2 讨论函数 $y=x^{\frac{2}{5}}$ 的定义域、奇偶性、单调性.

解：因为 $y=x^{\frac{2}{5}}=\sqrt[5]{x^2}$，函数的定义域为实数集 **R**，所以定义域关于原点对称.

记 $f(x)=x^{\frac{2}{5}}=\sqrt[5]{x^2}$，则 $f(-x)=(-x)^{\frac{2}{5}}=\sqrt[5]{(-x)^2}=\sqrt[5]{x^2}=f(x)$，所以函数 $y=x^{\frac{2}{5}}$ 为偶函数，函数图像关于 y 轴对称.

因为 $\frac{2}{5}>0$，所以 $y=x^{\frac{2}{5}}$ 在 $[0,+\infty)$ 上为增函数，又因为图像关于 y 轴对称，所以函数在 $(-\infty,0]$ 上为减函数.

可根据以上性质作出 $y=x^{\frac{2}{5}}$ 的图像如下图所示.

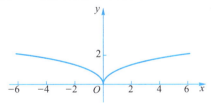

例 3 下图为 $y=x^{\frac{6}{5}}$ 的图像，通过观察 $y=x^{\frac{2}{5}}$ 与 $y=x^{\frac{6}{5}}$ 的图像，分析二者图像的共同点与不同点.

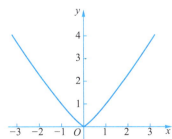

解：相同点：定义域都是实数集 **R**，值域都是 $[0,+\infty)$，都是偶函数. 在 $[0,+\infty)$ 上都是增函数，在 $(-\infty,0]$ 上都是减函数.

不同点：$y=x^{\frac{2}{5}}$ 的图像在区间 $[0,+\infty)$ 上是凸的，$y=x^{\frac{6}{5}}$ 的图像在区间 $[0,+\infty)$ 上是凹的.

同步练习

1. 已知幂函数的图像过点 $(9,3)$，求这个幂函数的解析式.

2. 判断函数 $y=x^{-3}$ 与 $y=x^{-2}$ 的奇偶性.

3. 比较下面各题中两个值的大小.

（1） $1.3^{\frac{1}{2}}$ 和 $0.4^{-\frac{1}{2}}$ ，   （2） $(a^2+2)^{-\frac{1}{3}}$ 和 $2^{-\frac{1}{3}}$.

4. 在同一平面直角坐标系中作出下列函数的图像，找出两个图像的共同点：

$$y=x^{-3} \text{与} y=x^{-\frac{1}{3}}.$$

5. 求出下列函数的定义域，并判断函数的奇偶性：

（1） $f(x)=x^2+x^{-2}$ ；   （2） $f(x)=x^4+x^{-\frac{1}{2}}$.

参考答案

1. 设幂函数的解析式为 $y=x^a$ ，因为图像过点 $(9,3)$ ，所以有 $3=9^a=3^{2a}$ ，从而 $2a=1$ ， $a=\dfrac{1}{2}$ ，即这个幂函数的解析式为 $y=x^{\frac{1}{2}}$.

2. 令 $y=f(x)=x^{-3}=\dfrac{1}{x^3}$ ，定义域为 $(-\infty,0)\cup(0,+\infty)$ ，定义域关于原点对称.因为

$$f(-x)=(-x)^{-3}=\frac{1}{(-x)^3}=-\frac{1}{x^3}=-f(x),$$

所以函数 $y=x^{-3}$ 为奇函数.

令 $y=g(x)=x^{-2}=\dfrac{1}{x^2}$ ，定义域为 $(-\infty,0)\cup(0,+\infty)$ ，定义域关于原点对称.因为

$$g(-x)=(-x)^{-2}=\frac{1}{(-x)^2}=\frac{1}{x^2}=g(x),$$

所以函数 $y=x^{-2}$ 为偶函数.

3. （1） $0.4^{-\frac{1}{2}}=\left(\dfrac{2}{5}\right)^{-\frac{1}{2}}=\left(\dfrac{5}{2}\right)^{\frac{1}{2}}=2.5^{\frac{1}{2}}$ ，函数 $y=x^{\frac{1}{2}}$ 为增函数，且 $2.5>1.3$ ，所以 $2.5^{\frac{1}{2}}>1.3^{\frac{1}{2}}$ ，即 $0.4^{-\frac{1}{2}}>1.3^{\frac{1}{2}}$.

（2） 函数 $y=x^{-\frac{1}{3}}$ 在 $(0,+\infty)$ 上为减函数，且 $a^2+2\geqslant2$ ，所以 $(a^2+2)^{-\frac{1}{3}}\leqslant2^{-\frac{1}{3}}$.

4. 共同点： $y=x^{-3}$ 与 $y=x^{-\frac{1}{3}}$ 都是奇函数，图像关于原点对称，图像都过点 $(1,1)$ ，两个函数在 $(0,+\infty)$ 上都为减函数.两个函数在同一直角坐标系下的图像如下图所示，其中蓝色的曲线为 $y=x^{-\frac{1}{3}}$ 的图像，黑色的曲线为 $y=x^{-3}$ 的图像.

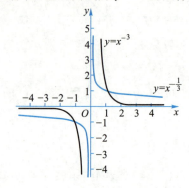

5. （1） $f(x) = x^2 + x^{-2} = x^2 + \dfrac{1}{x^2}$ ，定义域为 $(-\infty, 0) \cup (0, +\infty)$ ，定义域关于原点对称.

因为

$$f(-x) = (-x)^2 + \frac{1}{(-x)^2} = x^2 + \frac{1}{x^2} = f(x),$$

所以 $f(x) = x^2 + x^{-2}$ 为偶函数.

（2） $f(x) = x^4 + x^{-\frac{1}{2}} = x^4 + \dfrac{1}{\sqrt{x}}$ ，函数定义域为 $(0, +\infty)$ ，定义域关于原点不对称，所以函数 $f(x) = x^4 + x^{-\frac{1}{2}}$ 是非奇非偶函数.

第二十章

三角函数

第一节 角的度量与换算

一、角度制和弧度制

1. 基本概念

引例:指出下图中的三个角分别是多少度?

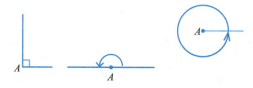

解:分别是 $90°$, $180°$, $360°$.

这里是用角度来度量角的大小. 还有一种度量角的大小的单位——弧度.下面分别给出它们的定义.

(1)角度:把圆周分成 360 份,其中每一份所对应的圆心角的角度数为 1,称为 1 度的角.

1 度等于 60 分,记作 $1° = 60'$,1 分等于 60 秒,记作 $1' = 60''$.

例如,$30' = \left(\dfrac{30}{60}\right)^{\circ} = 0.5°$.

(2)角度制:用角度作为单位来度量角的单位制称为角度制.

注:角度制是六十进制.

(3)弧度:如下图所示,扇形的半径为 R,当扇形的弧长等于半径 R 时,弧所对的圆心角称为 1 弧度的角.1 弧度的角的大小用符号 1 rad 表示,读作 1 弧度.

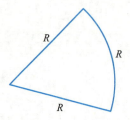

(4)弧度制:用弧度作为单位来度量角的单位制称为弧度制.

注:① 弧度制是十进制.

② 1 弧度≠1°.

2. 角度与弧度的转换

由弧度制的定义可知,在半径为 r 的圆中,若弧长为 l 的弧所对的圆心角为 α rad,则 $l=r\alpha$,所以 $\alpha=\dfrac{l}{r}$.

因为半径为 r 的圆周长为 $2\pi r$,故周长的弧度数为 $\dfrac{2\pi r}{r}=2\pi$,即

$$360°=2\pi \text{ rad},$$

亦即

$$180°=\pi \text{ rad},$$

因此

$$1 \text{ rad}=\left(\dfrac{180}{\pi}\right)°\approx 57.3°,$$

$$1°=\dfrac{\pi}{180} \text{ rad}\approx 0.01745 \text{ rad}.$$

一般地,角度与弧度的关系为

$$\dfrac{n}{180}=\dfrac{\alpha}{\pi},$$

其中 n 与 α 分别表示同一个角的角度数与弧度数.

例 1　把下列角度化为弧度(用含 π 的代数式表示).

(1) 30°;　(2) 45°;　(3) 1080°;　(4) 22°30′.

解:(1) 设 30°角的弧度为 α,则 $\dfrac{30}{180}=\dfrac{\alpha}{\pi}$,所以 $\alpha=\dfrac{\pi}{6}$.

(2) 设 45°角的弧度为 α,则 $\dfrac{45}{180}=\dfrac{\alpha}{\pi}$,所以 $\alpha=\dfrac{\pi}{4}$.

(3) 设 1080°角的弧度为 α,则 $\dfrac{1080}{180}=\dfrac{\alpha}{\pi}$,所以 $\alpha=6\pi$.

或者由 360°=2π,得 1080°=360°×3=$2\pi×3=6\pi$.

(4) 设 22°30′角(22°30′=22.5°)的弧度为 α,则 $\dfrac{22.5}{180}=\dfrac{\alpha}{\pi}$,所以 $\alpha=\dfrac{\pi}{8}$.

或者由 45°=$\dfrac{\pi}{4}$,得 22°30′=$\dfrac{45°}{2}=\dfrac{\pi}{4}×\dfrac{1}{2}=\dfrac{\pi}{8}$.

例 2　把下列弧度化为角度.

(1) $\dfrac{\pi}{2}$;　(2) $\dfrac{3\pi}{10}$;　(3) $-\dfrac{5\pi}{6}$;　(4) $\dfrac{\pi}{8}$.

解:(1) 设 $\dfrac{\pi}{2}=n°$,则 $\dfrac{n}{180}=\dfrac{\frac{\pi}{2}}{\pi}$,则 $n=90$,所以 $\dfrac{\pi}{2}=90°$.

（2）可以直接利用 $180° = \pi$ rad，所以 $\dfrac{3\pi}{10} = \dfrac{3}{10} \times 180° = 54°$.

（3）$-\dfrac{5\pi}{6} = -\dfrac{5}{6} \times 180° = -150°$.

（4）$\dfrac{\pi}{8} = \dfrac{180°}{8} = 22.5°$.

注：特殊角的角度与弧度转换表.

角度	0°	15°	30°	45°	60°	90°	120°	135°	150°	180°	270°	360°
弧度	0	$\dfrac{\pi}{12}$	$\dfrac{\pi}{6}$	$\dfrac{\pi}{4}$	$\dfrac{\pi}{3}$	$\dfrac{\pi}{2}$	$\dfrac{2\pi}{3}$	$\dfrac{3\pi}{4}$	$\dfrac{5\pi}{6}$	π	$\dfrac{3\pi}{2}$	2π

二、象限角

为了方便起见，通常将角放在平面直角坐标系中来讨论.

1. 象限角：在平面直角坐标系中，使角的顶点与坐标原点重合，角的始边落在 x 轴的正半轴上，这时角的终边在第几象限，就把这个角称为第几象限角.如果角的终边在坐标轴上，就认为这个角不属于任何象限.

从始边旋转到终边，包括逆时针和顺时针旋转，规定逆时针旋转形成的角为正角，顺时针旋转形成的角为负角.

例如，前面提到的 $\dfrac{\pi}{8}$，45°都为第一象限角，在同一平面直角坐标系的两角如下图所示.

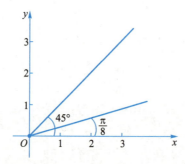

思考：$\dfrac{17\pi}{8}$ 和 405°是第几象限角？

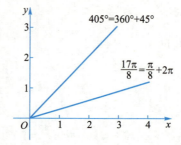

如上图所示,$\dfrac{17\pi}{8}$和 405°都为第一象限角.因为 405°=360°+45°,角的始边为 x 轴的正半轴,逆时针旋转 360°后,再逆时针旋转 45°,405°角的终边和 45°角的终边是重合的.

同理,$\dfrac{17\pi}{8}=2\pi+\dfrac{\pi}{8}$,角的始边为 x 轴的正半轴,逆时针旋转 2π 后,再逆时针旋转 $\dfrac{\pi}{8}$,则 $\dfrac{17\pi}{8}$ 角的终边和 $\dfrac{\pi}{8}$ 角的终边是重合的.

2. 终边相同的角:角的始边在 x 轴的正半轴上,角 α(单位为角度)与角 $\beta=\alpha+k\cdot$ 360° $(k\in\mathbf{Z})$ 终边位置关系是重合的,称它们为终边相同的角.

若角 α 单位为弧度,则与 α 终边相同的角表示为 $\beta=\alpha+k\times2\pi$ $(k\in\mathbf{Z})$.

例 3　如下图所示,$B(\sqrt{3},-1)$,写出终边落在射线 OB 上的角的集合.

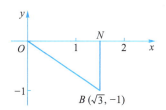

解:作 $BN\perp x$ 轴,所以 $BN=1,ON=\sqrt{3}$,在 $\mathrm{Rt}\triangle OBN$ 中,$\angle NOB=\dfrac{\pi}{6}$,故从 x 轴正半轴顺时针旋转到 OB,终边落在射线 OB 上的角的集合为

$$S=\left\{\beta\ \middle|\ \beta=-\dfrac{\pi}{6}+2k\pi,k\in\mathbf{Z}\right\}.$$

例 4　写出始边落在 x 轴正半轴上,终边落在 x 轴负半轴上的角的集合.

解:$S=\{\beta\,|\,\beta=\pi+2k\pi,k\in\mathbf{Z}\}$.

同步练习

1. 把下列角度化为弧度(用含 π 的代数式表示),并指出它是第几象限角.
（1）$-1500°$;　（2）225°;　（3）$-60°$;　（4）540°.

2. 把下列弧度化为角度.

（1）$-\dfrac{3\pi}{2}$;　（2）$\dfrac{5\pi}{8}$.

3. 求始边落在 x 轴正半轴上,终边落在 y 轴负半轴上的角的集合.

4. 求始边落在 x 轴正半轴上,终边落在 x 轴上的角的集合.

参考答案

1.（1）设 $-1500°$ 角的弧度为 α,则 $\dfrac{-1500}{180}=\dfrac{\alpha}{\pi}$,所以 $\alpha=-\dfrac{25\pi}{3}$.$\alpha=-\dfrac{25\pi}{3}=-8\pi-\dfrac{\pi}{3}$,故 $-1500°$ 是第四象限角.

（2）$225° = 45° + 180° = \dfrac{\pi}{4} + \pi = \dfrac{5}{4}\pi$，故 $225°$ 是第三象限角.

（3）$180° = \pi$，$\dfrac{180°}{3} = 60° = \dfrac{\pi}{3}$，$-60° = -\dfrac{\pi}{3}$，故 $-60°$ 是第四象限角.

（4）$180° = \pi$，$180° \times 3 = 3\pi$，$540° = 3\pi$，$540°$ 的终边在坐标轴上，不属于任何象限.

2.（1）$-\dfrac{3\pi}{2} = -\dfrac{3}{2} \times 180° = -270°$.

（2）$\dfrac{5\pi}{8} = \dfrac{5}{8} \times 180° = 112.5°$.

3. $S = \left\{ \beta \,\middle|\, \beta = -\dfrac{\pi}{2} + 2k\pi, k \in \mathbf{Z} \right\}$.

4. 终边落在 x 轴上，分两种情况，

① 终边落在 x 轴正半轴上，角的集合为 $S = \{\beta \mid \beta = 2k\pi, k \in \mathbf{Z}\}$；

② 终边落在 x 轴负半轴上，角的集合为 $S = \{\beta \mid \beta = 2k\pi + \pi, k \in \mathbf{Z}\}$.

由①②知，终边落在 x 轴上的角的集合为 $S = \{\beta \mid \beta = 2k\pi \text{ 或 } \beta = 2k\pi + \pi, k \in \mathbf{Z}\}$，即 $S = \{\beta \mid \beta = k\pi, k \in \mathbf{Z}\}$.

第二节　三角函数的定义

一、锐角的三角函数

1. 三角函数的概念

在 $\mathrm{Rt}\triangle ABC$ 中，设角 C 为直角，角 A 的对边 $BC = y$，邻边 $AC = x$，斜边 $AB = \sqrt{x^2 + y^2} = r$，如下图所示.

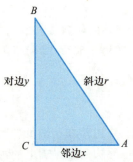

角 A 的对边与斜边的比称为角 A 的 **正弦**，记作 $\sin A$，即 $\sin A = \dfrac{\text{对边}}{\text{斜边}} = \dfrac{y}{r}$；

角 A 的邻边与斜边的比称为角 A 的 **余弦**，记作 $\cos A$，即 $\cos A = \dfrac{\text{邻边}}{\text{斜边}} = \dfrac{x}{r}$；

角 A 的对边与邻边的比称为角 A 的 **正切**，记作 $\tan A$，即 $\tan A = \dfrac{\text{对边}}{\text{邻边}} = \dfrac{y}{x}$；

角 A 的邻边与对边的比称为角 A 的 余切，记作 $\cot A$，即 $\cot A = \dfrac{邻边}{对边} = \dfrac{x}{y}$；

角 A 的斜边与邻边的比称为角 A 的 正割，记作 $\sec A$，即 $\sec A = \dfrac{斜边}{邻边} = \dfrac{r}{x}$；

角 A 的斜边与对边的比称为角 A 的 余割，记作 $\csc A$，即 $\csc A = \dfrac{斜边}{对边} = \dfrac{r}{y}$.

角 A 的正弦、余弦、正切、余切、正割、余割统称为角 A 的 三角函数.

2. 常见角度的三角函数值

（1）45°

$$\sin 45° = \frac{1}{\sqrt{2}} = \frac{\sqrt{2}}{2},\ \cos 45° = \frac{1}{\sqrt{2}} = \frac{\sqrt{2}}{2},\ \tan 45° = \frac{1}{1} = 1,$$

$$\cot 45° = \frac{1}{1} = 1,\ \sec 45° = \frac{\sqrt{2}}{1} = \sqrt{2},\ \csc 45° = \frac{\sqrt{2}}{1} = \sqrt{2}.$$

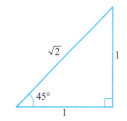

（2）30°

$$\sin 30° = \frac{1}{2},\ \cos 30° = \frac{\sqrt{3}}{2},\ \tan 30° = \frac{1}{\sqrt{3}} = \frac{\sqrt{3}}{3},$$

$$\cot 30° = \frac{\sqrt{3}}{1} = \sqrt{3},\ \sec 30° = \frac{2}{\sqrt{3}} = \frac{2\sqrt{3}}{3},\ \csc 30° = \frac{2}{1} = 2.$$

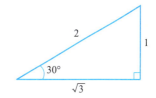

（3）60°

$$\sin 60° = \frac{\sqrt{3}}{2},\ \cos 60° = \frac{1}{2},\ \tan 60° = \frac{\sqrt{3}}{1} = \sqrt{3},$$

$$\cot 60° = \frac{1}{\sqrt{3}} = \frac{\sqrt{3}}{3},\ \sec 60° = \frac{2}{1} = 2,\ \csc 60° = \frac{2}{\sqrt{3}} = \frac{2\sqrt{3}}{3}.$$

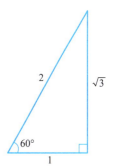

注：记住这些特殊角的三角函数值，解题时可以直接使用.

例 5　在 Rt$\triangle ABC$ 中，a,b,c 分别为角 A,B,C 的对边，且 $a=3, b=4, c=5$，求角 A 的六个三角函数值.

解：$\sin A = \dfrac{a}{c} = \dfrac{3}{5}$, 　　　$\cos A = \dfrac{b}{c} = \dfrac{4}{5}$, 　　　$\tan A = \dfrac{a}{b} = \dfrac{3}{4}$,

$\cot A = \dfrac{b}{a} = \dfrac{4}{3}$, 　　　$\sec A = \dfrac{c}{b} = \dfrac{5}{4}$, 　　　$\csc A = \dfrac{c}{a} = \dfrac{5}{3}$.

例 6　在 $\triangle ABC$ 中，a,b,c 分别为角 A,B,C 的对边，且 $a:b:c=5:12:13$，求角 B 的六个三角函数值.

解：因为在 $\triangle ABC$ 中，$a:b:c=5:12:13$，所以设 $a=5x,b=12x,c=13x$，易得 $c^2=a^2+b^2$，则角 $C=90°$，所以

$$\sin B=\frac{AC}{AB}=\frac{b}{c}=\frac{12}{13}, \quad \cos B=\frac{BC}{AB}=\frac{a}{c}=\frac{5}{13}, \quad \tan B=\frac{AC}{BC}=\frac{b}{a}=\frac{12}{5},$$

$$\cot B=\frac{BC}{AC}=\frac{a}{b}=\frac{5}{12}, \quad \sec B=\frac{AB}{BC}=\frac{c}{a}=\frac{13}{5}, \quad \csc B=\frac{AB}{AC}=\frac{c}{b}=\frac{13}{12}.$$

二、任意角的三角函数

在任意角 α 的终边上任取一个不同于坐标原点的点 $P(x,y)$，如下图所示.

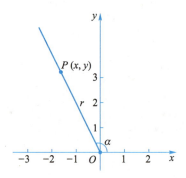

设点 $P(x,y)$ 到原点的距离为 $|OP|=r=\sqrt{x^2+y^2}>0$，则

$\dfrac{y}{r}$ 称为角 α 的正弦，记作 $\sin \alpha=\dfrac{y}{r}$；

$\dfrac{x}{r}$ 称为角 α 的余弦，记作 $\cos \alpha=\dfrac{x}{r}$；

$\dfrac{y}{x}$ 称为角 α 的正切，记作 $\tan \alpha=\dfrac{y}{x}$；

$\dfrac{x}{y}$ 称为角 α 的余切，记作 $\cot \alpha=\dfrac{x}{y}$；

$\dfrac{r}{x}$ 称为角 α 的正割，记作 $\sec \alpha=\dfrac{r}{x}$；

$\dfrac{r}{y}$ 称为角 α 的余割，记作 $\csc \alpha=\dfrac{r}{y}$.

角 α 的正弦、余弦、正切、余切、正割、余割，统称为角 α 的三角函数.

例 7　已知角 α 的终边经过点 $P(-2,3)$，求 α 的六个三角函数值.

解：$x=-2,y=3$，则 $r=\sqrt{x^2+y^2}=\sqrt{13}$，所以

$$\sin \alpha=\frac{y}{r}=\frac{3}{\sqrt{13}}=\frac{3\sqrt{13}}{13}, \cos \alpha=\frac{x}{r}=\frac{-2}{\sqrt{13}}=\frac{-2\sqrt{13}}{13},$$

$$\tan \alpha = \frac{y}{x} = -\frac{3}{2}, \quad \cot \alpha = \frac{x}{y} = -\frac{2}{3},$$

$$\sec \alpha = \frac{r}{x} = -\frac{\sqrt{13}}{2}, \csc \alpha = \frac{r}{y} = \frac{\sqrt{13}}{3}.$$

例 8 求下列角的六个三角函数值.

(1) π； (2) 0； (3) $\frac{3}{2}\pi$.

解：(1) 角 π 的终边在 x 轴的负半轴上，在 x 轴负半轴上取点 $(-1,0)$，则 $x=-1,y=0,r=\sqrt{(-1)^2+0^2}=1$，于是 π 的六个三角函数值分别为

$$\sin \pi = \frac{y}{r} = \frac{0}{1} = 0, \cos \pi = \frac{x}{r} = \frac{-1}{1} = -1,$$

$$\tan \pi = \frac{y}{x} = \frac{0}{-1} = 0, \cot \pi = \frac{x}{y} = \frac{-1}{0} \text{无意义},$$

$$\sec \pi = \frac{r}{x} = \frac{1}{-1} = -1, \csc \pi = \frac{r}{y} = \frac{1}{0} \text{无意义}.$$

(2) 角 0 的终边在 x 轴的正半轴上，在 x 轴正半轴上取点 $(1,0)$，则 $x=1,y=0,r=\sqrt{1^2+0^2}=1$，于是 0 的六个三角函数值分别为

$$\sin 0 = \frac{y}{r} = \frac{0}{1} = 0, \cos 0 = \frac{x}{r} = \frac{1}{1} = 1,$$

$$\tan 0 = \frac{y}{x} = \frac{0}{1} = 0, \cot 0 = \frac{x}{y} = \frac{1}{0} \text{无意义},$$

$$\sec 0 = \frac{r}{x} = \frac{1}{1} = 1, \csc 0 = \frac{r}{y} = \frac{1}{0} \text{无意义}.$$

(3) 角 $\frac{3\pi}{2}$ 的终边在 y 轴的负半轴上，在 y 轴负半轴上取点 $(0,-1)$，则 $x=0,y=-1,r=\sqrt{0^2+(-1)^2}=1$，于是 $\frac{3\pi}{2}$ 的六个三角函数值分别为

$$\sin \frac{3\pi}{2} = \frac{y}{r} = \frac{-1}{1} = -1, \cos \frac{3\pi}{2} = \frac{x}{r} = \frac{0}{1} = 0,$$

$$\tan \frac{3\pi}{2} = \frac{y}{x} = \frac{-1}{0} \text{无意义}, \cot \frac{3\pi}{2} = \frac{x}{y} = \frac{0}{-1} = 0,$$

$$\sec \frac{3\pi}{2} = \frac{r}{x} = \frac{1}{0} \text{无意义}, \csc \frac{3\pi}{2} = \frac{r}{y} = \frac{1}{-1} = -1.$$

例 9 求 $\frac{2\pi}{3}$ 的六个三角函数值.

解：如下页图所示，在平面直角坐标系中画出 $\frac{2\pi}{3}$ 的终边.

在 $\frac{2\pi}{3}$ 的终边上取点 A，使 $AB=2$，作 $AD \perp x$ 轴，垂足为 D，则在 Rt$\triangle ADB$ 中，$\angle ABD = \pi - \frac{2\pi}{3} = \frac{\pi}{3}$，因此 $AD=\sqrt{3}$，$BD=1$，所以 A 的坐标为 $(-1,\sqrt{3})$，即 $x=-1,y=\sqrt{3},r=2$，

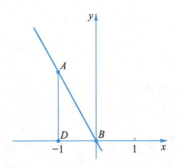

因此，

$$\sin\frac{2\pi}{3}=\frac{y}{r}=\frac{\sqrt{3}}{2},\cos\frac{2\pi}{3}=\frac{x}{r}=\frac{-1}{2}=-\frac{1}{2},\tan\frac{2\pi}{3}=\frac{y}{x}=\frac{\sqrt{3}}{-1}=-\sqrt{3},$$

$$\cot\frac{2\pi}{3}=\frac{x}{y}=\frac{-1}{\sqrt{3}}=-\frac{\sqrt{3}}{3},\sec\frac{2\pi}{3}=\frac{r}{x}=\frac{2}{-1}=-2,\csc\frac{2\pi}{3}=\frac{r}{y}=\frac{2}{\sqrt{3}}=\frac{2\sqrt{3}}{3}.$$

三、特殊角的三角函数值表

	角度	0°	30°	45°	60°	90°	120°	135°	150°	180°	270°	360°
α	弧度	0	$\frac{\pi}{6}$	$\frac{\pi}{4}$	$\frac{\pi}{3}$	$\frac{\pi}{2}$	$\frac{2\pi}{3}$	$\frac{3\pi}{4}$	$\frac{5\pi}{6}$	π	$\frac{3\pi}{2}$	2π
	$\sin\alpha$	0	$\frac{1}{2}$	$\frac{\sqrt{2}}{2}$	$\frac{\sqrt{3}}{2}$	1	$\frac{\sqrt{3}}{2}$	$\frac{\sqrt{2}}{2}$	$\frac{1}{2}$	0	-1	0
	$\cos\alpha$	1	$\frac{\sqrt{3}}{2}$	$\frac{\sqrt{2}}{2}$	$\frac{1}{2}$	0	$-\frac{1}{2}$	$-\frac{\sqrt{2}}{2}$	$-\frac{\sqrt{3}}{2}$	-1	0	1
	$\tan\alpha$	0	$\frac{\sqrt{3}}{3}$	1	$\sqrt{3}$	无意义	$-\sqrt{3}$	-1	$-\frac{\sqrt{3}}{3}$	0	无意义	0
	$\cot\alpha$	无意义	$\sqrt{3}$	1	$\frac{\sqrt{3}}{3}$	0	$-\frac{\sqrt{3}}{3}$	-1	$-\sqrt{3}$	无意义	0	无意义
	$\sec\alpha$	1	$\frac{2\sqrt{3}}{3}$	$\sqrt{2}$	2	无意义	-2	$-\sqrt{2}$	$-\frac{2\sqrt{3}}{3}$	-1	无意义	1
	$\csc\alpha$	无意义	2	$\sqrt{2}$	$\frac{2\sqrt{3}}{3}$	1	$\frac{2\sqrt{3}}{3}$	$\sqrt{2}$	2	无意义	-1	无意义

四、同角三角函数的基本关系

（1）平方关系：

$$\sin^2\alpha+\cos^2\alpha=1,\qquad 1+\tan^2\alpha=\sec^2\alpha,\qquad 1+\cot^2\alpha=\csc^2\alpha.$$

（2）商数关系：

$$\tan\alpha=\frac{\sin\alpha}{\cos\alpha},\qquad \cot\alpha=\frac{\cos\alpha}{\sin\alpha}.$$

（3）倒数关系：

$$\tan \alpha = \frac{1}{\cot \alpha}, \quad \sec \alpha = \frac{1}{\cos \alpha}, \quad \csc \alpha = \frac{1}{\sin \alpha}.$$

例 10　已知 α 是第二象限角，$\sin \alpha = \frac{5}{13}$，则 $\cos \alpha =$（　　　）

A. $-\frac{12}{13}$.　　　　　B. $-\frac{5}{13}$.　　　　　C. $\frac{5}{13}$.　　　　　D. $\frac{12}{13}$.

解：因为 α 是第二象限角，所以由 $\sin^2 \alpha + \cos^2 \alpha = 1$，得

$$\cos \alpha = -\sqrt{1 - \sin^2 \alpha} = -\sqrt{1 - \left(\frac{5}{13}\right)^2} = -\frac{12}{13}.$$

应选 A.

> **注**：在应用平方关系式求 $\sin \alpha$ 或 $\cos \alpha$ 时，其正负号由角 α 所在的象限决定.

同步练习

1. 在 Rt$\triangle ABC$ 中，角 $A = 90°$，$BC = 12$，$\cos B = \frac{1}{3}$，则 AB 等于（　　　）

A. 8.　　　　　B. 4.　　　　　C. $\frac{1}{4}$.　　　　　D. $\frac{1}{8}$.

2. 在 Rt$\triangle ABC$ 中，角 $A = 90°$，$\cot B = \frac{5}{12}$，且 $\triangle ABC$ 的周长等于 60，则 $\triangle ABC$ 的面积为（　　　）

A. 100.　　　　　B. 150.　　　　　C. 120.　　　　　D. 180.

3. 在 Rt$\triangle ABC$ 中，角 $A = 90°$，$\cos B = \frac{4}{5}$，$BC = 10$，则 $\sin C$ 等于（　　　）

A. $\frac{3}{5}$.　　　　　B. $\frac{3}{10}$.　　　　　C. $\frac{4}{5}$.　　　　　D. $\frac{2}{5}$.

4. 在 Rt$\triangle ABC$ 中，角 $B = 90°$，$AB = 5$，$AC = 13$，则 $\sin A = $ _____，$\cos A = $ _____，$\tan C = $ _____，$\cot C = $ _____.

5. 求下列角的三角函数值.

（1）$-\frac{\pi}{6}$；　　（2）$\frac{4}{3}\pi$；　　（3）$\frac{5\pi}{2}$.

6. 已知 $\sin \alpha - \cos \alpha = \sqrt{2}$，$\alpha \in (0, \pi)$，求 $\sin \alpha$，$\cos \alpha$，$\tan \alpha$ 的值.

参考答案

1. 因为 $\cos B = \frac{1}{3} = \frac{AB}{BC} = \frac{AB}{12}$，所以 $AB = 4$，故答案为 B.

2. 因为 $\cot B = \frac{5}{12} = \frac{AB}{AC}$，所以设 $AB = 5x$，$AC = 12x$，则 $BC = 13x$. 因为 $\triangle ABC$ 的周长等于 $AB + AC + BC = 30x = 60$，解得 $x = 2$，即 $AB = 10$，$AC = 24$，所以 $S_{\triangle ABC} = \frac{1}{2} \times AB \times AC = \frac{1}{2} \times 10 \times$

$24 = 120$, 故答案为 C.

3. 因为 $\cos B = \dfrac{AB}{BC} = \dfrac{4}{5}, BC = 10$, 求得 $AB = 8$, 所以 $\sin C = \dfrac{AB}{BC} = \dfrac{4}{5}$, 故答案为 C.

4. 因为角 $B = 90°, AB = 5, AC = 13$, 则 $BC = \sqrt{AC^2 - AB^2} = \sqrt{13^2 - 5^2} = 12$, 所以 $\sin A = \dfrac{BC}{AC} = \dfrac{12}{13}, \cos A = \dfrac{AB}{AC} = \dfrac{5}{13}, \tan C = \dfrac{AB}{BC} = \dfrac{5}{12}, \cot C = \dfrac{BC}{AB} = \dfrac{12}{5}.$

5. (1) 角 $-\dfrac{\pi}{6}$ 的终边在第四象限, 如下图所示, 在角的终边上取点 P, 使 $OP = 2$, 因为 $\angle POQ = \dfrac{\pi}{6}$, 则点 P 的坐标为 $(\sqrt{3}, -1)$.

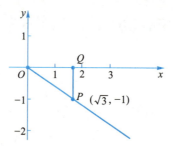

$x = \sqrt{3}, y = -1, r = 2,$

$$\sin\left(-\dfrac{\pi}{6}\right) = \dfrac{y}{r} = \dfrac{-1}{2} = -\dfrac{1}{2}, \cos\left(-\dfrac{\pi}{6}\right) = \dfrac{x}{r} = \dfrac{\sqrt{3}}{2},$$

$$\tan\left(-\dfrac{\pi}{6}\right) = \dfrac{y}{x} = \dfrac{-1}{\sqrt{3}} = -\dfrac{\sqrt{3}}{3}, \cot\left(-\dfrac{\pi}{6}\right) = \dfrac{x}{y} = \dfrac{\sqrt{3}}{-1} = -\sqrt{3},$$

$$\sec\left(-\dfrac{\pi}{6}\right) = \dfrac{r}{x} = \dfrac{2}{\sqrt{3}} = \dfrac{2\sqrt{3}}{3}, \csc\left(-\dfrac{\pi}{6}\right) = \dfrac{r}{y} = \dfrac{2}{-1} = -2.$$

(2) 角 $\dfrac{4\pi}{3}$ 的终边在第三象限, 如下图所示, 在角的终边上取点 P, 使 $OP = 2$, 因为 $\angle POQ = \dfrac{\pi}{3}$, 则点 P 的坐标为 $(-1, -\sqrt{3})$.

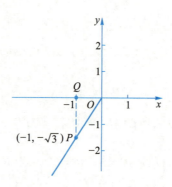

$x = -1, y = -\sqrt{3}, r = 2,$

$$\sin \frac{4\pi}{3} = \frac{y}{r} = \frac{-\sqrt{3}}{2} = -\frac{\sqrt{3}}{2}, \cos \frac{4\pi}{3} = \frac{x}{r} = \frac{-1}{2} = -\frac{1}{2},$$

$$\tan \frac{4\pi}{3} = \frac{y}{x} = \frac{-\sqrt{3}}{-1} = \sqrt{3}, \cot \frac{4\pi}{3} = \frac{x}{y} = \frac{-1}{-\sqrt{3}} = \frac{\sqrt{3}}{3},$$

$$\sec \frac{4\pi}{3} = \frac{r}{x} = \frac{2}{-1} = -2, \csc \frac{4\pi}{3} = \frac{r}{y} = \frac{2}{-\sqrt{3}} = -\frac{2\sqrt{3}}{3}.$$

（3）角 $\frac{5\pi}{2} = 2\pi + \frac{\pi}{2}$ 的终边在 y 轴的正半轴上，在 y 轴正半轴上取点 $(0,1)$，则 $x = 0$，$y = 1, r = \sqrt{0^2 + 1^2} = 1$，

$$\sin \frac{5\pi}{2} = \frac{y}{r} = \frac{1}{1} = 1, \cos \frac{5\pi}{2} = \frac{x}{r} = \frac{0}{1} = 0,$$

$$\tan \frac{5\pi}{2} = \frac{y}{x} = \frac{1}{0} = 无意义, \cot \frac{5\pi}{2} = \frac{x}{y} = \frac{0}{1} = 0,$$

$$\sec \frac{5\pi}{2} = \frac{r}{x} = \frac{1}{0} = 无意义, \csc \frac{5\pi}{2} = \frac{r}{y} = \frac{1}{1} = 1.$$

6. 由已知得 $\cos \alpha = \sin \alpha - \sqrt{2}$，代入 $\sin^2 \alpha + \cos^2 \alpha = 1$，得

$$\sin^2 \alpha + (\sin \alpha - \sqrt{2})^2 = 1, 即 (\sqrt{2}\sin \alpha - 1)^2 = 0, 所以 \sin \alpha = \frac{\sqrt{2}}{2},$$

$$\cos \alpha = \sin \alpha - \sqrt{2} = \frac{\sqrt{2}}{2} - \sqrt{2} = -\frac{\sqrt{2}}{2}, \tan \alpha = \frac{\sin \alpha}{\cos \alpha} = -1.$$

第三节　三角函数的诱导公式

一、诱导公式

公式一：设 α 为任意角，$\alpha + 2k\pi$（$k \in \mathbf{Z}$）与 α 的终边相同，三角函数之间的关系如下：

$$\sin(\alpha + 2k\pi) = \sin \alpha, \quad \cos(\alpha + 2k\pi) = \cos \alpha,$$
$$\tan(\alpha + 2k\pi) = \tan \alpha, \quad \cot(\alpha + 2k\pi) = \cot \alpha,$$
$$\sec(\alpha + 2k\pi) = \sec \alpha, \quad \csc(\alpha + 2k\pi) = \csc \alpha.$$

例 11　求下列三角函数的值.

（1）$\sin \frac{13\pi}{2}$；　（2）$\tan 405°$；　（3）$\cos \frac{19\pi}{3}$.

解：（1）$\sin \frac{13\pi}{2} = \sin \left(6\pi + \frac{\pi}{2} \right) = \sin \frac{\pi}{2} = 1.$

（2）$\tan 405° = \tan(45° + 360°) = \tan 45° = 1.$

（3）$\cos\dfrac{19\pi}{3}=\cos\left(6\pi+\dfrac{\pi}{3}\right)=\cos\dfrac{\pi}{3}=\dfrac{1}{2}$.

公式二： 设 α 为任意角，$-\alpha$ 与 α 的终边关于 x 轴对称，三角函数之间的关系如下：

$$\sin(-\alpha)=-\sin\alpha, \quad \cos(-\alpha)=\cos\alpha,$$
$$\tan(-\alpha)=-\tan\alpha, \quad \cot(-\alpha)=-\cot\alpha,$$
$$\sec(-\alpha)=\sec\alpha, \quad \csc(-\alpha)=-\csc\alpha.$$

例 12 求下列三角函数的值.

（1）$\tan(-60°)$；　（2）$\sin\left(-\dfrac{7\pi}{3}\right)$；　（3）$\csc\left(-\dfrac{\pi}{4}\right)$；　（4）$\cot\left(-\dfrac{13\pi}{6}\right)$.

解：（1）$\tan(-60°)=-\tan60°=-\sqrt{3}$.

（2）$\sin\left(-\dfrac{7\pi}{3}\right)=-\sin\dfrac{7\pi}{3}=-\sin\left(2\pi+\dfrac{\pi}{3}\right)=-\sin\dfrac{\pi}{3}=-\dfrac{\sqrt{3}}{2}$.

（3）$\csc\left(-\dfrac{\pi}{4}\right)=-\csc\dfrac{\pi}{4}=-\sqrt{2}$.

（4）$\cot\left(-\dfrac{13\pi}{6}\right)=-\cot\dfrac{13\pi}{6}=-\cot\left(2\pi+\dfrac{\pi}{6}\right)=-\cot\dfrac{\pi}{6}=-\sqrt{3}$.

公式三： 设 α 为任意角，$\pi-\alpha$ 与 α 的三角函数之间的关系如下：

$$\sin(\pi-\alpha)=\sin\alpha, \quad \cos(\pi-\alpha)=-\cos\alpha,$$
$$\tan(\pi-\alpha)=-\tan\alpha, \quad \cot(\pi-\alpha)=-\cot\alpha,$$
$$\sec(\pi-\alpha)=-\sec\alpha, \quad \csc(\pi-\alpha)=\csc\alpha.$$

例 13 求下列三角函数的值.

（1）$\cos\dfrac{17\pi}{6}$；　（2）$\sec\left(-\dfrac{2\pi}{3}\right)$；　（3）$\tan135°$；　（4）$\cot\left(-\dfrac{5\pi}{6}\right)$.

解：（1）$\cos\dfrac{17\pi}{6}=\cos\left(2\pi+\dfrac{5\pi}{6}\right)=\cos\dfrac{5\pi}{6}=\cos\left(\pi-\dfrac{\pi}{6}\right)=-\cos\dfrac{\pi}{6}=-\dfrac{\sqrt{3}}{2}$.

（2）$\sec\left(-\dfrac{2\pi}{3}\right)=\sec\dfrac{2\pi}{3}=\sec\left(\pi-\dfrac{\pi}{3}\right)=-\sec\dfrac{\pi}{3}=-2$.

（3）$\tan135°=\tan(180°-45°)=-\tan45°=-1$.

（4）$\cot\left(-\dfrac{5\pi}{6}\right)=-\cot\dfrac{5\pi}{6}=-\cot\left(\pi-\dfrac{\pi}{6}\right)=\cot\dfrac{\pi}{6}=\sqrt{3}$.

公式四： 设 α 为任意角，$\pi+\alpha$ 与 α 的终边关于原点对称，三角函数之间的关系如下：

$$\sin(\pi+\alpha)=-\sin\alpha, \quad \cos(\pi+\alpha)=-\cos\alpha,$$
$$\tan(\pi+\alpha)=\tan\alpha, \quad \cot(\pi+\alpha)=\cot\alpha,$$
$$\sec(\pi+\alpha)=-\sec\alpha, \quad \csc(\pi+\alpha)=-\csc\alpha.$$

例 14 求下列三角函数的值.

（1）$\sin225°$；　（2）$\tan240°$；　（3）$\cot\left(-\dfrac{19\pi}{6}\right)$.

解：（1）$\sin225°=\sin(180°+45°)=-\sin45°=-\dfrac{\sqrt{2}}{2}$.

（2）$\tan 240° = \tan(180°+60°) = \tan 60° = \sqrt{3}$.

（3）$\cot\left(-\dfrac{19\pi}{6}\right) = -\cot\dfrac{19\pi}{6} = -\cot\left(2\pi+\dfrac{7\pi}{6}\right) = -\cot\dfrac{7\pi}{6} = -\cot\left(\pi+\dfrac{\pi}{6}\right) = -\cot\dfrac{\pi}{6} = -\sqrt{3}$.

注：公式一至公式四可概括如下：

$\alpha+2k\pi(k\in\mathbf{Z})$，$-\alpha$，$\pi\pm\alpha$ 的三角函数值，等于 α 的同名函数值，前面加上一个将 α 视为锐角时原函数值的符号.

巧记："函数名不变，符号看象限."

公式五：设 α 为任意角，$\dfrac{\pi}{2}-\alpha$ 与 α 的三角函数之间的关系如下：

$$\sin\left(\dfrac{\pi}{2}-\alpha\right) = \cos\alpha, \quad \cos\left(\dfrac{\pi}{2}-\alpha\right) = \sin\alpha,$$

$$\tan\left(\dfrac{\pi}{2}-\alpha\right) = \cot\alpha, \quad \cot\left(\dfrac{\pi}{2}-\alpha\right) = \tan\alpha,$$

$$\sec\left(\dfrac{\pi}{2}-\alpha\right) = \csc\alpha, \quad \csc\left(\dfrac{\pi}{2}-\alpha\right) = \sec\alpha.$$

例 15 求下列三角函数的值.

（1）$\tan 60°$；　（2）$\sin\dfrac{\pi}{6}$；　（3）$\cot\left(-\dfrac{\pi}{4}\right)$；　（4）$\csc\dfrac{\pi}{3}$.

解：（1）$\tan 60° = \tan(90°-30°) = \cot 30° = \sqrt{3}$.

（2）$\sin\dfrac{\pi}{6} = \sin\left(\dfrac{\pi}{2}-\dfrac{\pi}{3}\right) = \cos\dfrac{\pi}{3} = \dfrac{1}{2}$.

（3）$\cot\left(-\dfrac{\pi}{4}\right) = -\cot\dfrac{\pi}{4} = -\cot\left(\dfrac{\pi}{2}-\dfrac{\pi}{4}\right) = -\tan\dfrac{\pi}{4} = -1$.

（4）$\csc\dfrac{\pi}{3} = \csc\left(\dfrac{\pi}{2}-\dfrac{\pi}{6}\right) = \sec\dfrac{\pi}{6} = \dfrac{2\sqrt{3}}{3}$.

公式六：设 α 为任意角，$\dfrac{\pi}{2}+\alpha$ 与 α 的三角函数之间的关系如下：

$$\sin\left(\dfrac{\pi}{2}+\alpha\right) = \cos\alpha, \quad \cos\left(\dfrac{\pi}{2}+\alpha\right) = -\sin\alpha,$$

$$\tan\left(\dfrac{\pi}{2}+\alpha\right) = -\cot\alpha, \quad \cot\left(\dfrac{\pi}{2}+\alpha\right) = -\tan\alpha,$$

$$\sec\left(\dfrac{\pi}{2}+\alpha\right) = -\csc\alpha, \quad \csc\left(\dfrac{\pi}{2}+\alpha\right) = \sec\alpha.$$

例 16 求下列三角函数的值.

（1）$\tan 120°$；　（2）$\sin\dfrac{5\pi}{6}$；　（3）$\cot\left(-\dfrac{3\pi}{4}\right)$；　（4）$\cos\dfrac{2\pi}{3}$.

解：（1）$\tan 120° = \tan(90°+30°) = -\cot 30° = -\sqrt{3}$.

（2）$\sin\dfrac{5\pi}{6} = \sin\left(\dfrac{\pi}{2}+\dfrac{\pi}{3}\right) = \cos\dfrac{\pi}{3} = \dfrac{1}{2}$.

（3）$\cot\left(-\dfrac{3\pi}{4}\right)=-\cot\dfrac{3\pi}{4}=-\cot\left(\dfrac{\pi}{2}+\dfrac{\pi}{4}\right)=\tan\dfrac{\pi}{4}=1.$

（4）$\cos\dfrac{2\pi}{3}=\cos\left(\dfrac{\pi}{2}+\dfrac{\pi}{6}\right)=-\sin\dfrac{\pi}{6}=-\dfrac{1}{2}.$

公式七：设 α 为任意角，$\dfrac{3\pi}{2}-\alpha$ 与 α 的三角函数之间的关系如下：

$$\sin\left(\dfrac{3\pi}{2}-\alpha\right)=-\cos\alpha,\qquad \cos\left(\dfrac{3\pi}{2}-\alpha\right)=-\sin\alpha,$$

$$\tan\left(\dfrac{3\pi}{2}-\alpha\right)=\cot\alpha,\qquad \cot\left(\dfrac{3\pi}{2}-\alpha\right)=\tan\alpha,$$

$$\sec\left(\dfrac{3\pi}{2}-\alpha\right)=-\csc\alpha,\qquad \csc\left(\dfrac{3\pi}{2}-\alpha\right)=-\sec\alpha.$$

例 17　求下列三角函数的值.

（1）$\tan 225°$；　（2）$\cot\left(-\dfrac{4\pi}{3}\right)$；　（3）$\cos\dfrac{5\pi}{4}.$

解：（1）$\tan 225°=\tan(270°-45°)=\cot 45°=1.$

（2）$\cot\left(-\dfrac{4\pi}{3}\right)=-\cot\dfrac{4\pi}{3}=-\cot\left(\dfrac{3\pi}{2}-\dfrac{\pi}{6}\right)=-\tan\dfrac{\pi}{6}=-\dfrac{\sqrt{3}}{3}.$

（3）$\cos\dfrac{5\pi}{4}=\cos\left(\dfrac{3\pi}{2}-\dfrac{\pi}{4}\right)=-\sin\dfrac{\pi}{4}=-\dfrac{\sqrt{2}}{2}.$

公式八：设 α 为任意角，$\dfrac{3\pi}{2}+\alpha$ 与 α 的三角函数之间的关系如下：

$$\sin\left(\dfrac{3\pi}{2}+\alpha\right)=-\cos\alpha,\qquad \cos\left(\dfrac{3\pi}{2}+\alpha\right)=\sin\alpha,$$

$$\tan\left(\dfrac{3\pi}{2}+\alpha\right)=-\cot\alpha,\qquad \cot\left(\dfrac{3\pi}{2}+\alpha\right)=-\tan\alpha,$$

$$\sec\left(\dfrac{3\pi}{2}+\alpha\right)=\csc\alpha,\qquad \csc\left(\dfrac{3\pi}{2}+\alpha\right)=-\sec\alpha.$$

例 18　求下列三角函数的值.

（1）$\sin\dfrac{11\pi}{6}$；　（2）$\cot\left(-\dfrac{5\pi}{3}\right)$；　（3）$\tan 315°.$

解：（1）$\sin\dfrac{11\pi}{6}=\sin\left(\dfrac{3\pi}{2}+\dfrac{\pi}{3}\right)=-\cos\dfrac{\pi}{3}=-\dfrac{1}{2}.$

（2）$\cot\left(-\dfrac{5\pi}{3}\right)=-\cot\dfrac{5\pi}{3}=-\cot\left(\dfrac{3\pi}{2}+\dfrac{\pi}{6}\right)=\tan\dfrac{\pi}{6}=\dfrac{\sqrt{3}}{3}.$

（3）$\tan 315°=\tan(270°+45°)=-\cot 45°=-1.$

注：公式五至公式八可概括如下：

$\dfrac{\pi}{2}\pm\alpha,\dfrac{3\pi}{2}\pm\alpha$ 的正弦（余弦）、正切（余切）、正割（余割）函数值，分别等于 α 的余弦（正弦）、余切（正切）、余割（正割）函数值，前面加上一个将 α 视为锐角时原函数值的符号.

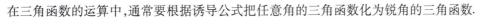

巧记:"函数名改变,符号看象限."

二、诱导公式的推广

在三角函数的运算中,通常要根据诱导公式把任意角的三角函数化为锐角的三角函数.

任意一个角都可以表示为 $k \cdot \dfrac{\pi}{2} \pm \alpha,\ k \in \mathbf{Z}$(其中 $\alpha \in \left[0, \dfrac{\pi}{2}\right)$)的形式,这样利用诱导公式就可以把任意角的三角函数值化为锐角或零角 α 的三角函数值.

当 k 为偶数时,化为角 α 的同名三角函数值;当 k 为奇数时,化为角 α 的异名三角函数值,然后在前面加上一个将 α 视为锐角时原函数值的符号.上述八组公式可概括为"奇变偶不变,符号看象限".

例 19　化简 $\sin\left(5 \cdot \dfrac{\pi}{2} + \alpha\right)$.

解:分两步:(1) $5 \cdot \dfrac{\pi}{2}$ 是 $\dfrac{\pi}{2}$ 的 5 倍,为奇数倍,所以函数名要改变,由正弦改为余弦;

(2)把 α 视为锐角,$5 \cdot \dfrac{\pi}{2} + \alpha$ 在第二象限,第二象限角的正弦值是正的,所以在 $\cos \alpha$ 的前面加正号.因此,$\sin\left(5 \cdot \dfrac{\pi}{2} + \alpha\right) = +\cos \alpha = \cos \alpha$.

上述过程如下图所示.

$$\overset{\text{奇变偶不变}}{\underset{\text{符号看象限}}{\sin\left(5 \cdot \dfrac{\pi}{2} + \alpha\right) = +\cos \alpha}}$$

利用诱导公式把任意角的三角函数化为锐角(或零角)三角函数的基本步骤,可概括为:

任意角的三角函数 $\xrightarrow{\text{用公式一(或公式二)}}$ 0~2π 的三角函数 $\xrightarrow{\text{用公式三(或公式四)}}$ 0~π 的三角函数 $\xrightarrow{\text{用公式五(或公式六)}}$ 0~$\dfrac{\pi}{2}$ 的三角函数

同步练习

求下列三角函数的值.

1. $\cot \dfrac{25\pi}{6}$.

2. 化简 $\cos\left(\dfrac{5\pi}{2} + \alpha\right)$.

3. $\cos \dfrac{7\pi}{4}$.

4. $\sin \dfrac{7\pi}{6}$.

5. $\cos \dfrac{7\pi}{6}$.

6. 化简 $\dfrac{\tan(2\pi-\alpha) \cdot \sin(-2\pi-\alpha) \cdot \cos(6\pi-\alpha)}{\sin\left(\alpha+\dfrac{3\pi}{2}\right) \cdot \cos\left(\alpha+\dfrac{\pi}{2}\right)}$.

参考答案

1. $\cot \dfrac{25\pi}{6} = \cot\left(4\pi+\dfrac{\pi}{6}\right) = \cot \dfrac{\pi}{6} = \sqrt{3}$.

2. $\cos\left(\dfrac{5\pi}{2}+\alpha\right) = \cos\left(\dfrac{\pi}{2}+\alpha\right) = -\sin \alpha$.

3. $\cos \dfrac{7\pi}{4} = \cos\left(\dfrac{3\pi}{2}+\dfrac{\pi}{4}\right) = \sin \dfrac{\pi}{4} = \dfrac{\sqrt{2}}{2}$ 或 $\cos \dfrac{7\pi}{4} = \cos\left(2\pi-\dfrac{\pi}{4}\right) = \cos \dfrac{\pi}{4} = \dfrac{\sqrt{2}}{2}$.

4. $\sin \dfrac{7\pi}{6} = \sin\left(\dfrac{3\pi}{2}-\dfrac{\pi}{3}\right) = -\cos \dfrac{\pi}{3} = -\dfrac{1}{2}$ 或 $\sin \dfrac{7\pi}{6} = \sin\left(\pi+\dfrac{\pi}{6}\right) = -\sin \dfrac{\pi}{6} = -\dfrac{1}{2}$.

5. $\cos \dfrac{7\pi}{6} = \cos\left(\pi+\dfrac{\pi}{6}\right) = -\cos \dfrac{\pi}{6} = -\dfrac{\sqrt{3}}{2}$.

6. $\dfrac{\tan(2\pi-\alpha) \cdot \sin(-2\pi-\alpha) \cdot \cos(6\pi-\alpha)}{\sin\left(\alpha+\dfrac{3\pi}{2}\right) \cdot \cos\left(\alpha+\dfrac{\pi}{2}\right)} = \dfrac{(-\tan \alpha) \cdot (-\sin \alpha) \cdot \cos \alpha}{(-\cos \alpha) \cdot (-\sin \alpha)}$

$= \dfrac{\tan \alpha \cdot \sin \alpha \cdot \cos \alpha}{\cos \alpha \cdot \sin \alpha} = \tan \alpha$.

第四节　三角函数的图像与性质

一、正弦函数的图像与性质

1. 正弦函数的图像

引例: 求值: $\sin 0 =$ _____ , $\sin \dfrac{\pi}{2} =$ _____ , $\sin \pi =$ _____ , $\sin \dfrac{3\pi}{2} =$ _____ , $\sin 2\pi =$ _____ .

通过求解可以得到 $y = \sin x$ 图像上的五个关键点: $(0,0)$, $\left(\dfrac{\pi}{2},1\right)$, $(\pi,0)$, $\left(\dfrac{3\pi}{2},-1\right)$, $(2\pi,0)$. 把这五个点用光滑的曲线连接起来,就得到函数 $y = \sin x$, $x \in [0,2\pi]$ 的图像,如下图所示.

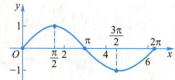

由诱导公式 $\sin(\alpha+2k\pi)=\sin\alpha$，将函数 $y=\sin x,x\in[0,2\pi]$ 的图像向左、向右平移（每次 2π 个单位长度），就可以得到 $x\in\mathbf{R}$ 的正弦函数的图像，如下图所示.

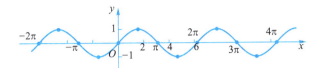

正弦曲线：正弦函数 $y=\sin x$ 的图像称为正弦曲线.

2. 正弦函数的性质

（1）定义域：$(-\infty,+\infty)$.

（2）值域：$[-1,1]$.

（3）有界性：$|\sin x|\leqslant1$. 当 $x=2k\pi+\dfrac{\pi}{2},k\in\mathbf{Z}$ 时，$y=\sin x$ 取最大值 1；当 $x=2k\pi-\dfrac{\pi}{2},k\in\mathbf{Z}$ 时，$y=\sin x$ 取最小值 -1.

（4）奇偶性：$y=\sin x$ 是奇函数.

（5）周期性：$y=\sin x$ 是周期函数，周期是 $2k\pi(k\in\mathbf{Z},k\neq0)$，最小正周期是 2π.

（6）单调性：单调递增区间 $\left[2k\pi-\dfrac{\pi}{2},2k\pi+\dfrac{\pi}{2}\right](k\in\mathbf{Z})$，

单调递减区间 $\left[2k\pi+\dfrac{\pi}{2},2k\pi+\dfrac{3\pi}{2}\right](k\in\mathbf{Z})$.

（7）零点：$k\pi(k\in\mathbf{Z})$.

（8）对称性：对称轴方程为 $x=\dfrac{\pi}{2}+k\pi(k\in\mathbf{Z})$；对称中心坐标为 $(k\pi,0)(k\in\mathbf{Z})$.

典型例题

例 20 解下列方程.

（1）$\sin x=0$； （2）$\sin x=1$； （3）$\sin x=2$.

解：（1）当 $\sin x=0$ 时，$x=0,\pm\pi,\pm2\pi,\pm3\pi,\pm4\pi,\cdots$，所以解为 $x=k\pi(k\in\mathbf{Z})$.

（2）当 $\sin x=1$ 时，$x=2k\pi+\dfrac{\pi}{2}(k\in\mathbf{Z})$，所以解为 $x=2k\pi+\dfrac{\pi}{2}(k\in\mathbf{Z})$.

（3）$y=\sin x$ 的最大值为 1，所以方程 $\sin x=2$ 无解.

例 21 判断函数 $y=\sin x$ 的奇偶性.

解：方法一：函数 $y=\sin x$ 的图像关于点 $(0,0)$ 对称，所以 $y=\sin x$ 是奇函数.

方法二：令 $f(x)=\sin x$，函数定义域为 $\mathbf{R}$，定义域关于原点对称，由于 $f(-x)=\sin(-x)=-\sin x$，所以 $y=\sin x$ 是奇函数.

例 22 写出函数 $f(x)=\sin x$ 的对称轴.

解：函数的对称轴方程是 $x=\dfrac{\pi}{2}+k\pi,k\in\mathbf{Z}$.

例 23 求下列函数的最大值与最小值，并求出取得最大值和最小值时 x 的值.

（1）$y=2\sin x+1$； （2）$y=-3\sin x+4$.

解:(1) 当 $\sin x = 1$ 时,y 取最大值 3,此时 $x = 2k\pi + \dfrac{\pi}{2}, k \in \mathbf{Z}$;

当 $\sin x = -1$ 时,y 取最小值 -1,此时 $x = 2k\pi - \dfrac{\pi}{2}, k \in \mathbf{Z}$.

(2) 当 $\sin x = 1$ 时,y 取最小值 1,此时 $x = 2k\pi + \dfrac{\pi}{2}, k \in \mathbf{Z}$;

当 $\sin x = -1$ 时,y 取最大值 7,此时 $x = 2k\pi - \dfrac{\pi}{2}, k \in \mathbf{Z}$.

例 24   解不等式 $\sin x > -\dfrac{1}{2}$.

解:根据函数 $y = \sin x \left(-\dfrac{\pi}{2} \leqslant x \leqslant \dfrac{3\pi}{2}\right)$ 的图像,如下图所示,可知 $y > -\dfrac{1}{2}$ 时,$x \in \left(-\dfrac{\pi}{6}, \dfrac{7\pi}{6}\right)$,而函数 $y = \sin x$ 的周期是 2π,所以不等式的解集为 $\left(2k\pi - \dfrac{\pi}{6}, 2k\pi + \dfrac{7\pi}{6}\right)$,$k \in \mathbf{Z}$.

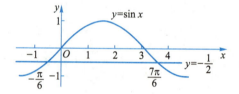

同步练习

1. 已知方程 $\sin x + 2a + 1 = 0$ 有解,求 a 的取值范围.

2. 求函数 $y = \sin x + 5$ 的值域和单调区间.

3. 求函数 $y = -2\sin x + 5$ 的单调区间.

4. 用五点法作出 $y = -\sin x, x \in [0, 2\pi]$ 的图像,并说明它与 $y = \sin x, x \in [0, 2\pi]$ 的图像的关系.

5. 解不等式 $\sin x > \dfrac{\sqrt{2}}{2}$.

参考答案

1. $\sin x = -2a - 1$,因为 $-1 \leqslant \sin x \leqslant 1$,所以 $-1 \leqslant -2a - 1 \leqslant 1, 0 \leqslant -2a \leqslant 2, -1 \leqslant a \leqslant 0$.

2. $-1 \leqslant \sin x \leqslant 1, 4 \leqslant \sin x + 5 \leqslant 6$,所以值域为 $[4, 6]$;$y = \sin x + 5$ 的图像是由 $y = \sin x$ 的图像向上移动 5 个单位形成,所以单调区间不改变,单调递增区间是 $\left[-\dfrac{\pi}{2} + 2k\pi, \dfrac{\pi}{2} + 2k\pi\right] (k \in \mathbf{Z})$,单调递减区间是 $\left[\dfrac{\pi}{2} + 2k\pi, \dfrac{3\pi}{2} + 2k\pi\right] (k \in \mathbf{Z})$.

3. $y = \sin x$ 的单调递增区间是 $y = -2\sin x + 5$ 的单调递减区间,

$y = \sin x$ 的单调递减区间是 $y = -2\sin x + 5$ 的单调递增区间.

所以 $y = -2\sin x + 5$ 的单调递增区间是 $\left[\dfrac{\pi}{2} + 2k\pi, \dfrac{3\pi}{2} + 2k\pi\right] (k \in \mathbf{Z})$,

单调递减区间是 $\left[-\dfrac{\pi}{2}+2k\pi,\dfrac{\pi}{2}+2k\pi\right]$ $(k\in\mathbf{Z})$.

4. 列表如下:

x	0	$\dfrac{\pi}{2}$	π	$\dfrac{3\pi}{2}$	2π
$y=\sin x$	0	1	0	−1	0
$y=-\sin x$	0	−1	0	1	0

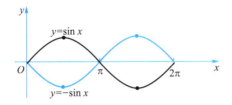

显然,这两个函数的图像关于 x 轴对称.

5. 根据函数 $y=\sin x\left(-\dfrac{\pi}{2}\leqslant x\leqslant\dfrac{3\pi}{2}\right)$ 的图像,可知要使 $\sin x>\dfrac{\sqrt{2}}{2}$,应满足 $x\in$ $\left(\dfrac{\pi}{4},\dfrac{3\pi}{4}\right)$,而函数 y 的周期是 2π,所以不等式的解集为 $\left(2k\pi+\dfrac{\pi}{4},2k\pi+\dfrac{3\pi}{4}\right)$, $k\in\mathbf{Z}$.

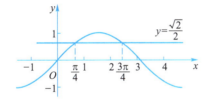

二、余弦函数的图像与性质

1. 余弦函数的图像

引例:将函数 $f(x)=\sin x$ 的图像经过怎样的平移可以得到 $g(x)=\cos x$ 的图像?

解:因为 $\sin\left(x+\dfrac{\pi}{2}\right)=\cos x$,所以可以将 $f(x)=\sin x$ 的图像向左平移 $\dfrac{\pi}{2}$ 个单位得到 $g(x)=\cos x$ 的图像.$g(x)=\cos x$ 的图像如下图所示.

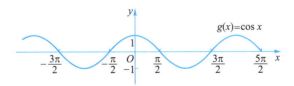

余弦曲线:余弦函数 $y=\cos x$ 的图像称为余弦曲线.

2. 余弦函数的性质

（1）定义域：$(-\infty, +\infty)$.

（2）值域：$[-1, 1]$.

（3）有界性：$|\cos x| \leqslant 1$. 当 $x = 2k\pi, k \in \mathbf{Z}$ 时，函数 $y = \cos x$ 取最大值 1；当 $x = \pi + 2k\pi, k \in \mathbf{Z}$ 时，函数 $y = \cos x$ 取最小值 -1.

（4）奇偶性：$y = \cos x$ 是偶函数.

（5）周期性：$y = \cos x$ 是周期函数，周期为 $2k\pi(k \in \mathbf{Z}, k \neq 0)$，最小正周期为 2π.

（6）单调性：单调递增区间为 $[-\pi + 2k\pi, 2k\pi](k \in \mathbf{Z})$，单调递减区间为 $[2k\pi, \pi + 2k\pi](k \in \mathbf{Z})$.

（7）零点：$k\pi + \dfrac{\pi}{2}(k \in \mathbf{Z})$.

（8）对称性：对称轴方程为 $x = k\pi(k \in \mathbf{Z})$；对称中心为 $\left(k\pi + \dfrac{\pi}{2}, 0\right)(k \in \mathbf{Z})$.

典型例题

例 25　求函数 $y = 2\cos x + 1$ 的最值，并求出取得最值时 x 的值.

解：$\cos x$ 的最大值为 1，最小值为 -1，所以函数 $y = 2\cos x + 1$ 的最大值为 3，此时 $x = 2k\pi, k \in \mathbf{Z}$；函数 $y = 2\cos x + 1$ 的最小值为 -1，此时 $x = 2k\pi + \pi, k \in \mathbf{Z}$.

例 26　判断下列函数的奇偶性.

（1）$y = 2\cos x - 2$；　（2）$y = \sin x \cos x$.

解：（1）令 $f(x) = 2\cos x - 2$，函数的定义域为 $\mathbf{R}$，定义域关于原点对称，$f(-x) = 2\cos(-x) - 2 = 2\cos x - 2 = f(x)$，所以 $y = 2\cos x - 2$ 为偶函数.

（2）令 $f(x) = \sin x \cos x$，函数的定义域为 $\mathbf{R}$，定义域关于原点对称，$f(-x) = \sin(-x)\cos(-x) = -\sin x \cos x = -f(x)$，所以 $y = \sin x \cos x$ 为奇函数.

同步练习

1. 下列等式能否成立？为什么？

（1）$2\cos x = 7$；　（2）$\cos^2 x = \dfrac{1}{3}$.

2. 求函数 $y = 2 - \cos \dfrac{x}{2}$ 的最大值与最小值，并分别求出函数取最大值和最小值时 x 的值.

3. 解方程.

（1）$\cos x = 1$；　（2）$\cos x = -1$；　（3）$\cos x = 0$.

参考答案

1.（1）$\cos x = \dfrac{7}{2} > 1$，因为 $y = \cos x$ 的最大值为 1，所以不能成立.

（2）$\cos^2 x = \dfrac{1}{3}$，$\cos x = \pm \dfrac{\sqrt{3}}{3} \in [-1, 1]$，能够成立.

2. 当 $\cos\dfrac{x}{2}=1$ 时,y 取最小值 1,此时 $\dfrac{x}{2}=2k\pi$,$x=4k\pi$,$k\in\mathbf{Z}$;

当 $\cos\dfrac{x}{2}=-1$ 时,y 取最大值 3,此时 $\dfrac{x}{2}=2k\pi+\pi$,$x=4k\pi+2\pi$,$k\in\mathbf{Z}$.

3. (1) $x=2k\pi$,$k\in\mathbf{Z}$.

(2) $x=2k\pi+\pi$,$k\in\mathbf{Z}$.

(3) $x=k\pi+\dfrac{\pi}{2}$,$k\in\mathbf{Z}$.

三、正切函数的图像与性质

1. 正切函数的图像

正切曲线:正切函数 $y=\tan x$ 的图像称为正切曲线.其图像如下图所示.

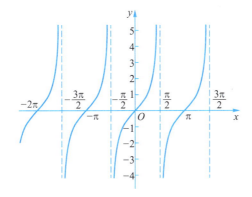

2. 正切函数的性质

(1) 定义域:$\left\{x\ \middle|\ x\neq k\pi+\dfrac{\pi}{2},k\in\mathbf{Z}\right\}$.

(2) 值域:$(-\infty,+\infty)$.

(3) 奇偶性:$y=\tan x$ 是奇函数.

(4) 周期性:周期为 $k\pi(k\in\mathbf{Z},k\neq0)$,最小正周期为 π.

(5) 单调性:单调递增区间为 $\left(-\dfrac{\pi}{2}+k\pi,\dfrac{\pi}{2}+k\pi\right)$ $(k\in\mathbf{Z})$,没有单调递减区间.
$y=\tan x$ 在整个定义域内不单调.

(6) 零点:由 $\tan x=0$ 得 $x=k\pi(k\in\mathbf{Z})$,所以正切函数 $y=\tan x$ 的零点为 $x=k\pi$,$k\in\mathbf{Z}$.

(7) 对称性:正切函数 $y=\tan x$ 没有对称轴,对称中心为 $\left(\dfrac{k\pi}{2},0\right)$ $(k\in\mathbf{Z})$.

典型例题

例 27　求函数 $y=\tan\left(x-\dfrac{\pi}{4}\right)$ 的定义域.

解:令 $u=x-\dfrac{\pi}{4}$,则 $y=\tan\left(x-\dfrac{\pi}{4}\right)$ 化成 $y=\tan u$.

因为 $y=\tan u$ 中,$u\neq k\pi+\dfrac{\pi}{2},k\in \mathbf{Z}$,故 $x-\dfrac{\pi}{4}\neq k\pi+\dfrac{\pi}{2},k\in \mathbf{Z}$,

即 $x\neq k\pi+\dfrac{3\pi}{4},k\in \mathbf{Z}$,所以函数的定义域为 $\left\{x\ \middle|\ x\neq k\pi+\dfrac{3\pi}{4},k\in \mathbf{Z}\right\}$.

例 28 比较下列两个数的大小.

（1） $\tan\left(-\dfrac{\pi}{5}\right)$ 和 $\tan\left(-\dfrac{2\pi}{7}\right)$ ； （2） $\tan 137°$ 和 $\tan 140°$.

解:（1） $-\dfrac{\pi}{5},-\dfrac{2\pi}{7}\in\left(-\dfrac{\pi}{2},\dfrac{\pi}{2}\right)$ 且 $-\dfrac{\pi}{5}>-\dfrac{2\pi}{7}$,因为函数 $y=\tan x$ 在 $\left(-\dfrac{\pi}{2},\dfrac{\pi}{2}\right)$ 为增函数,所以 $\tan\left(-\dfrac{\pi}{5}\right)>\tan\left(-\dfrac{2\pi}{7}\right)$.

（2）函数 $y=\tan x$ 在 $(90°,270°)$ 为增函数,且 $137°<140°$,所以 $\tan 137°<\tan 140°$.

例 29 判断 $y=\tan x$ 的奇偶性.

解:方法一:根据图像关于原点对称,可得函数 $y=\tan x$ 为奇函数.

方法二:令 $f(x)=\tan x$,函数的定义域为 $\left\{x\ \middle|\ x\neq k\pi+\dfrac{\pi}{2},k\in \mathbf{Z}\right\}$ 关于原点对称,$f(-x)=\tan(-x)=-\tan x=-f(x)$,所以函数 $y=\tan x$ 为奇函数.

同步练习

1. 求函数 $y=-\tan\left(x+\dfrac{\pi}{4}\right)+3$ 的定义域.

2. 求函数 $y=\tan x,x\in\left[-\dfrac{\pi}{4},\dfrac{\pi}{6}\right]$ 的最大值和最小值.

参考答案

1. $x+\dfrac{\pi}{4}\neq k\pi+\dfrac{\pi}{2},k\in \mathbf{Z}$,所以 $x\neq k\pi+\dfrac{\pi}{4},k\in \mathbf{Z}$,从而可知题中函数的定义域为 $\left\{x\ \middle|\ x\neq k\pi+\dfrac{\pi}{4},k\in \mathbf{Z}\right\}$.

2. $y=\tan x,x\in\left[-\dfrac{\pi}{4},\dfrac{\pi}{6}\right]$ 为增函数,所以 $\tan\left(-\dfrac{\pi}{4}\right)=-1$ 为最小值,$\tan\dfrac{\pi}{6}=\dfrac{\sqrt{3}}{3}$ 为最大值.

四、余切函数的图像与性质

1. 余切函数的图像

余切曲线:余切函数 $y=\cot x$ 的图像称为余切曲线.其图像如下页图所示.

2. 余切函数的性质

（1）定义域:$\{x|x\neq k\pi,k\in \mathbf{Z}\}$.

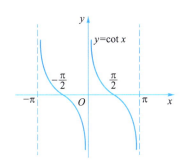

（2）值域：$(-\infty,+\infty)$.

（3）奇偶性：$y=\cot x$ 是奇函数.

（4）周期性：周期为 $k\pi(k\in\mathbf{Z},k\neq0)$，最小正周期为 π.

（5）单调性：单调递减区间为 $(k\pi,k\pi+\pi)$，$k\in\mathbf{Z}$，没有单调递增区间. $y=\cot x$ 在整个定义域内不单调.

（6）零点：$k\pi+\dfrac{\pi}{2}(k\in\mathbf{Z})$.

（7）对称性：余切函数没有对称轴，对称中心为 $\left(\dfrac{k\pi}{2},0\right)(k\in\mathbf{Z})$.

五、 正割函数的图像与性质

1. 正割函数的图像

正割曲线：正割函数 $y=\sec x$ 的图像称为正割曲线.其图像如下图所示.

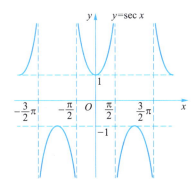

2. 正割函数的性质

（1）定义域：$\left\{x\;\middle|\;x\neq k\pi+\dfrac{\pi}{2},k\in\mathbf{Z}\right\}$.

（2）值域：$(-\infty,-1]\cup[1,+\infty)$.

（3）奇偶性：$y=\sec x$ 是偶函数.

（4）周期性：周期为 $2k\pi(k\in\mathbf{Z},k\neq0)$，最小正周期为 2π.

（5）单调性：单调递增区间为 $\left[2k\pi,2k\pi+\dfrac{\pi}{2}\right)$，$\left(2k\pi+\dfrac{\pi}{2},2k\pi+\pi\right]$，$k\in\mathbf{Z}$；

单调递减区间为 $\left[2k\pi+\pi,2k\pi+\dfrac{3\pi}{2}\right)$，$\left(2k\pi+\dfrac{3\pi}{2},2k\pi+2\pi\right]$，$k\in\mathbf{Z}$.

（6）极值点：极大值点为 $(2k\pi+\pi,-1)$，$k\in\mathbf{Z}$；极小值点为 $(2k\pi,1)$，$k\in\mathbf{Z}$.

（7）对称性：对称轴为 $x=k\pi$，$k\in\mathbf{Z}$，对称中心为 $\left(k\pi+\dfrac{\pi}{2},0\right)$，$k\in\mathbf{Z}$.

六、 余割函数的图像与性质

1. 余割函数的图像

余割曲线：余割函数 $y=\csc x$ 的图像称为余割曲线. 其图像如下图所示.

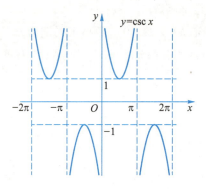

2. 余割函数的性质

（1）定义域：$\left\{x\ \middle|\ x\neq k\pi,k\in\mathbf{Z}\right\}$.

（2）值域：$(-\infty,-1]\cup[1,+\infty)$.

（3）奇偶性：$y=\csc x$ 是奇函数.

（4）周期性：周期为 $2k\pi(k\in\mathbf{Z},k\neq0)$，最小正周期为 2π.

（5）单调性：单调递增区间为 $\left[2k\pi+\dfrac{\pi}{2},2k\pi+\pi\right)$，$\left(2k\pi+\pi,2k\pi+\dfrac{3\pi}{2}\right]$，$k\in\mathbf{Z}$；

单调递减区间为 $\left[2k\pi-\dfrac{\pi}{2},2k\pi\right)$，$\left(2k\pi,2k\pi+\dfrac{\pi}{2}\right]$，$k\in\mathbf{Z}$.

（6）极值点：极大值点为 $\left(2k\pi-\dfrac{\pi}{2},-1\right)$，$k\in\mathbf{Z}$；极小值点为 $\left(2k\pi+\dfrac{\pi}{2},1\right)$，$k\in\mathbf{Z}$.

（7）对称性：对称轴为 $x=k\pi+\dfrac{\pi}{2}$，$k\in\mathbf{Z}$，对称中心为 $(k\pi,0)$，$k\in\mathbf{Z}$.

第五节　正弦型函数的图像和性质

一、 正弦型函数的概念

引例：$y=\sin x$ 与 $y=2\sin\left(2x+\dfrac{\pi}{3}\right)$ 这两个函数中，哪一个是正弦函数？

显然 $y=\sin x$ 是正弦函数，$y=2\sin\left(2x+\dfrac{\pi}{3}\right)$ 不是正弦函数，但它可以通过正弦函数变化而来，称之为正弦型函数.

正弦型函数：形如 $y=A\sin(\omega x+\varphi)$（其中 A,ω,φ 是常数，且 $A>0,\omega\neq0$）的函数称为正弦型函数. 这里 A 称为振幅，ω 称为角频率，φ 称为初相，$\omega x+\varphi$ 称为相位，$T=\dfrac{2\pi}{|\omega|}$ 称为周期（周期如不加特殊说明指最小正周期），$f=\dfrac{1}{T}=\dfrac{|\omega|}{2\pi}$ 称为频率.

例如：$y=2\sin x$，$y=\sin\left(x+\dfrac{\pi}{3}\right)$，$y=\sin\left(2x+\dfrac{\pi}{3}\right)$，$y=2\sin\left(2x+\dfrac{\pi}{3}\right)$ 都是正弦型函数.

二、 正弦型函数的图像

正弦型函数 $y=A\sin(\omega x+\varphi)$ 的图像，可由正弦函数 $y=\sin x$ 的图像经过适当的横向和纵向的伸缩变换及横向平移变换得到.

1. 函数 $y=A\sin x\,(A>0)$ 的图像

例 30 探究函数 $y=3\sin x$ 的定义域、值域和周期性，并作出它在一个周期内的图像.

解：可以看出，函数 $y=3\sin x$ 的定义域为 $\mathbf{R}$.

因为 $-1\leqslant\sin x\leqslant1$，所以 $-3\leqslant3\sin x\leqslant3$，即函数的值域为 $[-3,3]$. 利用五点法画出函数图像，如下图中黑线所示.

x	0	$\dfrac{\pi}{2}$	π	$\dfrac{3\pi}{2}$	2π
$y=\sin x$	0	1	0	-1	0
$y=3\sin x$	0	3	0	-3	0

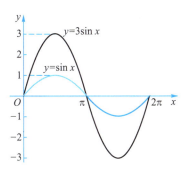

由图中可以看出，$y=3\sin x$ 的图像可由 $y=\sin x$ 图像上所有点的横坐标不变，纵坐标伸长到原来的 3 倍得到. 所以函数 $y=3\sin x$ 的周期也是 2π.

结论一：（1）$y=A\sin x$ 的定义域为 $\mathbf{R}$，值域为 $[-A,A]$，周期为 2π.

（2）$y=A\sin x$ 的图像可由 $y=\sin x$ 的图像横坐标不变、纵坐标变为原来的 A 倍得到，这种变换称之为振幅变换.

2. 函数 $y = \sin(x+\varphi)$ 的图像

例 31　探究函数 $y = \sin\left(x+\dfrac{\pi}{3}\right)$ 的定义域、值域和周期性,并作出它在一个周期内的图像.

解:令 $u = x + \dfrac{\pi}{3}$,则 $y = \sin\left(x+\dfrac{\pi}{3}\right)$ 可以化成 $y = \sin u$,由 $y = \sin u$ 的定义域为 **R**,值域为 $[-1,1]$,容易得出 $y = \sin\left(x+\dfrac{\pi}{3}\right)$ 的定义域为 **R**,值域为 $[-1,1]$.利用五点法画出函数图像,如下图中黑线所示.

x	$-\dfrac{\pi}{3}$	$\dfrac{\pi}{6}$	$\dfrac{2\pi}{3}$	$\dfrac{7\pi}{6}$	$\dfrac{5\pi}{3}$
$u = x+\dfrac{\pi}{3}$	0	$\dfrac{\pi}{2}$	π	$\dfrac{3\pi}{2}$	2π
$y = \sin u = \sin\left(x+\dfrac{\pi}{3}\right)$	0	1	0	-1	0

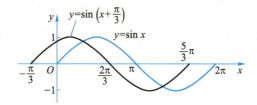

由图中可以看出,$y = \sin\left(x+\dfrac{\pi}{3}\right)$ 的图像可由 $y = \sin x$ 的图像向左平移 $\dfrac{\pi}{3}$ 个单位得到.

所以函数 $y = \sin\left(x+\dfrac{\pi}{3}\right)$ 的周期也是 2π.

结论二:(1) $y = \sin(x+\varphi)$ 的定义域为 **R**,值域为 $[-1,1]$,周期为 2π.

(2)当 $\varphi > 0$ 时,$y = \sin(x+\varphi)$ 的图像可以由 $y = \sin x$ 的图像上所有的点向左平移 $|\varphi|$ 个单位得到;

当 $\varphi < 0$ 时,$y = \sin(x+\varphi)$ 的图像可以由 $y = \sin x$ 的图像上所有的点向右平移 $|\varphi|$ 个单位得到.这种变换称之为**相位变换**.

3. 函数 $y = \sin \omega x$ $(\omega > 0)$ 的图像

例 32　探究函数 $y = \sin 2x$ 的定义域、值域和周期性,并作出它在一个周期内的图像.

解:令 $u = 2x$,则 $y = \sin 2x$ 变成 $y = \sin u$,由 $y = \sin u$ 的定义域为 **R**,值域为 $[-1,1]$,容易得出 $y = \sin 2x$ 的定义域为 **R**,值域为 $[-1,1]$.利用五点法画出函数图像,如下页图中黑线所示.

x	0	$\dfrac{\pi}{4}$	$\dfrac{\pi}{2}$	$\dfrac{3\pi}{4}$	π
$u=2x$	0	$\dfrac{\pi}{2}$	π	$\dfrac{3\pi}{2}$	2π
$y=\sin u=\sin 2x$	0	1	0	-1	0

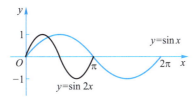

由图中可以看出,函数 $y=\sin 2x$ 的图像可由函数 $y=\sin x$ 的图像上所有点的纵坐标不变,横坐标变为原来的 $\dfrac{1}{2}$ 倍得到.而且函数的周期发生变化, $y=\sin x$ 的周期为 2π,而 $y=\sin 2x$ 的周期是 π.

结论三: (1) $y=\sin \omega x$ ($\omega>0$)的定义域为 **R**,值域为 $[-1,1]$,周期为 $T=\dfrac{2\pi}{\omega}$.

(2) 函数 $y=\sin \omega x$ ($\omega>0$)的图像可由函数 $y=\sin x$ 的图像上所有点的纵坐标不变,横坐标变为原来的 $\dfrac{1}{\omega}$ 倍得到.这种变换称之为**周期变换**.

一般地,函数 $y=A\sin(\omega x+\varphi)$ ($A>0,\omega>0$)的图像可以由函数 $y=\sin x$ 的图像经过适当的变换得到.常用下面两种方法:

方法一:先做相位变换,再做周期变换,最后做振幅变换.

$$y=\sin x \xrightarrow[\ \ |\varphi|\text{个单位}\ \ ]{\text{左移}(\varphi>0)\text{或右移}(\varphi<0)} y=\sin(x+\varphi)$$

$$\xrightarrow[\ \ \text{纵坐标不变}\ \ ]{\text{横坐标伸缩到原来的}\frac{1}{\omega}\text{倍}} y=\sin(\omega x+\varphi)$$

$$\xrightarrow[\ \ \text{横坐标不变}\ \ ]{\text{纵坐标伸缩到原来的}A\text{倍}} y=A\sin(\omega x+\varphi).$$

方法二:先做周期变换,再做相位变换,最后做振幅变换.

$$y=\sin x \xrightarrow[\ \ \text{纵坐标不变}\ \ ]{\text{横坐标伸缩到原来的}\frac{1}{\omega}\text{倍}} y=\sin \omega x$$

$$\xrightarrow[\ \ \dfrac{|\varphi|}{\omega}\text{个单位}\ \ ]{\text{左移}(\varphi>0)\text{或右移}(\varphi<0)} y=\sin(\omega x+\varphi)$$

$$\xrightarrow[\ \ \text{横坐标不变}\ \ ]{\text{纵坐标伸缩到原来的}A\text{倍}} y=A\sin(\omega x+\varphi).$$

例33 函数 $y=\sin 2x$ 的图像经过怎样的变换得到函数 $y=\sin\left(2x+\dfrac{\pi}{3}\right)$ 的图像?

解: 做相位变换,将函数 $y=\sin 2x$ 的图像向左平移 $\dfrac{|\varphi|}{\omega}=\dfrac{\dfrac{\pi}{3}}{2}=\dfrac{\pi}{6}$ 个单位,可得到函

数 $y = \sin\left(2x + \dfrac{\pi}{3}\right)$ 的图像.如下图中黑线所示.

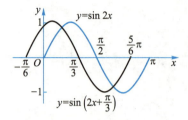

例 34　函数 $y = \sin x$ 经过怎样的变换得到函数 $y = 3\sin\left(2x + \dfrac{\pi}{3}\right)$ 的图像?

解：方法一：将函数 $y = \sin x$ 的图像向左平移 $\dfrac{\pi}{3}$ 个单位,得到函数 $y = \sin\left(x + \dfrac{\pi}{3}\right)$ 的图像；再把函数 $y = \sin\left(x + \dfrac{\pi}{3}\right)$ 图像上所有点的纵坐标不变,横坐标变为原来的 $\dfrac{1}{2}$,得到函数 $y = \sin\left(2x + \dfrac{\pi}{3}\right)$ 的图像；最后把函数 $y = \sin\left(2x + \dfrac{\pi}{3}\right)$ 图像上所有点的横坐标不变,纵坐标变为原来的 3 倍,就可得到函数 $y = 3\sin\left(2x + \dfrac{\pi}{3}\right)$ 的图像.即

$$y = \sin x \xrightarrow{\text{向左平移}\frac{\pi}{3}\text{个单位}} y = \sin\left(x + \frac{\pi}{3}\right)$$

$$\xrightarrow{\text{横坐标变为原来的}\frac{1}{2}} y = \sin\left(2x + \frac{\pi}{3}\right)$$

$$\xrightarrow{\text{纵坐标变为原来的 3 倍}} y = 3\sin\left(2x + \frac{\pi}{3}\right).$$

方法二：将函数 $y = \sin x$ 的图像上所有点的纵坐标不变,横坐标变为原来的 $\dfrac{1}{2}$,得到函数 $y = \sin 2x$ 的图像；再把函数 $y = \sin 2x$ 图像上所有点的横坐标不变,纵坐标变为原来的 3 倍,得到函数 $y = 3\sin 2x$ 的图像；最后把函数 $y = 3\sin 2x$ 的图像向左平移 $\dfrac{\pi}{6}$ 个单位,就可得到函数 $y = 3\sin\left(2x + \dfrac{\pi}{3}\right)$ 的图像.即

$$y = \sin x \xrightarrow{\text{横坐标变为原来的}\frac{1}{2}} y = \sin 2x$$

$$\xrightarrow{\text{纵坐标变为原来的 3 倍}} y = 3\sin 2x$$

$$\xrightarrow{\text{向左平移}\frac{\pi}{6}\text{个单位}} y = 3\sin\left(2x + \frac{\pi}{3}\right).$$

三、 正弦型函数的性质

正弦型函数 $y = A\sin(\omega x + \varphi)$ $(A>0, \omega \neq 0)$ 的性质,可用换元的思想,将 $\omega x + \varphi$ 看作一个整体,结合正弦函数 $y = \sin x$ 的性质进行研究.

函数 $y = A\sin(\omega x + \varphi)$ $(A>0, \omega \neq 0)$ 有如下的性质:

(1) 定义域: $x \in (-\infty, +\infty)$.

(2) 值域: $y = A\sin(\omega x + \varphi) \in [-A, A]$.

(3) 周期性: $y = A\sin(\omega x + \varphi)$ 以 $T = \dfrac{2\pi}{|\omega|}$ 为最小正周期.

(4) 有界性: $|A\sin(\omega x + \varphi)| \leq A$.

(5) 单调性: 当 $\omega > 0$ 时, $y = A\sin(\omega x + \varphi)$ 在区间 $\left[\dfrac{2k\pi - \dfrac{\pi}{2} - \varphi}{\omega}, \dfrac{2k\pi + \dfrac{\pi}{2} - \varphi}{\omega}\right]$ $(k \in \mathbf{Z})$ 上

是增函数,在区间 $\left[\dfrac{2k\pi + \dfrac{\pi}{2} - \varphi}{\omega}, \dfrac{2k\pi + \dfrac{3\pi}{2} - \varphi}{\omega}\right]$ $(k \in \mathbf{Z})$ 上是减函数.

(6) 奇偶性:

当 $\varphi = k\pi$ $(k \in \mathbf{Z})$ 时, $y = A\sin(\omega x + \varphi)$ 是奇函数;

当 $\varphi = \dfrac{\pi}{2} + k\pi$ $(k \in \mathbf{Z})$ 时, $y = A\sin(\omega x + \varphi)$ 是偶函数;

当 φ 取其他值时, $y = A\sin(\omega x + \varphi)$ 既不是奇函数,也不是偶函数.

(7) 对称性: $y = A\sin(\omega x + \varphi)$ 的对称轴方程为 $x = \dfrac{k\pi}{\omega} + \dfrac{\pi}{2\omega} - \dfrac{\varphi}{\omega}$ $(k \in \mathbf{Z})$;

对称中心坐标为 $\left(\dfrac{k\pi - \varphi}{\omega}, 0\right)$ $(k \in \mathbf{Z})$.

例 35 求函数 $y = \sin\left(2x + \dfrac{\pi}{3}\right)$ $\left(-\dfrac{\pi}{6} \leq x \leq \dfrac{\pi}{6}\right)$ 的值域.

解: 因为 $-\dfrac{\pi}{6} \leq x \leq \dfrac{\pi}{6}$,所以 $0 \leq 2x + \dfrac{\pi}{3} \leq \dfrac{2\pi}{3}$,所以 $y = \sin\left(2x + \dfrac{\pi}{3}\right)$ 的值域为 $[0, 1]$.

同步练习

1. 求下列函数的周期.

(1) $y = \sin\left(x + \dfrac{\pi}{6}\right)$; (2) $y = \sin 3x$; (3) $y = \sin\dfrac{3x}{4}$; (4) $y = \sin\left(-2x + \dfrac{\pi}{6}\right)$.

2. 由函数 $y = \sin x$ 的图像怎样才能得到函数 $y = 3\sin 3x$ 的图像?

3. 求函数 $y = 5\sin\left(\pi x + \dfrac{\pi}{4}\right)$ 的振幅、周期.

4. 求函数 $y = 2\sin\left(2x - \dfrac{\pi}{3}\right)$ 的单调递增区间.

参考答案

1.（1）$T = \dfrac{2\pi}{1} = 2\pi$；　（2）$T = \dfrac{2\pi}{3}$；　（3）$T = \dfrac{2\pi}{\frac{3}{4}} = \dfrac{8\pi}{3}$；　（4）$T = \dfrac{2\pi}{|-2|} = \pi$.

2. 方法一：由函数 $y = \sin x$ 的图像，横坐标不变，纵坐标变为原来的 3 倍，得到函数 $y = 3\sin x$ 的图像；再纵坐标不变，横坐标变为原来的 $\dfrac{1}{3}$，就得到函数 $y = 3\sin 3x$ 的图像.

方法二：由函数 $y = \sin x$ 的图像，纵坐标不变，横坐标变为原来的 $\dfrac{1}{3}$，得到函数 $y = \sin 3x$ 的图像；再横坐标不变，纵坐标变为原来的 3 倍，就得到函数 $y = 3\sin 3x$ 的图像.

3. 振幅为 5、周期 $T = \dfrac{2\pi}{\pi} = 2$.

4. $2k\pi - \dfrac{\pi}{2} \leqslant 2x - \dfrac{\pi}{3} \leqslant 2k\pi + \dfrac{\pi}{2}$，即 $k\pi - \dfrac{\pi}{12} \leqslant x \leqslant k\pi + \dfrac{5\pi}{12}$，故函数的单调递增区间为 $\left[k\pi - \dfrac{\pi}{12}, k\pi + \dfrac{5}{12}\pi \right]$，$k \in \mathbf{Z}$.

第二十一章

三角恒等变换公式

一、 三角函数的两角和角公式、差角公式

设 α,β 为任意角,则 $\alpha+\beta$ 的正弦、余弦、正切、余切分别为

$$\sin(\alpha+\beta)=\sin\alpha\cos\beta+\cos\alpha\sin\beta, \qquad \cos(\alpha+\beta)=\cos\alpha\cos\beta-\sin\alpha\sin\beta,$$

$$\tan(\alpha+\beta)=\frac{\tan\alpha+\tan\beta}{1-\tan\alpha\tan\beta}, \qquad \cot(\alpha+\beta)=\frac{\cot\alpha\cot\beta-1}{\cot\beta+\cot\alpha}.$$

上述四个公式给出了任意角 α,β 的三角函数值与其和角 $\alpha+\beta$ 的三角函数值之间的关系,这四个公式都叫作和角公式.

设 α,β 为任意角,则 $\alpha-\beta$ 的正弦、余弦、正切、余切分别为

$$\sin(\alpha-\beta)=\sin\alpha\cos\beta-\cos\alpha\sin\beta, \qquad \cos(\alpha-\beta)=\cos\alpha\cos\beta+\sin\alpha\sin\beta,$$

$$\tan(\alpha-\beta)=\frac{\tan\alpha-\tan\beta}{1+\tan\alpha\tan\beta}, \qquad \cot(\alpha-\beta)=\frac{\cot\alpha\cot\beta+1}{\cot\beta-\cot\alpha}.$$

类似地,这四个公式都叫作差角公式.

注:和角公式、差角公式将三角函数的计算从特殊角的计算扩展到更为广阔的范围.同时,和角公式、差角公式也是三角函数一系列恒等变形公式的基础.因此,记住这些公式是非常必要的.

典型例题

例 1 用和角公式求 $\dfrac{5\pi}{12}$ 的正弦、余弦和正切值.

解:$\sin\dfrac{5\pi}{12}=\sin\left(\dfrac{\pi}{4}+\dfrac{\pi}{6}\right)=\sin\dfrac{\pi}{4}\cos\dfrac{\pi}{6}+\cos\dfrac{\pi}{4}\sin\dfrac{\pi}{6}=\dfrac{\sqrt{2}}{2}\times\dfrac{\sqrt{3}}{2}+\dfrac{\sqrt{2}}{2}\times\dfrac{1}{2}=\dfrac{\sqrt{6}+\sqrt{2}}{4},$

$\cos\dfrac{5\pi}{12}=\cos\left(\dfrac{\pi}{4}+\dfrac{\pi}{6}\right)=\cos\dfrac{\pi}{4}\cos\dfrac{\pi}{6}-\sin\dfrac{\pi}{4}\sin\dfrac{\pi}{6}=\dfrac{\sqrt{2}}{2}\times\dfrac{\sqrt{3}}{2}-\dfrac{\sqrt{2}}{2}\times\dfrac{1}{2}=\dfrac{\sqrt{6}-\sqrt{2}}{4},$

$\tan\dfrac{5\pi}{12}=\tan\left(\dfrac{\pi}{4}+\dfrac{\pi}{6}\right)=\dfrac{\tan\dfrac{\pi}{4}+\tan\dfrac{\pi}{6}}{1-\tan\dfrac{\pi}{4}\tan\dfrac{\pi}{6}}=\dfrac{1+\dfrac{\sqrt{3}}{3}}{1-1\times\dfrac{\sqrt{3}}{3}}=\dfrac{(3+\sqrt{3})(3+\sqrt{3})}{(3-\sqrt{3})(3+\sqrt{3})}=2+\sqrt{3}.$

例 2 用差角公式求 $15°$ 的正弦、余弦和正切值.

解:$\sin 15°=\sin(60°-45°)=\sin 60°\cos 45°-\cos 60°\sin 45°$

$$=\dfrac{\sqrt{3}}{2}\times\dfrac{\sqrt{2}}{2}-\dfrac{1}{2}\times\dfrac{\sqrt{2}}{2}=\dfrac{\sqrt{6}-\sqrt{2}}{4},$$

$\cos 15°=\cos(60°-45°)=\cos 60°\cos 45°+\sin 60°\sin 45°$

$$= \frac{1}{2} \times \frac{\sqrt{2}}{2} + \frac{\sqrt{3}}{2} \times \frac{\sqrt{2}}{2} = \frac{\sqrt{6}+\sqrt{2}}{4},$$

$$\tan 15° = \tan(60°-45°) = \frac{\tan 60°-\tan 45°}{1+\tan 60°\tan 45°} = \frac{\sqrt{3}-1}{1+\sqrt{3}\times 1} = 2-\sqrt{3},$$

例 3　求下列各式的值.

（1）$\sin 70°\cos 20°+\cos 70°\sin 20°$；

（2）$\sin 100°\cos 55°-\cos 100°\sin 55°$；

（3）$\cos 70°\cos 40°+\sin 70°\sin 40°$；

（4）$\cos 100°\cos 35°-\sin 100°\sin 35°$；

（5）$\dfrac{\tan 23°+\tan 37°}{1-\tan 23°\tan 37°}$；

（6）$\dfrac{\cot 75°+1}{\cot 75°-1}$.

解：本题考查和角公式、差角公式的逆用.

（1）$\sin 70°\cos 20°+\cos 70°\sin 20° = \sin(70°+20°) = \sin 90° = 1$；

（2）$\sin 100°\cos 55°-\cos 100°\sin 55° = \sin(100°-55°) = \sin 45° = \dfrac{\sqrt{2}}{2}$；

（3）$\cos 70°\cos 40°+\sin 70°\sin 40° = \cos(70°-40°) = \cos 30° = \dfrac{\sqrt{3}}{2}$；

（4）$\cos 100°\cos 35°-\sin 100°\sin 35° = \cos(100°+35°) = \cos 135° = -\dfrac{\sqrt{2}}{2}$；

（5）$\dfrac{\tan 23°+\tan 37°}{1-\tan 23°\tan 37°} = \tan(23°+37°) = \tan 60° = \sqrt{3}$；

（6）$\dfrac{\cot 75°+1}{\cot 75°-1} = \dfrac{\cot 75°\cot 45°+1}{\cot 75°-\cot 45°} = \cot(75°-45°) = \cot 30° = \sqrt{3}$.

例 4　用和角公式证明：$\sin\left(\dfrac{\pi}{2}+\alpha\right) = \cos\alpha$.

证明：$\sin\left(\dfrac{\pi}{2}+\alpha\right) = \sin\dfrac{\pi}{2}\cos\alpha+\cos\dfrac{\pi}{2}\sin\alpha = 1\times\cos\alpha+0\times\sin\alpha = \cos\alpha$.

同步练习

1. 利用和角公式、差角公式证明下列式子成立.

（1）$\cos\left(\dfrac{\pi}{2}+x\right) = -\sin x$；（2）$\cos(\pi-x) = -\cos x$；（3）$\sin(\pi-\alpha) = \sin\alpha$.

2. 已知 $\sin\alpha = \dfrac{3}{5}$，$\alpha\in\left(\dfrac{\pi}{2},\pi\right)$，求下列三角函数的值.

（1）$\sin\left(\dfrac{\pi}{3}+\alpha\right)$；　　　　　　　　　　（2）$\cos\left(\dfrac{\pi}{3}-\alpha\right)$.

3. 求函数 $f(x) = \dfrac{1}{2}\sin x+\dfrac{\sqrt{3}}{2}\cos x$ 的最大值及最大值点.

4. 求下列各式的值.

（1）$\sin 165°$；

（2）$\cos \dfrac{\pi}{12}$；

（3）$\dfrac{1-\sqrt{3}\tan 75°}{\sqrt{3}+\tan 75°}$；

（4）$\tan 23°+\tan 37°+\sqrt{3}\tan 23°\tan 37°$.

参考答案

1.（1）$\cos\left(\dfrac{\pi}{2}+x\right)=\cos\dfrac{\pi}{2}\cos x-\sin\dfrac{\pi}{2}\sin x=0\times\cos x-1\times\sin x=-\sin x$.

（2）$\cos(\pi-x)=\cos\pi\cos x+\sin\pi\sin x=(-1)\times\cos x+0\times\sin x=-\cos x$.

（3）$\sin(\pi-\alpha)=\sin\pi\cos\alpha-\cos\pi\sin\alpha=0\times\cos\alpha-(-1)\times\sin\alpha=\sin\alpha$.

2. 因为 $\alpha\in\left(\dfrac{\pi}{2},\pi\right)$，所以 $\cos\alpha=-\sqrt{1-\sin^{2}\alpha}=-\dfrac{4}{5}$.

（1）$\sin\left(\dfrac{\pi}{3}+\alpha\right)=\sin\dfrac{\pi}{3}\cos\alpha+\cos\dfrac{\pi}{3}\sin\alpha=\dfrac{\sqrt{3}}{2}\cos\alpha+\dfrac{1}{2}\sin\alpha$

$$=\dfrac{\sqrt{3}}{2}\times\left(-\dfrac{4}{5}\right)+\dfrac{1}{2}\times\dfrac{3}{5}=\dfrac{3-4\sqrt{3}}{10}.$$

（2）$\cos\left(\dfrac{\pi}{3}-\alpha\right)=\cos\dfrac{\pi}{3}\cos\alpha+\sin\dfrac{\pi}{3}\sin\alpha=\dfrac{1}{2}\cos\alpha+\dfrac{\sqrt{3}}{2}\sin\alpha$

$$=\dfrac{1}{2}\times\left(-\dfrac{4}{5}\right)+\dfrac{\sqrt{3}}{2}\times\dfrac{3}{5}=\dfrac{-4+3\sqrt{3}}{10}.$$

3. $f(x)=\dfrac{1}{2}\sin x+\dfrac{\sqrt{3}}{2}\cos x=\cos\dfrac{\pi}{3}\sin x+\sin\dfrac{\pi}{3}\cos x=\sin\left(x+\dfrac{\pi}{3}\right)$，

所以函数 $f(x)$ 的最大值为 1，当 $\sin\left(x+\dfrac{\pi}{3}\right)=1$ 时，$x+\dfrac{\pi}{3}=2k\pi+\dfrac{\pi}{2}$，即 $x=2k\pi+\dfrac{\pi}{6}$，$k\in\mathbf{Z}$.

所以最大值点为 $\left(2k\pi+\dfrac{\pi}{6},1\right)$，$k\in\mathbf{Z}$.

4.（1）$\sin 165°=\sin(120°+45°)$

$$=\sin 120°\cos 45°+\cos 120°\sin 45°$$

$$=\dfrac{\sqrt{3}}{2}\times\dfrac{\sqrt{2}}{2}+\left(-\dfrac{1}{2}\right)\times\dfrac{\sqrt{2}}{2}=\dfrac{\sqrt{6}-\sqrt{2}}{4}.$$

（2）$\cos\dfrac{\pi}{12}=\cos\left(\dfrac{\pi}{3}-\dfrac{\pi}{4}\right)=\cos\dfrac{\pi}{3}\cos\dfrac{\pi}{4}+\sin\dfrac{\pi}{3}\sin\dfrac{\pi}{4}$

$$=\dfrac{1}{2}\times\dfrac{\sqrt{2}}{2}+\dfrac{\sqrt{3}}{2}\times\dfrac{\sqrt{2}}{2}=\dfrac{\sqrt{2}+\sqrt{6}}{4}.$$

（3）$\dfrac{1-\sqrt{3}\tan 75°}{\sqrt{3}+\tan 75°}=\dfrac{1-\tan 60°\tan 75°}{\tan 60°+\tan 75°}=\dfrac{1}{\dfrac{\tan 60°+\tan 75°}{1-\tan 60°\tan 75°}}=\dfrac{1}{\tan 135°}=\dfrac{1}{-1}=-1.$

（4）由和角的正切公式，得 $\tan\alpha+\tan\beta=\tan(\alpha+\beta)(1-\tan\alpha\tan\beta)$，则

$$\tan 23° + \tan 37° + \sqrt{3}\tan 23°\tan 37°$$

$$= \tan(23°+37°)(1-\tan 23°\tan 37°) + \sqrt{3}\tan 23°\tan 37°$$

$$= \tan 60°(1-\tan 23°\tan 37°) + \sqrt{3}\tan 23°\tan 37°$$

$$= \sqrt{3}(1-\tan 23°\tan 37°) + \sqrt{3}\tan 23°\tan 37° = \sqrt{3}.$$

二、 三角函数的二倍角公式

在和角公式中,分别令 $\beta = \alpha$,可得二倍角公式:

$$\sin 2\alpha = 2\sin \alpha\cos \alpha,$$

$$\cos 2\alpha = \cos^2\alpha - \sin^2\alpha = 2\cos^2\alpha - 1 = 1 - 2\sin^2\alpha,$$

$$\tan 2\alpha = \frac{2\tan \alpha}{1-\tan^2\alpha},$$

$$\cot 2\alpha = \frac{\cot^2\alpha - 1}{2\cot \alpha}.$$

二倍角公式进一步变形,又可得到下面几组常用的公式:

(1) 升幂公式:$1-\cos 2\alpha = 2\sin^2\alpha, 1+\cos 2\alpha = 2\cos^2\alpha.$

(2) 降幂公式:$\sin^2\alpha = \dfrac{1-\cos 2\alpha}{2}, \cos^2\alpha = \dfrac{1+\cos 2\alpha}{2}, \tan^2\alpha = \dfrac{1-\cos 2\alpha}{1+\cos 2\alpha}.$

(3) $1\pm\sin 2\alpha = \sin^2\alpha + \cos^2\alpha \pm 2\sin \alpha\cos \alpha = (\sin \alpha\pm\cos \alpha)^2.$

(4) $\sin \alpha\cos \alpha = \dfrac{1}{2}\sin 2\alpha.$

典型例题

例 5 已知 $\sin \alpha = \dfrac{3}{5}, \alpha \in \left(\dfrac{\pi}{2}, \pi\right)$,求 $\sin 2\alpha, \cos 2\alpha, \tan 2\alpha, \cot 2\alpha$ 的值.

解: 因为 $\sin \alpha = \dfrac{3}{5}, \alpha \in \left(\dfrac{\pi}{2}, \pi\right)$,所以 $\cos \alpha = -\sqrt{1-\sin^2\alpha} = -\sqrt{1-\left(\dfrac{3}{5}\right)^2} = -\dfrac{4}{5}.$

因此,$\sin 2\alpha = 2\sin \alpha\cos \alpha = 2\times\dfrac{3}{5}\times\left(-\dfrac{4}{5}\right) = -\dfrac{24}{25},$

$$\cos 2\alpha = \cos^2\alpha - \sin^2\alpha = \left(-\dfrac{4}{5}\right)^2 - \left(\dfrac{3}{5}\right)^2 = \dfrac{7}{25},$$

$$\tan 2\alpha = \dfrac{\sin 2\alpha}{\cos 2\alpha} = \dfrac{-\dfrac{24}{25}}{\dfrac{7}{25}} = -\dfrac{24}{7}, \cot 2\alpha = \dfrac{1}{\tan 2\alpha} = -\dfrac{7}{24}.$$

例 6 求下列各式的值.

(1) $\sin 15°\cos 15°$;

(2) $\cos^2 \dfrac{\pi}{8} - \sin^2 \dfrac{\pi}{8}$;

(3) $1-2\sin^2 75°$;

(4) $2\cos^2 \dfrac{\pi}{12} - 1.$

解：（1） $\sin 15°\cos 15° = \dfrac{1}{2}\times 2\sin 15°\cos 15° = \dfrac{1}{2}\sin 30° = \dfrac{1}{4}$.

（2） $\cos^2\dfrac{\pi}{8} - \sin^2\dfrac{\pi}{8} = \cos\left(2\times\dfrac{\pi}{8}\right) = \cos\dfrac{\pi}{4} = \dfrac{\sqrt{2}}{2}$.

（3） $1 - 2\sin^2 75° = \cos(2\times 75°) = \cos 150° = -\cos 30° = -\dfrac{\sqrt{3}}{2}$.

（4） $2\cos^2\dfrac{\pi}{12} - 1 = \cos\left(2\times\dfrac{\pi}{12}\right) = \cos\dfrac{\pi}{6} = \dfrac{\sqrt{3}}{2}$.

例 7　求函数 $y = \cos^2 x - \sin^2 x$ 的周期与最大值、最小值.

解：$y = \cos^2 x - \sin^2 x = \cos 2x$，故周期 $T = \dfrac{2\pi}{2} = \pi$.

当 $\cos 2x = 1$，即 $2x = 2k\pi$，也即 $x = k\pi$，$k\in\mathbf{Z}$ 时，函数取最大值 1；

当 $\cos 2x = -1$，即 $2x = 2k\pi + \pi$，也即 $x = k\pi + \dfrac{\pi}{2}$，$k\in\mathbf{Z}$ 时，函数取最小值 -1.

例 8　证明：$\cos x\cos 2x\cos 4x\cdots\cos 2^{n-1}x = \dfrac{\sin 2^n x}{2^n\sin x}$.

证明：$\cos x\cos 2x\cos 4x\cdots\cos 2^{n-1}x = \dfrac{2\sin x\cos x\cos 2x\cos 4x\cdots\cos 2^{n-1}x}{2\sin x}$

$= \dfrac{\sin 2x\cos 2x\cos 4x\cdots\cos 2^{n-1}x}{2\sin x} = \dfrac{2\sin 2x\cos 2x\cos 4x\cdots\cos 2^{n-1}x}{2\cdot 2\sin x}$

$= \dfrac{\sin 4x\cos 4x\cdots\cos 2^{n-1}x}{2^2\sin x} = \cdots = \dfrac{\sin 2^{n-1}x\cos 2^{n-1}x}{2^{n-1}\sin x}$

$= \dfrac{2\sin 2^{n-1}x\cos 2^{n-1}x}{2\cdot 2^{n-1}\sin x} = \dfrac{\sin 2^n x}{2^n\sin x}$.

注：此题的证明技巧就是反复使用正弦的二倍角公式.

同步练习

1. 已知 $\tan\alpha = 2$，求 $\tan 2\alpha$ 的值.

2. 化简下列各式.

（1） $\sin\dfrac{\theta}{2}\cos\dfrac{\theta}{2}$；　　　　　　　　　　（2） $\cos^4\alpha - \sin^4\alpha$.

3. 已知 $\sin A + \cos A = \dfrac{1}{3}$，求 $\sin 2A$ 的值.

4. 已知 $\sin 2A = \dfrac{2}{3}$，$A\in\left(0,\dfrac{\pi}{2}\right)$，求 $\sin A + \cos A$ 的值.

参考答案

1. $\tan 2\alpha = \dfrac{2\tan\alpha}{1 - \tan^2\alpha} = \dfrac{2\times 2}{1 - 2^2} = -\dfrac{4}{3}$.

2.（1）$\sin\dfrac{\theta}{2}\cos\dfrac{\theta}{2}=\dfrac{1}{2}\times2\sin\dfrac{\theta}{2}\cos\dfrac{\theta}{2}=\dfrac{1}{2}\sin\theta.$

（2）$\cos^4\alpha-\sin^4\alpha=(\cos^2\alpha-\sin^2\alpha)(\cos^2\alpha+\sin^2\alpha)=\cos^2\alpha-\sin^2\alpha=\cos2\alpha.$

3. 依题意，$(\sin A+\cos A)^2=\left(\dfrac{1}{3}\right)^2=\dfrac{1}{9}$，故 $\sin^2A+\cos^2A+2\sin A\cos A=\dfrac{1}{9}$，

即 $1+2\sin A\cos A=\dfrac{1}{9}$，$2\sin A\cos A=-\dfrac{8}{9}$，所以 $\sin2A=-\dfrac{8}{9}.$

4. 因为 $A\in\left(0,\dfrac{\pi}{2}\right)$，所以 $\sin A+\cos A>0.$由

$(\sin A+\cos A)^2=\sin^2A+\cos^2A+2\sin A\cos A=1+\sin2A=1+\dfrac{2}{3}=\dfrac{5}{3}$，

解得 $\sin A+\cos A=\dfrac{\sqrt{15}}{3}.$

三、 三角函数的半角公式

由降幂公式，可得

$$\sin\alpha=\pm\sqrt{\dfrac{1-\cos2\alpha}{2}},\cos\alpha=\pm\sqrt{\dfrac{1+\cos2\alpha}{2}},$$

$$\tan\alpha=\pm\sqrt{\dfrac{1-\cos2\alpha}{1+\cos2\alpha}},\cot\alpha=\pm\sqrt{\dfrac{1+\cos2\alpha}{1-\cos2\alpha}}.$$

用 $\dfrac{\alpha}{2}$ 取代 α，得到三角函数的半角公式：

$$\sin\dfrac{\alpha}{2}=\pm\sqrt{\dfrac{1-\cos\alpha}{2}},$$

$$\cos\dfrac{\alpha}{2}=\pm\sqrt{\dfrac{1+\cos\alpha}{2}},$$

$$\tan\dfrac{\alpha}{2}=\pm\sqrt{\dfrac{1-\cos\alpha}{1+\cos\alpha}}=\dfrac{1-\cos\alpha}{\sin\alpha}=\dfrac{\sin\alpha}{1+\cos\alpha},$$

$$\cot\dfrac{\alpha}{2}=\pm\sqrt{\dfrac{1+\cos\alpha}{1-\cos\alpha}}=\dfrac{1+\cos\alpha}{\sin\alpha}=\dfrac{\sin\alpha}{1-\cos\alpha}.$$

注意：半角公式中的符号由 $\dfrac{\alpha}{2}$ 所在的象限决定.

典型例题

例9 已知 $\cos\theta=-\dfrac{3}{5}$，$\theta\in\left(\dfrac{\pi}{2},\pi\right)$，用半角公式求 $\sin\dfrac{\theta}{2}$，$\cos\dfrac{\theta}{2}$ 和 $\tan\dfrac{\theta}{2}$ 的值.

解：因为 $\theta\in\left(\dfrac{\pi}{2},\pi\right)$，可知 $\dfrac{\theta}{2}\in\left(\dfrac{\pi}{4},\dfrac{\pi}{2}\right)$，所以 $\sin\dfrac{\theta}{2}>0,\cos\dfrac{\theta}{2}>0,\tan\dfrac{\theta}{2}>0.$由半角

公式,得

$$\sin\frac{\theta}{2}=\sqrt{\frac{1-\cos\theta}{2}}=\sqrt{\frac{1-\left(-\dfrac{3}{5}\right)}{2}}=\sqrt{\frac{4}{5}}=\frac{2\sqrt{5}}{5},$$

$$\cos\frac{\theta}{2}=\sqrt{\frac{1+\cos\theta}{2}}=\sqrt{\frac{1+\left(-\dfrac{3}{5}\right)}{2}}=\sqrt{\frac{1}{5}}=\frac{\sqrt{5}}{5},$$

$$\tan\frac{\theta}{2}=\sqrt{\frac{1-\cos\theta}{1+\cos\theta}}=\sqrt{\frac{1-\left(-\dfrac{3}{5}\right)}{1+\left(-\dfrac{3}{5}\right)}}=2.$$

例 10　已知 $\theta\in\left(\pi,\dfrac{3\pi}{2}\right)$,化简 $\dfrac{1+\sin\theta}{\sqrt{1+\cos\theta}-\sqrt{1-\cos\theta}}+\dfrac{1-\sin\theta}{\sqrt{1+\cos\theta}+\sqrt{1-\cos\theta}}.$

解：因为 $\theta\in\left(\pi,\dfrac{3\pi}{2}\right)$,可知 $\dfrac{\theta}{2}\in\left(\dfrac{\pi}{2},\dfrac{3\pi}{4}\right)$,所以 $\sin\dfrac{\theta}{2}>0,\cos\dfrac{\theta}{2}<0.$

由半角公式得

$$\sqrt{1+\cos\theta}=-\sqrt{2}\cos\frac{\theta}{2},\sqrt{1-\cos\theta}=\sqrt{2}\sin\frac{\theta}{2},$$

故原式 $=\dfrac{1+\sin\theta}{-\sqrt{2}\cos\dfrac{\theta}{2}-\sqrt{2}\sin\dfrac{\theta}{2}}+\dfrac{1-\sin\theta}{-\sqrt{2}\cos\dfrac{\theta}{2}+\sqrt{2}\sin\dfrac{\theta}{2}}$

$$=\frac{\left(\cos\dfrac{\theta}{2}+\sin\dfrac{\theta}{2}\right)^2}{-\sqrt{2}\left(\cos\dfrac{\theta}{2}+\sin\dfrac{\theta}{2}\right)}+\frac{\left(\cos\dfrac{\theta}{2}-\sin\dfrac{\theta}{2}\right)^2}{-\sqrt{2}\left(\cos\dfrac{\theta}{2}-\sin\dfrac{\theta}{2}\right)}$$

$$=\frac{\cos\dfrac{\theta}{2}+\sin\dfrac{\theta}{2}}{-\sqrt{2}}+\frac{\cos\dfrac{\theta}{2}-\sin\dfrac{\theta}{2}}{-\sqrt{2}}=\frac{2\cos\dfrac{\theta}{2}}{-\sqrt{2}}=-\sqrt{2}\cos\frac{\theta}{2}.$$

同步练习

1. 证明恒等式：

（1）$\sec^2\dfrac{\alpha}{2}=\dfrac{2\sec\alpha}{\sec\alpha+1}$;　　　　　　（2）$\csc^2\dfrac{\alpha}{2}=\dfrac{2\sec\alpha}{\sec\alpha-1}.$

> 正割、余割的
> 半角公式

2. 已知 $\sin\theta=-\dfrac{4}{5},\theta\in\left(\pi,\dfrac{3\pi}{2}\right)$,求 $\cot\dfrac{\theta}{2}.$

参考答案

1.（1）$\sec^2\dfrac{\alpha}{2}=\dfrac{1}{\cos^2\dfrac{\alpha}{2}}=\dfrac{2}{1+\cos\alpha}=\dfrac{2}{1+\cos\alpha}\cdot\dfrac{\sec\alpha}{\sec\alpha}=\dfrac{2\sec\alpha}{\sec\alpha+1}.$

（2）$\csc^2 \dfrac{\alpha}{2} = \dfrac{1}{\sin^2 \dfrac{\alpha}{2}} = \dfrac{2}{1-\cos\alpha} = \dfrac{2}{1-\cos\alpha} \cdot \dfrac{\sec\alpha}{\sec\alpha} = \dfrac{2\sec\alpha}{\sec\alpha-1}.$

2. 因为 $\theta \in \left(\pi, \dfrac{3\pi}{2} \right)$，可知 $\dfrac{\theta}{2} \in \left(\dfrac{\pi}{2}, \dfrac{3\pi}{4} \right)$，所以 $\cos\theta < 0, \cot\dfrac{\theta}{2} < 0.$

$$\cos\theta = -\sqrt{1-\sin^2\theta} = -\sqrt{1-\left(-\dfrac{4}{5} \right)^2} = -\dfrac{3}{5},$$

$$\cot\dfrac{\theta}{2} = -\sqrt{\dfrac{1+\cos\theta}{1-\cos\theta}} = -\sqrt{\dfrac{1+\left(-\dfrac{3}{5} \right)}{1-\left(-\dfrac{3}{5} \right)}} = -\dfrac{1}{2}.$$

四、三角函数的万能公式

由二倍角公式及同角平方关系，有

$\sin 2\alpha = 2\sin\alpha\cos\alpha = \dfrac{2\sin\alpha\cos\alpha}{\sin^2\alpha+\cos^2\alpha} = \dfrac{2\tan\alpha}{\tan^2\alpha+1}$（分子分母同时除以 $\cos^2\alpha$），

$\cos 2\alpha = \cos^2\alpha - \sin^2\alpha = \dfrac{\cos^2\alpha-\sin^2\alpha}{\sin^2\alpha+\cos^2\alpha} = \dfrac{1-\tan^2\alpha}{1+\tan^2\alpha},$

$\tan 2\alpha = \dfrac{\sin 2\alpha}{\cos 2\alpha} = \dfrac{2\tan\alpha}{1-\tan^2\alpha}.$

以上推导出的公式称为三角函数的万能公式，即

$$\sin 2\alpha = \dfrac{2\tan\alpha}{1+\tan^2\alpha}, \cos 2\alpha = \dfrac{1-\tan^2\alpha}{1+\tan^2\alpha}, \tan 2\alpha = \dfrac{2\tan\alpha}{1-\tan^2\alpha}.$$

若用 $\dfrac{\alpha}{2}$ 取代 α，得万能公式的另一种形式：

$$\sin\alpha = \dfrac{2\tan\dfrac{\alpha}{2}}{1+\tan^2\dfrac{\alpha}{2}}, \cos\alpha = \dfrac{1-\tan^2\dfrac{\alpha}{2}}{1+\tan^2\dfrac{\alpha}{2}}, \tan\alpha = \dfrac{2\tan\dfrac{\alpha}{2}}{1-\tan^2\dfrac{\alpha}{2}}.$$

万能公式将 2α 统一为 α（或将 α 统一为 $\dfrac{\alpha}{2}$），将函数名统一为正切函数，因此在解题过程中，由于正切函数的值域为 **R**，经常用正切函数换元，从而实现三角函数的代数化.这种思想应用在高等数学的某些积分计算中，可以将含有多种三角函数的积分转化为正切函数的形式，进一步可通过换元转化为有理分式的积分.

典型例题

例 11　已知 $\alpha \in \left(0, \dfrac{\pi}{2} \right)$，$\cos\alpha = \dfrac{3}{5}$，求 $\tan\dfrac{\alpha}{2}.$

解： 由万能公式得

$$\cos\alpha=\frac{1-\tan^2\frac{\alpha}{2}}{1+\tan^2\frac{\alpha}{2}}=\frac{3}{5}，解得\tan^2\frac{\alpha}{2}=\frac{1}{4}.$$

因为 $\alpha\in\left(0,\frac{\pi}{2}\right)$，所以 $\frac{\alpha}{2}\in\left(0,\frac{\pi}{4}\right)$，故 $\tan\frac{\alpha}{2}=\frac{1}{2}$.

例 12 在直角坐标系 xOy 中，已知曲线 C 的参数方程为

$$\begin{cases}x=\dfrac{1-t^2}{1+t^2},\\[3mm]y=\dfrac{4t}{1+t^2}\end{cases}（t\text{ 为参数}），$$

求曲线 C 的普通方程.

解：令 $\tan\frac{\alpha}{2}=t$，则由万能公式，得 $\sin\alpha=\frac{2t}{1+t^2}$，$\cos\alpha=\frac{1-t^2}{1+t^2}$.

曲线 C 的参数方程变形为 $\begin{cases}x=\cos\alpha,\\y=2\sin\alpha,\end{cases}$ 利用 $\sin^2\alpha+\cos^2\alpha=1$ 消去 α，可求出曲线 C 的

普通方程为 $x^2+\dfrac{y^2}{4}=1$.

例 13 已知 $\dfrac{2\sin\alpha+\cos\alpha}{\sin\alpha-3\cos\alpha}=-5$，求 $4\sin2\alpha+3\cos2\alpha$ 的值.

解：将已知条件的分子与分母同时除以 $\cos\alpha$，得

$$\frac{2\tan\alpha+1}{\tan\alpha-3}=-5，解得\tan\alpha=2.$$

由万能公式，得 $\sin2\alpha=\dfrac{2\tan\alpha}{1+\tan^2\alpha}=\dfrac{4}{5}$，$\cos2\alpha=\dfrac{1-\tan^2\alpha}{1+\tan^2\alpha}=-\dfrac{3}{5}$，

所以 $4\sin2\alpha+3\cos2\alpha=4\times\dfrac{4}{5}+3\times\left(-\dfrac{3}{5}\right)=\dfrac{7}{5}$.

同步练习

1. 已知 $\tan\left(\dfrac{\pi}{6}-\alpha\right)=\dfrac{1}{3}$，求 $\cos\left(\dfrac{2\pi}{3}+2\alpha\right)$ 的值.

2. 已知 $\sin\alpha+2\cos\alpha=0$，其中 $\alpha\in(0,\pi)$，求 $\tan\alpha$ 和 $\cos\left(2\alpha+\dfrac{\pi}{4}\right)$ 的值.

参考答案

1. 设 $t=\dfrac{\pi}{6}-\alpha$，则 $\tan t=\dfrac{1}{3}$.

$$\cos\left(\frac{2\pi}{3}+2\alpha\right)=\cos(\pi-2t)=-\cos2t=-\frac{1-\tan^2t}{1+\tan^2t}=-\frac{1-\frac{1}{9}}{1+\frac{1}{9}}=-\frac{4}{5}.$$

2. 由已知条件可知 $\cos\alpha\neq0$，将 $\sin\alpha+2\cos\alpha=0$ 两边同时除以 $\cos\alpha$，得 $\tan\alpha=-2$.

$$\cos\left(2\alpha+\frac{\pi}{4}\right)=\frac{\sqrt{2}}{2}(\cos2\alpha-\sin2\alpha)=\frac{\sqrt{2}}{2}\left(\frac{1-\tan^2\alpha}{1+\tan^2\alpha}-\frac{2\tan\alpha}{1+\tan^2\alpha}\right)$$

$$=\frac{\sqrt{2}}{2}\left(-\frac{3}{5}+\frac{4}{5}\right)=\frac{\sqrt{2}}{10}.$$

五、 三角函数的积化和差、和差化积公式

由正弦、余弦的和角公式、差角公式通过两两相加、减可得：

$\sin(\alpha+\beta)+\sin(\alpha-\beta)=2\sin\alpha\cos\beta,\sin(\alpha+\beta)-\sin(\alpha-\beta)=2\cos\alpha\sin\beta,$

$\cos(\alpha+\beta)+\cos(\alpha-\beta)=2\cos\alpha\cos\beta,\cos(\alpha+\beta)-\cos(\alpha-\beta)=-2\sin\alpha\sin\beta.$

移项整理后得到下面四个公式：

$$\sin\alpha\cos\beta=\frac{1}{2}[\sin(\alpha+\beta)+\sin(\alpha-\beta)]$$

$$\cos\alpha\sin\beta=\frac{1}{2}[\sin(\alpha+\beta)-\sin(\alpha-\beta)]$$

$$\cos\alpha\cos\beta=\frac{1}{2}[\cos(\alpha+\beta)+\cos(\alpha-\beta)]$$

$$\sin\alpha\sin\beta=-\frac{1}{2}[\cos(\alpha+\beta)-\cos(\alpha-\beta)]$$

这四个公式统称为积化和差公式.

因为 $\alpha=\frac{\alpha+\beta}{2}+\frac{\alpha-\beta}{2},\beta=\frac{\alpha+\beta}{2}-\frac{\alpha-\beta}{2}$，所以

> 角的拆分

$$\sin\alpha+\sin\beta=\sin\left(\frac{\alpha+\beta}{2}+\frac{\alpha-\beta}{2}\right)+\sin\left(\frac{\alpha+\beta}{2}-\frac{\alpha-\beta}{2}\right)=2\sin\frac{\alpha+\beta}{2}\cos\frac{\alpha-\beta}{2},$$

用类似方法可以得到下面四个公式：

$$\sin\alpha+\sin\beta=2\sin\frac{\alpha+\beta}{2}\cos\frac{\alpha-\beta}{2},$$

$$\sin\alpha-\sin\beta=2\cos\frac{\alpha+\beta}{2}\sin\frac{\alpha-\beta}{2},$$

$$\cos\alpha+\cos\beta=2\cos\frac{\alpha+\beta}{2}\cos\frac{\alpha-\beta}{2},$$

$$\cos\alpha-\cos\beta=-2\sin\frac{\alpha+\beta}{2}\sin\frac{\alpha-\beta}{2}.$$

这四个公式统称为和差化积公式.

典型例题

例 14 已知 $\sin\left(\frac{\pi}{4}+\alpha\right)\sin\left(\frac{\pi}{4}-\alpha\right)=\frac{1}{6},\alpha\in\left(\frac{\pi}{2},\pi\right)$，求 $\sin2\alpha$ 的值.

解： 由积化和差公式，得

$$\sin\left(\frac{\pi}{4}+\alpha\right)\sin\left(\frac{\pi}{4}-\alpha\right)=-\frac{1}{2}\left\{\cos\left(\frac{\pi}{4}+\alpha+\frac{\pi}{4}-\alpha\right)-\cos\left[\frac{\pi}{4}+\alpha-\left(\frac{\pi}{4}-\alpha\right)\right]\right\}$$

$$=-\frac{1}{2}\left(\cos\frac{\pi}{2}-\cos 2\alpha\right)=\frac{1}{2}\cos 2\alpha=\frac{1}{6},$$

所以 $\cos 2\alpha=\frac{1}{3}$.

因为 $\alpha\in\left(\frac{\pi}{2},\pi\right)$，所以 $2\alpha\in(\pi,2\pi)$，$\sin 2\alpha<0$，所以

$$\sin 2\alpha=-\sqrt{1-\cos^2 2\alpha}=-\frac{2\sqrt{2}}{3}.$$

例 15 求函数 $y=\cos x+\cos\left(x+\frac{\pi}{3}\right)$ 的最大值和最小值，其中 $x\in\left[-\frac{\pi}{3},\frac{\pi}{2}\right]$.

解： 由和差化积公式，得

$$y=\cos x+\cos\left(x+\frac{\pi}{3}\right)=2\cos\frac{x+\left(x+\frac{\pi}{3}\right)}{2}\cos\frac{x-\left(x+\frac{\pi}{3}\right)}{2}$$

$$=2\cos\left(x+\frac{\pi}{6}\right)\cos\left(-\frac{\pi}{6}\right)=\sqrt{3}\cos\left(x+\frac{\pi}{6}\right),$$

因为 $x\in\left[-\frac{\pi}{3},\frac{\pi}{2}\right]$，所以 $x+\frac{\pi}{6}\in\left[-\frac{\pi}{6},\frac{2\pi}{3}\right]$，由余弦函数的性质，得 $-\frac{1}{2}\leqslant\cos\left(x+\frac{\pi}{6}\right)\leqslant$

1，即 $-\frac{\sqrt{3}}{2}\leqslant\sqrt{3}\cos\left(x+\frac{\pi}{6}\right)\leqslant\sqrt{3}$，因此，题中函数的最大值为 $\sqrt{3}$，最小值为 $-\frac{\sqrt{3}}{2}$.

同步练习

1. 求下列各式的值.

（1）$\cos\frac{\pi}{8}\cos\frac{5\pi}{8}$；　　　　　　（2）$\sin 105°+\sin 15°$.

2. 求函数 $f(x)=\sin\left(x+\frac{\pi}{3}\right)+\sin\left(x-\frac{\pi}{3}\right)$ 的最大值.

参考答案

1.（1）$\cos\frac{\pi}{8}\cos\frac{5\pi}{8}=\frac{1}{2}\left[\cos\left(\frac{\pi}{8}+\frac{5\pi}{8}\right)+\cos\left(\frac{\pi}{8}-\frac{5\pi}{8}\right)\right]$

$$=\frac{1}{2}\left[\cos\frac{3\pi}{4}+\cos\left(-\frac{\pi}{2}\right)\right]=\frac{1}{2}\cos\frac{3\pi}{4}=\frac{1}{2}\times\left(-\frac{\sqrt{2}}{2}\right)=-\frac{\sqrt{2}}{4}.$$

（2）$\sin 105°+\sin 15°=2\sin\frac{105°+15°}{2}\cos\frac{105°-15°}{2}=2\sin 60°\cos 45°$

$$=2\times\frac{\sqrt{3}}{2}\times\frac{\sqrt{2}}{2}=\frac{\sqrt{6}}{2}.$$

2. $f(x) = \sin\left(x+\dfrac{\pi}{3}\right) + \sin\left(x-\dfrac{\pi}{3}\right) = 2\sin\dfrac{\left(x+\dfrac{\pi}{3}\right)+\left(x-\dfrac{\pi}{3}\right)}{2}\cos\dfrac{\left(x+\dfrac{\pi}{3}\right)-\left(x-\dfrac{\pi}{3}\right)}{2} =$

$2\sin x\cos\dfrac{\pi}{3} = \sin x$,

因此,函数的最大值为 1.

六、 辅助角公式

对于形如 $y = a\sin x + b\cos x$ 的函数,进行如下变形:

$$y = a\sin x + b\cos x = \sqrt{a^2+b^2}\left(\dfrac{a}{\sqrt{a^2+b^2}}\sin x + \dfrac{b}{\sqrt{a^2+b^2}}\cos x\right),$$

令 $\cos\varphi = \dfrac{a}{\sqrt{a^2+b^2}}$, $\sin\varphi = \dfrac{b}{\sqrt{a^2+b^2}}$, 则

$$y = a\sin x + b\cos x = \sqrt{a^2+b^2}(\sin x\cos\varphi + \cos x\sin\varphi) = \sqrt{a^2+b^2}\sin(x+\varphi).$$

辅助角公式:变换 $a\sin x + b\cos x = \sqrt{a^2+b^2}\sin(x+\varphi)$ $(ab \neq 0)$ 称为辅助角公式,其中

φ 称为辅助角,满足 $\tan\varphi = \dfrac{b}{a}$.

> 注:(1) 若令 $\sin\theta = \dfrac{a}{\sqrt{a^2+b^2}}$, $\cos\theta = \dfrac{b}{\sqrt{a^2+b^2}}$, 则辅助角公式为
>
> $$a\sin x + b\cos x = \sqrt{a^2+b^2}(\sin x\sin\theta + \cos x\cos\theta) = \sqrt{a^2+b^2}\cos(x-\theta),$$
>
> 其中的辅助角 θ 满足 $\tan\theta = \dfrac{a}{b}$.
>
> (2) 辅助角公式常用于将形如 $y = a\sin x + b\cos x$ 的函数化为 $y = \sqrt{a^2+b^2}\sin(x+\varphi)$
>
> 或 $y = \sqrt{a^2+b^2}\cos(x-\theta)$ 的函数形式,然后利用三角函数的性质求函数的最值等问题.

典型例题

例 16 求函数 $y = \sin x + \cos x$ 的最大值.

解: $y = \sin x + \cos x = \sqrt{2}\left(\dfrac{\sqrt{2}}{2}\cos x + \dfrac{\sqrt{2}}{2}\sin x\right)$

$$= \sqrt{2}\left(\sin\dfrac{\pi}{4}\cos x + \cos\dfrac{\pi}{4}\sin x\right) = \sqrt{2}\sin\left(\dfrac{\pi}{4}+x\right),$$

当 $\sin\left(\dfrac{\pi}{4}+x\right) = 1$, 即 $x = 2k\pi + \dfrac{\pi}{4}$, $k \in \mathbf{Z}$ 时, 函数 $y = \sin x + \cos x$ 的值最大, 最大值为 $\sqrt{2}$.

例 17 求函数 $f(x) = \sqrt{3}\sin x + \cos x$ 的周期、最值以及最值点.

解: $f(x) = \sqrt{3}\sin x + \cos x = 2\left(\dfrac{\sqrt{3}}{2}\sin x + \dfrac{1}{2}\cos x\right)$

$$= 2\left(\cos\frac{\pi}{6}\sin x + \sin\frac{\pi}{6}\cos x\right) = 2\sin\left(x+\frac{\pi}{6}\right),$$

函数的周期为 $T=2\pi$.

当 $x+\dfrac{\pi}{6}=2k\pi+\dfrac{\pi}{2}, k\in\mathbf{Z}$，即 $x=2k\pi+\dfrac{\pi}{3}, k\in\mathbf{Z}$ 时，函数 $f(x)$ 取最大值 2，最大值点为

$\left(2k\pi+\dfrac{\pi}{3},2\right), k\in\mathbf{Z}$.

当 $x+\dfrac{\pi}{6}=2k\pi-\dfrac{\pi}{2}$，即 $x=2k\pi-\dfrac{2\pi}{3}, k\in\mathbf{Z}$ 时，函数 $f(x)$ 取最小值 -2，最小值点为

$\left(2k\pi-\dfrac{2\pi}{3},-2\right), k\in\mathbf{Z}$.

例 18　求 $f(x)=\cos 3x-\sin 3x$ 的周期、最值以及最值点.

解： $f(x)=\cos 3x-\sin 3x=\sqrt{2}\left(\dfrac{\sqrt{2}}{2}\cos 3x-\dfrac{\sqrt{2}}{2}\sin 3x\right)$

$$=\sqrt{2}\sin\left(\frac{\pi}{4}-3x\right)=-\sqrt{2}\sin\left(3x-\frac{\pi}{4}\right),$$

周期 $T=\dfrac{2\pi}{3}$.

当 $3x-\dfrac{\pi}{4}=2k\pi-\dfrac{\pi}{2}$，即 $x=\dfrac{2k\pi}{3}-\dfrac{\pi}{12}, k\in\mathbf{Z}$ 时，函数 $f(x)$ 取最大值 $\sqrt{2}$，最大值点为

$\left(\dfrac{2k\pi}{3}-\dfrac{\pi}{12},\sqrt{2}\right), k\in\mathbf{Z}$.

当 $3x-\dfrac{\pi}{4}=2k\pi+\dfrac{\pi}{2}$，即 $x=\dfrac{2k\pi}{3}+\dfrac{\pi}{4}, k\in\mathbf{Z}$ 时，函数 $f(x)$ 取最小值 $-\sqrt{2}$，最小值点为

$\left(\dfrac{2k\pi}{3}+\dfrac{\pi}{4},-\sqrt{2}\right), k\in\mathbf{Z}$.

例 19　已知函数 $f(x)=3\cos x+4\sin x$，求函数的最大值、最小值.

解： $f(x)=3\cos x+4\sin x=5\left(\dfrac{3}{5}\cos x+\dfrac{4}{5}\sin x\right)$,

令 $\sin\varphi=\dfrac{3}{5}$，且 $\varphi\in\left(0,\dfrac{\pi}{2}\right)$，则 $\cos\varphi=\dfrac{4}{5}$.

$f(x)=3\cos x+4\sin x=5\left(\dfrac{3}{5}\cos x+\dfrac{4}{5}\sin x\right)=5(\sin\varphi\cos x+\cos\varphi\sin x)=5\sin(x+\varphi)$,

所以函数 $f(x)$ 的最大值为 5，最小值为 -5.

同步练习

1. 求函数 $y=\sin 2x+\cos 2x$ 的周期、最值以及最值点.
2. 求函数 $y=2\sin x+3\cos x$ 的周期、最值.

参考答案

1. $y=\sin 2x+\cos 2x=\sqrt{2}\left(\dfrac{\sqrt{2}}{2}\sin 2x+\dfrac{\sqrt{2}}{2}\cos 2x\right)=\sqrt{2}\sin\left(2x+\dfrac{\pi}{4}\right)$.

$\sin\left(2x+\dfrac{\pi}{4}\right)=1$ 时，函数取得最大值 $\sqrt{2}$ ，此时 $2x+\dfrac{\pi}{4}=2k\pi+\dfrac{\pi}{2}$，即最大值点为

$\left(k\pi+\dfrac{\pi}{8},\sqrt{2}\right),k\in\mathbf{Z}.$

$\sin\left(2x+\dfrac{\pi}{4}\right)=-1$ 时，函数取得最小值 $-\sqrt{2}$ ，此时 $2x+\dfrac{\pi}{4}=2k\pi-\dfrac{\pi}{2}$，即最小值点为

$\left(k\pi-\dfrac{3\pi}{8},-\sqrt{2}\right),k\in\mathbf{Z}.$

函数的周期为 $T=\dfrac{2\pi}{2}=\pi.$

2. $y=2\sin x+3\cos x=\sqrt{2^2+3^2}\left(\dfrac{2}{\sqrt{13}}\sin x+\dfrac{3}{\sqrt{13}}\cos x\right)$

$\qquad =\sqrt{13}\left(\dfrac{2}{\sqrt{13}}\sin x+\dfrac{3}{\sqrt{13}}\cos x\right).$

令 $\sin\varphi=\dfrac{3}{\sqrt{13}}$，且 $\varphi\in\left(0,\dfrac{\pi}{2}\right)$，则 $\cos\varphi=\dfrac{2}{\sqrt{13}}$，

$y=2\sin x+3\cos x=\sqrt{13}\left(\cos\varphi\sin x+\sin\varphi\cos x\right)=\sqrt{13}\sin\left(x+\varphi\right)$，

函数的周期 $T=\dfrac{2\pi}{1}=2\pi$，最大值为 $\sqrt{13}$，最小值为 $-\sqrt{13}.$

第二十二章

反三角函数

三角函数均为周期函数,在其自然定义域和值域两个集合之间不存在一一对应关系,每个三角函数在其各自的定义域内不存在统一的反函数. 因此反三角函数不是三角函数的反函数,而是在特定区间上的三角函数的反函数.

例如,正弦函数 $y = \sin x$,对于 $[-1,1]$ 上的每个 y 值,在定义域 $(-\infty, +\infty)$ 上都有无穷多个 x 值与之对应,故在 $(-\infty, +\infty)$ 上 $y = \sin x$ 不存在反函数. 但如果将定义域 $(-\infty, +\infty)$ 限制在单调区间 $\left[-\dfrac{\pi}{2}, \dfrac{\pi}{2}\right]$ 上,则正弦函数 $y = \sin x, x \in \left[-\dfrac{\pi}{2}, \dfrac{\pi}{2}\right]$ 存在反函数.

一、 反正弦函数

1. 反正弦函数的定义

正弦函数 $y = \sin x, x \in \left[-\dfrac{\pi}{2}, \dfrac{\pi}{2}\right]$ 的反函数称为反正弦函数,记为 $y = \arcsin x, x \in [-1,1], y \in \left[-\dfrac{\pi}{2}, \dfrac{\pi}{2}\right]$.

注:(1) $\arcsin x, x \in [-1,1]$ 表示弧度数属于 $\left[-\dfrac{\pi}{2}, \dfrac{\pi}{2}\right]$,且正弦值等于 x 的角. 即若 $\arcsin x = \alpha$,则 $\alpha \in \left[-\dfrac{\pi}{2}, \dfrac{\pi}{2}\right]$,$\sin \alpha = x$. 因此,有 $\sin(\arcsin x) = x, x \in [-1,1]$.

(2) $y = \sin x$ 只有在区间 $\left[-\dfrac{\pi}{2}, \dfrac{\pi}{2}\right]$ 上的反函数才能用 $\arcsin x$ 表示,在区间 $\left[-\dfrac{\pi}{2}, \dfrac{\pi}{2}\right]$ 外的其他区间上的反函数均不能直接用 $\arcsin x$ 表示.

2. 反正弦函数的图像

函数 $y = \arcsin x$ ($x \in [-1,1]$)的图像,如下图所示.

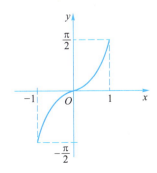

3. 反正弦函数与正弦函数的关系

（1）定义域和值域互换，具体过程如下.

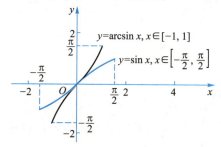

$$\begin{array}{ccc} & \text{定义域} & \text{值域} \\ y = \sin x & x \in \left[-\dfrac{\pi}{2}, \dfrac{\pi}{2}\right] & y \in [-1, 1] \\ \downarrow & & \times \\ y = \arcsin x & x \in [-1, 1] & y \in \left[-\dfrac{\pi}{2}, \dfrac{\pi}{2}\right] \end{array}$$

（2）图像关于 $y = x$ 对称.

在同一直角坐标系中画出函数 $y = \sin x$，$x \in \left[-\dfrac{\pi}{2}, \dfrac{\pi}{2}\right]$ 和函数 $y = \arcsin x$，$x \in$ $[-1, 1]$ 的图像，可发现这两个函数的图像关于直线 $y = x$ 对称. 如下图所示.

4. 反正弦函数的性质

（1）定义域：$[-1, 1]$.

（2）值域：$\left[-\dfrac{\pi}{2}, \dfrac{\pi}{2}\right]$.

（3）单调性：函数在 $[-1, 1]$ 上为增函数.

（4）奇偶性：图像关于原点对称，所以函数为奇函数，即 $\arcsin(-x) = -\arcsin x$.

（5）周期性：非周期函数.

（6）有界性：$-\dfrac{\pi}{2} \leqslant \arcsin x \leqslant \dfrac{\pi}{2}$，$x \in [-1, 1]$.

典型例题

例 1 求下列反正弦函数的值，并用弧度表示.

（1）$\arcsin \dfrac{1}{2}$；　　（2）$\arcsin \left(-\dfrac{1}{2}\right)$；　（3）$\arcsin \dfrac{\sqrt{3}}{2}$.

分析： 求 $\arcsin x$ 的值，就是要在区间 $\left[-\dfrac{\pi}{2}, \dfrac{\pi}{2}\right]$ 上找一个角 α，使得 $\sin \alpha = x$.

解：（1）设 $\alpha = \arcsin \dfrac{1}{2}$，则 $\sin \alpha = \dfrac{1}{2}$，$\alpha \in \left[-\dfrac{\pi}{2}, \dfrac{\pi}{2}\right]$，所以 $\alpha = \dfrac{\pi}{6}$，即 $\arcsin \dfrac{1}{2} = \dfrac{\pi}{6}$.

（2）设 $\alpha = \arcsin \left(-\dfrac{1}{2}\right)$，则 $\sin \alpha = -\dfrac{1}{2}$，$\alpha \in \left[-\dfrac{\pi}{2}, \dfrac{\pi}{2}\right]$，所以 $\alpha = -\dfrac{\pi}{6}$，即 $\arcsin \left(-\dfrac{1}{2}\right) = -\dfrac{\pi}{6}$.

（3）设 $\alpha=\arcsin\dfrac{\sqrt{3}}{2}$，则 $\sin\alpha=\dfrac{\sqrt{3}}{2}$，$\alpha\in\left[-\dfrac{\pi}{2},\dfrac{\pi}{2}\right]$，所以 $\alpha=\dfrac{\pi}{3}$，即 $\arcsin\dfrac{\sqrt{3}}{2}=\dfrac{\pi}{3}$.

例 2　用 $\arcsin x$ 表示函数 $y=\sin x$ 在 $(0,\pi)$ 内的反函数.

分析： $y=\sin x$ 在 $(0,\pi)$ 内没有统一的反函数，所以分成 $\left(0,\dfrac{\pi}{2}\right]$，$\left(\dfrac{\pi}{2},\pi\right)$ 两段求.

解：（1）当 $x\in\left(0,\dfrac{\pi}{2}\right]$ 时，$y=\sin x$ 在 $\left(0,\dfrac{\pi}{2}\right]$ 上的反函数为 $y=\arcsin x$，$x\in(0,1]$.

（2）当 $x\in\left(\dfrac{\pi}{2},\pi\right)$ 时，$\pi-x\in\left(0,\dfrac{\pi}{2}\right)$，$y=\sin x=\sin(\pi-x)$，则 $\pi-x=\arcsin y$，$x=\pi-\arcsin y$. x,y 互换后得 $y=\pi-\arcsin x$，于是 $y=\sin x$ 在 $\left(\dfrac{\pi}{2},\pi\right)$ 上的反函数为 $y=\pi-\arcsin x$，$x\in(0,1)$.

例 3　求 $\sin\left[2\arcsin\left(-\dfrac{3}{5}\right)\right]$.

解：设 $\arcsin\left(-\dfrac{3}{5}\right)=\alpha$，则 $\alpha\in\left[-\dfrac{\pi}{2},\dfrac{\pi}{2}\right]$，$\sin\alpha=-\dfrac{3}{5}$，所以

$$\cos\alpha=\sqrt{1-\sin^2\alpha}=\sqrt{1-\left(-\dfrac{3}{5}\right)^2}=\dfrac{4}{5},$$

$$\sin\left[2\arcsin\left(-\dfrac{3}{5}\right)\right]=\sin 2\alpha=2\sin\alpha\cos\alpha=2\times\left(-\dfrac{3}{5}\right)\times\dfrac{4}{5}=-\dfrac{24}{25}.$$

同步练习

1. 下列函数中，存在反函数的是（　　　　）

A. $y=\sin x$，$x\in[-\pi,0]$.　　　　　　　　B. $y=\sin x$，$x\in\left[\dfrac{\pi}{3},\dfrac{3\pi}{2}\right]$.

C. $y=\sin x$，$x\in\left[\dfrac{\pi}{4},\dfrac{3\pi}{4}\right]$.　　　　　　　D. $y=\sin x$，$x\in\left[\dfrac{2\pi}{3},\dfrac{3\pi}{2}\right]$.

2. 用弧度表示下列各值.

（1）$\arcsin\left(-\dfrac{\sqrt{3}}{2}\right)$；　　　　（2）$\arcsin 1$；　　　　（3）$\arcsin 0$；　　　　（4）$\arcsin(-1)$.

3. 用 $\arcsin x$ 表示函数 $y=\sin x$ 在 $\left[\dfrac{\pi}{2},\dfrac{3\pi}{2}\right]$ 上的反函数.

参考答案

1. 因为在四个选项的区间中，$y=\sin x$ 只有在 $x\in\left[\dfrac{2\pi}{3},\dfrac{3\pi}{2}\right]$ 上单调，故应选 D.

2.（1）因为 $\sin\left(-\dfrac{\pi}{3}\right)=-\dfrac{\sqrt{3}}{2}$，所以 $\arcsin\left(-\dfrac{\sqrt{3}}{2}\right)=-\dfrac{\pi}{3}$；

（2）因为 $\sin\dfrac{\pi}{2}=1$，所以 $\arcsin 1=\dfrac{\pi}{2}$；

（3）因为 $\sin 0 = 0$，所以 $\arcsin 0 = 0$；

（4）因为 $\sin\left(-\dfrac{\pi}{2}\right) = -1$，所以 $\arcsin(-1) = -\dfrac{\pi}{2}$.

3. $x \in \left[\dfrac{\pi}{2}, \dfrac{3\pi}{2}\right]$，$x - \pi \in \left[-\dfrac{\pi}{2}, \dfrac{\pi}{2}\right]$，$y = \sin x = -\sin(x-\pi)$，$\sin(x-\pi) = -y$，两边取反函数，得 $\arcsin(-y) = x - \pi$，x, y 互换后得 $y = \pi + \arcsin(-x) = \pi - \arcsin x$，即 $y = \sin x$，$x \in \left[\dfrac{\pi}{2}, \dfrac{3\pi}{2}\right]$ 的反函数为 $y = \pi - \arcsin x$，$x \in [-1, 1]$.

二、反余弦函数

1. 反余弦函数的定义

余弦函数 $y = \cos x$（$x \in [0, \pi]$）的反函数称为反余弦函数，记作

$$y = \arccos x, \quad x \in [-1, 1], \quad y \in [0, \pi].$$

> 注：（1）$\arccos x$，$x \in [-1, 1]$ 表示弧度数属于 $[0, \pi]$，且余弦值等于 x 的角，即若 $\arccos x = \alpha$，则 $\alpha \in [0, \pi]$，$\cos \alpha = x$. 因此，有
>
> $$\cos(\arccos x) = x, \quad x \in [-1, 1].$$
>
> （2）$y = \cos x$ 只有在区间 $[0, \pi]$ 上的反函数才能用 $\arccos x$ 表示，在区间 $[0, \pi]$ 外的其他区间上的反函数均不能直接用 $\arccos x$ 表示.

2. 反余弦函数的图像

函数 $y = \arccos x$（$x \in [-1, 1]$）的图像，如下图所示.

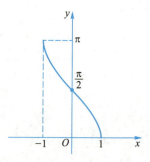

在同一直角坐标系中画出 $y = \cos x$，$x \in [0, \pi]$ 和 $y = \arccos x$，$x \in [-1, 1]$ 的图像，显然这两个函数的图像关于直线 $y = x$ 对称. 如下图所示.

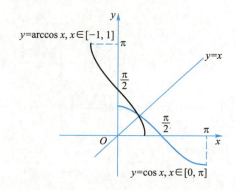

3. 反余弦函数的性质

（1）定义域：$[-1,1]$．

（2）值域：$[0,\pi]$．

（3）单调性：函数在 $[-1,1]$ 上为减函数．

（4）奇偶性：图像既不关于原点对称，也不关于 y 轴对称，所以反余弦函数既不是奇函数，也不是偶函数．满足关系式：$\arccos(-x)=\pi-\arccos x$．

（5）周期性：非周期函数．

（6）有界性：$0\leqslant\arccos x\leqslant\pi,x\in[-1,1]$．

典型例题

例 4 求下列反余弦函数的值，并用弧度表示．

（1）$\arccos\dfrac{1}{2}$；　　（2）$\arccos\left(-\dfrac{1}{2}\right)$；　　（3）$\arccos\dfrac{\sqrt{3}}{2}$．

解：（1）设 $\alpha=\arccos\dfrac{1}{2}$，则 $\cos\alpha=\dfrac{1}{2},\alpha\in[0,\pi]$，所以 $\alpha=\dfrac{\pi}{3}$，即 $\arccos\dfrac{1}{2}=\dfrac{\pi}{3}$．

（2）设 $\alpha=\arccos\left(-\dfrac{1}{2}\right)$，则 $\cos\alpha=-\dfrac{1}{2},\alpha\in[0,\pi]$，所以 $\alpha=\dfrac{2\pi}{3}$，即 $\arccos\left(-\dfrac{1}{2}\right)=\dfrac{2\pi}{3}$．

（3）设 $\alpha=\arccos\dfrac{\sqrt{3}}{2}$，则 $\cos\alpha=\dfrac{\sqrt{3}}{2},\alpha\in[0,\pi]$，所以 $\alpha=\dfrac{\pi}{6}$，即 $\arccos\dfrac{\sqrt{3}}{2}=\dfrac{\pi}{6}$．

例 5 求 $\sin\left[\arccos\left(-\dfrac{4}{5}\right)\right]$ 的值．

解：设 $\arccos\left(-\dfrac{4}{5}\right)=\alpha$，则 $\cos\alpha=-\dfrac{4}{5},\alpha\in[0,\pi]$，故 $\sin\alpha>0$．

$\sin\alpha=\sqrt{1-\cos^2\alpha}=\sqrt{1-\left(-\dfrac{4}{5}\right)^2}=\dfrac{3}{5}$，即 $\sin\left[\arccos\left(-\dfrac{4}{5}\right)\right]=\dfrac{3}{5}$．

例 6 求 $\sin\left(\arcsin\dfrac{3}{5}-\arccos\dfrac{1}{2}\right)$．

解：设 $\arcsin\dfrac{3}{5}=\alpha,\arccos\dfrac{1}{2}=\beta$，则

$\sin\alpha=\dfrac{3}{5},\alpha\in\left[-\dfrac{\pi}{2},\dfrac{\pi}{2}\right],\cos\beta=\dfrac{1}{2},\beta\in[0,\pi]$，

所以 $\cos\alpha=\sqrt{1-\left(\dfrac{3}{5}\right)^2}=\dfrac{4}{5},\sin\beta=\sqrt{1-\left(\dfrac{1}{2}\right)^2}=\dfrac{\sqrt{3}}{2}$，

$\sin\left(\arcsin\dfrac{3}{5}-\arccos\dfrac{1}{2}\right)=\sin(\alpha-\beta)=\sin\alpha\cos\beta-\cos\alpha\sin\beta=\dfrac{3}{5}\times\dfrac{1}{2}-\dfrac{4}{5}\times\dfrac{\sqrt{3}}{2}$

$=\dfrac{3-4\sqrt{3}}{10}$．

同步练习

1. 用弧度表示下列各值．

(1) $\arccos\left(-\dfrac{\sqrt{3}}{2}\right)$；　　　（2）$\arccos 1$；　　　（3）$\arccos 0$；　　　（4）$\arccos(-1)$.

2. 求 $\cos\left[\arccos\dfrac{4}{5}+\arccos\left(-\dfrac{5}{13}\right)\right]$ 的值.

参考答案

1. （1）因为 $\cos\dfrac{5\pi}{6}=-\dfrac{\sqrt{3}}{2}$，所以 $\arccos\left(-\dfrac{\sqrt{3}}{2}\right)=\dfrac{5\pi}{6}$.

（2）因为 $\cos 0=1$，所以 $\arccos 1=0$.

（3）因为 $\cos\dfrac{\pi}{2}=0$，所以 $\arccos 0=\dfrac{\pi}{2}$.

（4）因为 $\cos\pi=-1$，所以 $\arccos(-1)=\pi$.

2. 设 $\arccos\dfrac{4}{5}=\alpha$，$\arccos\left(-\dfrac{5}{13}\right)=\beta$，则

$$\cos\alpha=\dfrac{4}{5},\cos\beta=-\dfrac{5}{13},\alpha,\beta\in[0,\pi]，$$

所以 $\sin\alpha=\sqrt{1-\left(\dfrac{4}{5}\right)^{2}}=\dfrac{3}{5}$，$\sin\beta=\sqrt{1-\left(-\dfrac{5}{13}\right)^{2}}=\dfrac{12}{13}$，

故 $\cos\left[\arccos\dfrac{4}{5}+\arccos\left(-\dfrac{5}{13}\right)\right]=\cos(\alpha+\beta)=\cos\alpha\cos\beta-\sin\alpha\sin\beta$

$$=\dfrac{4}{5}\times\left(-\dfrac{5}{13}\right)-\dfrac{3}{5}\times\dfrac{12}{13}=\dfrac{-56}{65}.$$

三、反正切函数

1. 反正切函数的定义

正切函数 $y=\tan x$ 在 $\left(-\dfrac{\pi}{2},\dfrac{\pi}{2}\right)$ 上的反函数，称为**反正切函数**，记作 $y=\arctan x$，$x\in$

$(-\infty,+\infty)$，$y\in\left(-\dfrac{\pi}{2},\dfrac{\pi}{2}\right)$.

注：（1）$\arctan x$，$x\in(-\infty,+\infty)$ 表示弧度数属于 $\left(-\dfrac{\pi}{2},\dfrac{\pi}{2}\right)$，且正切值等于 x 的角，

即若 $\arctan x=\alpha$，则 $\alpha\in\left(-\dfrac{\pi}{2},\dfrac{\pi}{2}\right)$，$\tan\alpha=x$. 因此，有

$$\tan(\arctan x)=x,x\in(-\infty,+\infty).$$

（2）$y=\tan x$ 只有在区间 $\left(-\dfrac{\pi}{2},\dfrac{\pi}{2}\right)$ 内的反函数才能用 $\arctan x$ 表示，在区间

$\left(-\dfrac{\pi}{2},\dfrac{\pi}{2}\right)$ 外的其他区间上的反函数均不能直接用 $\arctan x$ 表示.

2. 反正切函数的图像

函数 $y = \arctan x, x \in (-\infty, +\infty)$ 的图像,如下图所示.

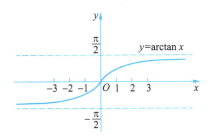

在同一坐标系中画出函数 $y = \tan x, x \in \left(-\dfrac{\pi}{2}, \dfrac{\pi}{2}\right)$ 和函数 $y = \arctan x, x \in (-\infty, +\infty)$ 的图像,显然这两个函数的图像关于直线 $y = x$ 对称. 如下图所示.

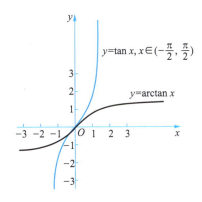

3. 反正切函数的性质

(1) 定义域: $(-\infty, +\infty)$.

(2) 值域: $\left(-\dfrac{\pi}{2}, \dfrac{\pi}{2}\right)$.

(3) 单调性:函数在 $(-\infty, +\infty)$ 上为增函数.

(4) 奇偶性:图像关于原点对称,所以函数为奇函数,即 $\arctan(-x) = -\arctan x$.

(5) 周期性:非周期函数.

(6) 有界性: $-\dfrac{\pi}{2} < \arctan x < \dfrac{\pi}{2}, x \in (-\infty, +\infty)$.

典型例题

例 7　求下列反正切函数的值,并用弧度表示.

(1) $\arctan 1$;　　(2) $\arctan(-1)$;　　(3) $\arctan\sqrt{3}$.

解: (1) 设 $\alpha = \arctan 1$,则 $\tan \alpha = 1, \alpha \in \left(-\dfrac{\pi}{2}, \dfrac{\pi}{2}\right)$,所以 $\alpha = \dfrac{\pi}{4}$,即 $\arctan 1 = \dfrac{\pi}{4}$.

(2) 设 $\alpha = \arctan(-1)$,则 $\tan \alpha = -1, \alpha \in \left(-\dfrac{\pi}{2}, \dfrac{\pi}{2}\right)$,所以 $\alpha = -\dfrac{\pi}{4}$,即 $\arctan(-1) =$

$-\dfrac{\pi}{4}$.

（3）设 $\alpha = \arctan\sqrt{3}$，则 $\tan\alpha = \sqrt{3}$，$\alpha \in \left(-\dfrac{\pi}{2},\dfrac{\pi}{2}\right)$，所以 $\alpha = \dfrac{\pi}{3}$，即 $\arctan\sqrt{3} = \dfrac{\pi}{3}$.

例 8　求 $\tan\left(\dfrac{1}{2}\arccos\dfrac{1}{3}\right)$ 的值.

解： 设 $\arccos\dfrac{1}{3} = \alpha$，则 $\alpha \in [0,\pi]$，$\cos\alpha = \dfrac{1}{3}$，所以

$$\sin\alpha = \sqrt{1-\cos^2\alpha} = \sqrt{1-\left(\dfrac{1}{3}\right)^2} = \dfrac{2\sqrt{2}}{3},$$

$$\tan\left(\dfrac{1}{2}\arccos\dfrac{1}{3}\right) = \tan\dfrac{\alpha}{2} = \dfrac{1-\cos\alpha}{\sin\alpha} = \dfrac{1-\dfrac{1}{3}}{\dfrac{2\sqrt{2}}{3}} = \dfrac{\sqrt{2}}{2}.$$

例 9　求函数 $y = \arctan(x^2+1)$ 的值域.

解： 令 $u = x^2+1$，则 $u \geqslant 1$，函数 $y = \arctan u$，$u \geqslant 1$，如下图所示.

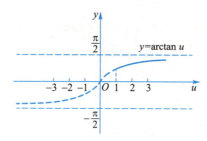

$u \geqslant 1$ 时，$\arctan u \geqslant \arctan 1 = \dfrac{\pi}{4}$，而 $y \in \left(-\dfrac{\pi}{2},\dfrac{\pi}{2}\right)$，所以函数值域为 $\left[\dfrac{\pi}{4},\dfrac{\pi}{2}\right)$.

同步练习

1. 用弧度表示下列各值.

（1）$\arctan(-\sqrt{3})$；　（2）$\arctan\dfrac{\sqrt{3}}{3}$；　　　　（3）$\arctan\left(-\dfrac{\sqrt{3}}{3}\right)$.

2. 求 $\tan\left(\arccos\dfrac{3}{5}\right)$ 的值.

参考答案

1.（1）因为 $\tan\left(-\dfrac{\pi}{3}\right) = -\sqrt{3}$，所以 $\arctan(-\sqrt{3}) = -\dfrac{\pi}{3}$.

（2）因为 $\tan\dfrac{\pi}{6} = \dfrac{\sqrt{3}}{3}$，所以 $\arctan\dfrac{\sqrt{3}}{3} = \dfrac{\pi}{6}$.

（3）因为 $\tan\left(-\dfrac{\pi}{6}\right)=-\dfrac{\sqrt{3}}{3}$，所以 $\arctan\left(-\dfrac{\sqrt{3}}{3}\right)=-\dfrac{\pi}{6}$.

2. 设 $\arccos\dfrac{3}{5}=\alpha$，则 $\alpha\in[0,\pi]$，$\cos\alpha=\dfrac{3}{5}$，所以

$$\sin\alpha=\sqrt{1-\cos^2\alpha}=\sqrt{1-\left(\dfrac{3}{5}\right)^2}=\dfrac{4}{5},$$

$$\tan\left(\arccos\dfrac{3}{5}\right)=\tan\alpha=\dfrac{\sin\alpha}{\cos\alpha}=\dfrac{\dfrac{4}{5}}{\dfrac{3}{5}}=\dfrac{4}{3}.$$

四、反余切函数

1. 反余切函数的定义

余切函数 $y=\cot x$ 在 $(0,\pi)$ 上的反函数称为反余切函数，记作 $y=\operatorname{arccot} x$，$x\in(-\infty,+\infty)$，$y\in(0,\pi)$.

> 注：（1）$\operatorname{arccot} x$，$x\in(-\infty,+\infty)$ 表示弧度数属于 $(0,\pi)$，且余切值等于 x 的角，即若 $\operatorname{arccot} x=\alpha$，则 $\alpha\in(0,\pi)$，$\cot\alpha=x$. 因此，有
>
> $$\cot(\operatorname{arccot} x)=x,\ x\in(-\infty,+\infty).$$
>
> （2）$y=\cot x$ 只有在区间 $(0,\pi)$ 内的反函数才能用 $\operatorname{arccot} x$ 表示，在区间 $(0,\pi)$ 外的其他区间上的反函数均不能直接用 $\operatorname{arccot} x$ 表示.

2. 反余切函数的图像

函数 $y=\operatorname{arccot} x$，$x\in(-\infty,+\infty)$ 的图像，如下图所示.

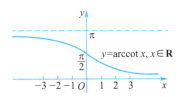

在同一坐标系中画出函数 $y=\cot x$，$x\in(0,\pi)$ 和函数 $y=\operatorname{arccot} x$，$x\in(-\infty,+\infty)$ 的图像，显然这两个函数的图像关于直线 $y=x$ 对称. 如下图所示.

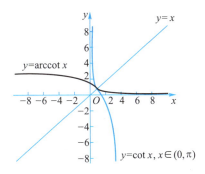

3. 反余切函数的性质

（1）定义域：$(-\infty,+\infty)$．

（2）值域：$(0,\pi)$．

（3）单调性：函数在$(-\infty,+\infty)$上为减函数．

（4）奇偶性：图像既不关于原点对称，也不关于y轴对称，所以反余切函数既不是奇函数，也不是偶函数．$\mathrm{arccot}(-x)=\pi-\mathrm{arccot}\,x$．

（5）周期性：非周期函数．

（6）有界性：$0<\mathrm{arccot}\,x<\pi,x\in(-\infty,+\infty)$．

典型例题

例 10　求下列反余切函数的值，并用弧度表示．

（1）$\mathrm{arccot}\,1$；　　　　（2）$\mathrm{arccot}\,(-1)$；　　（3）$\mathrm{arccot}\sqrt{3}$．

解：（1）设$\alpha=\mathrm{arccot}\,1$，则$\cot\alpha=1,\alpha\in(0,\pi)$，故$\alpha=\dfrac{\pi}{4}$，即$\mathrm{arccot}\,1=\dfrac{\pi}{4}$．

（2）设$\alpha=\mathrm{arccot}\,(-1)$，则$\cot\alpha=-1,\alpha\in(0,\pi)$，故$\alpha=\dfrac{3\pi}{4}$，即$\mathrm{arccot}(-1)=\dfrac{3\pi}{4}$．

（3）设$\alpha=\mathrm{arccot}\sqrt{3}$，则$\cot\alpha=\sqrt{3},\alpha\in(0,\pi)$，故$\alpha=\dfrac{\pi}{6}$，即$\mathrm{arccot}\sqrt{3}=\dfrac{\pi}{6}$．

例 11　求$\cot\left(\arcsin\dfrac{3}{5}\right)$．

解：设$\arcsin\dfrac{3}{5}=\alpha$，则$\alpha\in\left[-\dfrac{\pi}{2},\dfrac{\pi}{2}\right]$，$\sin\alpha=\dfrac{3}{5}$，所以

$$\cos\alpha=\sqrt{1-\sin^2\alpha}=\sqrt{1-\left(\dfrac{3}{5}\right)^2}=\dfrac{4}{5},$$

$$\cot\left(\arcsin\dfrac{3}{5}\right)=\cot\alpha=\dfrac{\cos\alpha}{\sin\alpha}=\dfrac{\dfrac{4}{5}}{\dfrac{3}{5}}=\dfrac{4}{3}.$$

例 12　求$\cot\left(\arctan\dfrac{1}{3}+\arctan\dfrac{1}{5}\right)$的值．

解：设$\arctan\dfrac{1}{3}=\alpha,\arctan\dfrac{1}{5}=\beta$，则$\alpha,\beta\in\left(-\dfrac{\pi}{2},\dfrac{\pi}{2}\right)$，$\tan\alpha=\dfrac{1}{3},\tan\beta=\dfrac{1}{5}$，所以$\cot\alpha=3,\cot\beta=5$，因此

$$\cot\left(\arctan\dfrac{1}{3}+\arctan\dfrac{1}{5}\right)=\cot(\alpha+\beta)=\dfrac{\cot\alpha\cot\beta-1}{\cot\alpha+\cot\beta}=\dfrac{3\times5-1}{3+5}=\dfrac{7}{4}.$$

例 13　当$x>0$时，证明：

（1）$\arctan\dfrac{1}{x}=\mathrm{arccot}\,x$；

（2）$\mathrm{arccot}\dfrac{1}{x}=\arctan x$．

证明:（1）设 $\operatorname{arccot} x = \alpha$，则 $\cot \alpha = x$，因为 $x > 0$，所以 $\alpha \in \left(0, \dfrac{\pi}{2}\right)$，故 $\tan \alpha = \dfrac{1}{\cot \alpha} = \dfrac{1}{x}$，从而有 $\arctan \dfrac{1}{x} = \alpha = \operatorname{arccot} x$.

（2）设 $\arctan x = \alpha$，则 $\tan \alpha = x$，因为 $x > 0$，所以 $\alpha \in \left(0, \dfrac{\pi}{2}\right)$，故 $\cot \alpha = \dfrac{1}{\tan \alpha} = \dfrac{1}{x}$，从而有 $\operatorname{arccot} \dfrac{1}{x} = \alpha = \arctan x$.

同步练习

1. 用弧度表示下列各值.

（1）$\operatorname{arccot}\left(-\sqrt{3}\right)$；　　（2）$\operatorname{arccot}\dfrac{\sqrt{3}}{3}$；　　（3）$\operatorname{arccot}\left(-\dfrac{\sqrt{3}}{3}\right)$.

2. 求 $\cot\left(\arccos \dfrac{1}{3}\right)$ 的值.

参考答案

1.（1）因为 $\cot \dfrac{5\pi}{6} = -\sqrt{3}$，所以 $\operatorname{arccot}\left(-\sqrt{3}\right) = \dfrac{5\pi}{6}$.

（2）因为 $\cot \dfrac{\pi}{3} = \dfrac{\sqrt{3}}{3}$，所以 $\operatorname{arccot}\dfrac{\sqrt{3}}{3} = \dfrac{\pi}{3}$.

（3）因为 $\cot \dfrac{2\pi}{3} = -\dfrac{\sqrt{3}}{3}$，所以 $\operatorname{arccot}\left(-\dfrac{\sqrt{3}}{3}\right) = \dfrac{2\pi}{3}$.

2. 设 $\arccos \dfrac{1}{3} = \alpha$，则 $\alpha \in [0, \pi]$，$\cos \alpha = \dfrac{1}{3}$，所以

$$\sin \alpha = \sqrt{1 - \cos^2 \alpha} = \sqrt{1 - \left(\dfrac{1}{3}\right)^2} = \dfrac{2\sqrt{2}}{3},$$

$$\cot\left(\arccos \dfrac{1}{3}\right) = \cot \alpha = \dfrac{\cos \alpha}{\sin \alpha} = \dfrac{\dfrac{1}{3}}{\dfrac{2\sqrt{2}}{3}} = \dfrac{\sqrt{2}}{4}.$$

第二十三章

向量代数与空间解析几何

第一节　向　量

一、向量的相关概念

1. 向量

既有大小又有方向的量称为向量(或矢量),用有向线段 $\overrightarrow{AB}$(起点为 A,终点为 B)或小写字母 $\boldsymbol{a}$ 表示.

例1　在等腰三角形 ABC 中,AB 和 AC 是三角形的腰,设 D 是 BC 边上的中点,写出此三角形中相等的向量.

解：$\overrightarrow{BD}=\overrightarrow{DC}$,$\overrightarrow{DB}=\overrightarrow{CD}$.

2. 向量的坐标表示

向量的坐标表示法有两种：$\boldsymbol{a}=x\boldsymbol{i}+y\boldsymbol{j}+z\boldsymbol{k}$ 或 $\boldsymbol{a}=(x,y,z)$.

3. 向量的模

向量的长度称为向量的模.若 $\boldsymbol{a}=(x,y,z)$,则 $|\boldsymbol{a}|=\sqrt{x^2+y^2+z^2}$.

例2　已知点 $A(1,2,\sqrt{2})$,$B(2,1,0)$,求向量 $\overrightarrow{AB}$ 的模.

解：$\overrightarrow{AB}=(2-1,1-2,0-\sqrt{2})=(1,-1,-\sqrt{2})$,$|\overrightarrow{AB}|=\sqrt{1^2+(-1)^2+(-\sqrt{2})^2}=2$.

二、向量的运算

1. 线性运算

设 $\boldsymbol{a}=(x_1,y_1,z_1)$,$\boldsymbol{b}=(x_2,y_2,z_2)$,则有

加法：$\boldsymbol{a}+\boldsymbol{b}=(x_1+x_2,y_1+y_2,z_1+z_2)$;

减法：$\boldsymbol{a}-\boldsymbol{b}=(x_1-x_2,y_1-y_2,z_1-z_2)$;

数乘：$\lambda\boldsymbol{a}=(\lambda x_1,\lambda y_1,\lambda z_1)$.

例3　已知向量 $\boldsymbol{a}=(3,-1,2)$,$\boldsymbol{b}=(2,0,-3)$,求 $2\boldsymbol{a}+3\boldsymbol{b}$ 及 $3\boldsymbol{a}-2\boldsymbol{b}$.

解：$2\boldsymbol{a}+3\boldsymbol{b}=2(3,-1,2)+3(2,0,-3)=(6,-2,4)+(6,0,-9)=(12,-2,-5)$,

$3\boldsymbol{a}-2\boldsymbol{b}=3(3,-1,2)-2(2,0,-3)=(9,-3,6)-(4,0,-6)=(5,-3,12)$.

例4　已知三角形 ABC 的三个顶点分别是 $A(1,2,1)$,$B(0,1,-2)$,$C(-2,3,0)$,判断三角形 ABC 的形状.

解：因为 $\overrightarrow{AB}=(-1,-1,-3)$,$\overrightarrow{AC}=(-3,1,-1)$,故 $|\overrightarrow{AB}|=\sqrt{(-1)^2+(-1)^2+(-3)^2}=$

$\sqrt{11}$, $|\overrightarrow{AC}| = \sqrt{(-3)^2 + 1^2 + (-1)^2} = \sqrt{11}$, $|\overrightarrow{AB}| = |\overrightarrow{AC}|$, 因此三角形 ABC 为等腰三角形.

2. 向量的数量积(点乘积)

向量的 数量积 记为: $\boldsymbol{a} \cdot \boldsymbol{b} = |\boldsymbol{a}||\boldsymbol{b}|\cos<\boldsymbol{a}, \boldsymbol{b}>$.

设 $\boldsymbol{a} = (x_1, y_1, z_1)$, $\boldsymbol{b} = (x_2, y_2, z_2)$, 则有 $\boldsymbol{a} \cdot \boldsymbol{b} = x_1 x_2 + y_1 y_2 + z_1 z_2$.

例 5　设向量 $|\boldsymbol{a}| = 3$, $|\boldsymbol{b}| = 4$, 两个向量的夹角为 $\dfrac{\pi}{3}$, 求 $\boldsymbol{a} \cdot \boldsymbol{b}$.

解: $\boldsymbol{a} \cdot \boldsymbol{b} = |\boldsymbol{a}||\boldsymbol{b}|\cos \dfrac{\pi}{3} = 3 \times 4 \times \dfrac{1}{2} = 6$.

例 6　已知向量 $\boldsymbol{a} = (3, -1, 2)$, $\boldsymbol{b} = (2, 0, -3)$, 求 $\boldsymbol{a} \cdot \boldsymbol{b}$.

解: $\boldsymbol{a} \cdot \boldsymbol{b} = (3, -1, 2) \cdot (2, 0, -3) = 3 \times 2 + (-1) \times 0 + 2 \times (-3) = 0$.

3. 向量的向量积(叉乘积)

向量 $\boldsymbol{a}, \boldsymbol{b}$ 的 向量积 是一个向量, 记为 $\boldsymbol{a} \times \boldsymbol{b}$, 它的模和方向分别定义为:

(1) $|\boldsymbol{a} \times \boldsymbol{b}| = |\boldsymbol{a}||\boldsymbol{b}|\sin<\boldsymbol{a}, \boldsymbol{b}>$;

(2) $\boldsymbol{a} \times \boldsymbol{b}$ 同时垂直于 $\boldsymbol{a}$ 和 $\boldsymbol{b}$, 且 $\boldsymbol{a}, \boldsymbol{b}, \boldsymbol{a} \times \boldsymbol{b}$ 成右手系.

设 $\boldsymbol{a} = (x_1, y_1, z_1)$, $\boldsymbol{b} = (x_2, y_2, z_2)$, 则有 $\boldsymbol{a} \times \boldsymbol{b} = (y_1 z_2 - y_2 z_1)\boldsymbol{i} - (x_1 z_2 - x_2 z_1)\boldsymbol{j} + (x_1 y_2 - x_2 y_1)\boldsymbol{k}$.

例 7　已知 $|\boldsymbol{a} \times \boldsymbol{b}| = 6$, $|\boldsymbol{a}| = 3$, $|\boldsymbol{b}| = 4$, 求向量 $\boldsymbol{a}$ 和 $\boldsymbol{b}$ 的夹角.

解: 由于 $|\boldsymbol{a} \times \boldsymbol{b}| = |\boldsymbol{a}||\boldsymbol{b}|\sin<\boldsymbol{a}, \boldsymbol{b}>$, 因此可知 $\sin<\boldsymbol{a}, \boldsymbol{b}> = \dfrac{1}{2}$, 从而向量 $\boldsymbol{a}$ 和 $\boldsymbol{b}$ 的夹角

为 $<\boldsymbol{a}, \boldsymbol{b}> = \dfrac{\pi}{6}$ 或 $\dfrac{5}{6}\pi$.

例 8　已知向量 $\boldsymbol{a} = (3, -1, 2)$, $\boldsymbol{b} = (2, 0, -3)$, 求 $\boldsymbol{a} \times \boldsymbol{b}$.

解: $\boldsymbol{a} \times \boldsymbol{b} = [(-1) \times (-3) - 2 \times 0]\boldsymbol{i} - [3 \times (-3) - 2 \times 2]\boldsymbol{j} + [3 \times 0 - (-1) \times 2]\boldsymbol{k} = 3\boldsymbol{i} + 13\boldsymbol{j} + 2\boldsymbol{k} = (3, 13, 2)$.

4. 基本性质

(1) 交换律: $\boldsymbol{a} \cdot \boldsymbol{b} = \boldsymbol{b} \cdot \boldsymbol{a}$,

　　　反交换律: $\boldsymbol{a} \times \boldsymbol{b} = -\boldsymbol{b} \times \boldsymbol{a}$;

(2) 分配律: $(\boldsymbol{a} + \boldsymbol{b}) \cdot \boldsymbol{c} = \boldsymbol{a} \cdot \boldsymbol{c} + \boldsymbol{b} \cdot \boldsymbol{c}$, $(\boldsymbol{a} + \boldsymbol{b}) \times \boldsymbol{c} = \boldsymbol{a} \times \boldsymbol{c} + \boldsymbol{b} \times \boldsymbol{c}$;

(3) 数乘运算: $(\lambda \boldsymbol{a}) \cdot \boldsymbol{b} = \lambda(\boldsymbol{a} \cdot \boldsymbol{b})$, $(\lambda \boldsymbol{a}) \times \boldsymbol{b} = \lambda(\boldsymbol{a} \times \boldsymbol{b})$.

例 9　已知 $|\boldsymbol{a}| = 1$, $|\boldsymbol{b}| = 2$, 求 $(\boldsymbol{a} + 2\boldsymbol{b}) \cdot (\boldsymbol{a} - 2\boldsymbol{b})$.

解: $(\boldsymbol{a} + 2\boldsymbol{b}) \cdot (\boldsymbol{a} - 2\boldsymbol{b}) = \boldsymbol{a} \cdot \boldsymbol{a} - 2\boldsymbol{a} \cdot \boldsymbol{b} + 2\boldsymbol{b} \cdot \boldsymbol{a} - 4\boldsymbol{b} \cdot \boldsymbol{b} = |\boldsymbol{a}|^2 - 4|\boldsymbol{b}|^2 = -15$.

例 10　已知 $|\boldsymbol{a}| = 1$, $|\boldsymbol{b}| = 5$, $\boldsymbol{a} \cdot \boldsymbol{b} = 3$, 求 $|(\boldsymbol{a} + 2\boldsymbol{b}) \times (\boldsymbol{a} - 2\boldsymbol{b})|$.

解: 记 $\theta = <\boldsymbol{a}, \boldsymbol{b}>$, 因为 $\boldsymbol{a} \cdot \boldsymbol{b} = |\boldsymbol{a}||\boldsymbol{b}|\cos \theta = 1 \times 5 \times \cos \theta = 3$, 所以 $\cos \theta = \dfrac{3}{5}$, 故 $\sin \theta =$

$\dfrac{4}{5}$, 因此 $|\boldsymbol{a} \times \boldsymbol{b}| = |\boldsymbol{a}||\boldsymbol{b}|\sin \theta = 1 \times 5 \times \dfrac{4}{5} = 4$. 又

$$|\boldsymbol{a} \times \boldsymbol{a}| = |\boldsymbol{a}||\boldsymbol{a}|\sin 0 = 0, \quad |\boldsymbol{b} \times \boldsymbol{b}| = |\boldsymbol{b}||\boldsymbol{b}|\sin 0 = 0,$$

$$(\boldsymbol{a} + 2\boldsymbol{b}) \times (\boldsymbol{a} - 2\boldsymbol{b}) = \boldsymbol{a} \times \boldsymbol{a} + 2(\boldsymbol{b} \times \boldsymbol{a}) - 2(\boldsymbol{a} \times \boldsymbol{b}) - 4(\boldsymbol{b} \times \boldsymbol{b}) = -4\boldsymbol{a} \times \boldsymbol{b},$$

所以

$$|(\boldsymbol{a} + 2\boldsymbol{b}) \times (\boldsymbol{a} - 2\boldsymbol{b})| = |-4(\boldsymbol{a} \times \boldsymbol{b})| = 4|\boldsymbol{a} \times \boldsymbol{b}| = 16.$$

三、 向量平行与垂直的充要条件

设 $\boldsymbol{a} = (x_1, y_1, z_1)$，$\boldsymbol{b} = (x_2, y_2, z_2)$.

（1）向量 $\boldsymbol{b}$ 与非零向量 $\boldsymbol{a}$ 平行的充要条件是存在一个实数 λ，使得 $\boldsymbol{b} = \lambda \boldsymbol{a}$.

（2）向量 $\boldsymbol{b}$ 与非零向量 $\boldsymbol{a}$ 平行的充要条件是存在一个实数 λ，使得

$$x_2 = \lambda x_1, y_2 = \lambda y_1, z_2 = \lambda z_1.$$

当向量 $\boldsymbol{a}$ 与 $\boldsymbol{b}$ 的各分量不为 0 时，向量 $\boldsymbol{a}$ 与 $\boldsymbol{b}$ 平行的充要条件是它们的对应坐标成比例，即 $\dfrac{x_1}{x_2} = \dfrac{y_1}{y_2} = \dfrac{z_1}{z_2}$.

（3）两个向量 $\boldsymbol{a}, \boldsymbol{b}$ 平行的充要条件是 $\boldsymbol{a} \times \boldsymbol{b} = \boldsymbol{0}$.

（4）两个向量 $\boldsymbol{a}, \boldsymbol{b}$ 垂直的充要条件是 $\boldsymbol{a} \cdot \boldsymbol{b} = 0$ 或 $x_1 x_2 + y_1 y_2 + z_1 z_2 = 0$.

例 11 已知点 $A(-1, -2, 1)$ 与点 $B(1, 2, k)$，且向量 $\overrightarrow{AB}$ 与向量 $\boldsymbol{a} = (1, 2, -2)$ 平行，求 k.

解： 据题目条件可知，$\overrightarrow{AB} = (2, 4, k-1)$.

因为

$$\overrightarrow{AB} /\!/ \boldsymbol{a} \Leftrightarrow \overrightarrow{AB} \times \boldsymbol{a} = \boldsymbol{0} \Leftrightarrow \frac{2}{1} = \frac{4}{2} = \frac{k-1}{-2},$$

故 $k = -3$.

例 12 已知向量 $\boldsymbol{a} = (3, 2, -1)$ 与向量 $\boldsymbol{b} = (2, k, 3)$，且向量 $\boldsymbol{a}$ 与向量 $\boldsymbol{b}$ 垂直，求 k.

解： 因为

$$\boldsymbol{a} \perp \boldsymbol{b} \Leftrightarrow \boldsymbol{a} \cdot \boldsymbol{b} = 0 \Leftrightarrow 3 \times 2 + 2k - 1 \times 3 = 0,$$

故 $k = -\dfrac{3}{2}$.

同步练习

1. 已知点 $A(1, 2, 0)$，$B(0, 1, 2)$，求 $|\overrightarrow{AB}|$.

2. 已知向量 $\boldsymbol{a} = (1, -1, 2)$，$\boldsymbol{b} = (2, 0, -1)$，求 $\boldsymbol{a} + 3\boldsymbol{b}$ 及 $5\boldsymbol{a} - 2\boldsymbol{b}$.

3. 设向量 $|\boldsymbol{a}| = 5$，$|\boldsymbol{b}| = 2$，两向量的夹角为 $\dfrac{\pi}{6}$，求 $\boldsymbol{a} \cdot \boldsymbol{b}$.

4. 已知向量 $\boldsymbol{a} = (4, 1, -2)$，$\boldsymbol{b} = (-2, 1, -3)$，求 $\boldsymbol{a} \cdot \boldsymbol{b}$.

5. 已知 $|\boldsymbol{a} \times \boldsymbol{b}| = 6\sqrt{3}$，$|\boldsymbol{a}| = 3$，$|\boldsymbol{b}| = 4$，求向量 $\boldsymbol{a}$ 和 $\boldsymbol{b}$ 的夹角.

6. 已知向量 $\boldsymbol{a} = (3, -1, 0)$，$\boldsymbol{b} = (1, 0, -1)$，求 $\boldsymbol{a} \times \boldsymbol{b}$.

7. 已知 $|\boldsymbol{a}| = 4$，$|\boldsymbol{b}| = 2$，求 $(\boldsymbol{a} + 3\boldsymbol{b}) \cdot (\boldsymbol{a} - 3\boldsymbol{b})$.

8. 已知 $|\boldsymbol{a}| = 1$，$|\boldsymbol{b}| = 13$，$\boldsymbol{a} \cdot \boldsymbol{b} = 12$，求 $|(\boldsymbol{a} + \boldsymbol{b}) \times (\boldsymbol{a} - \boldsymbol{b})|$.

9. 已知点 $A(1, -2, 1)$ 与点 $B(3, k, -3)$，且向量 $\overrightarrow{AB}$ 与向量 $\boldsymbol{a} = (1, 2, -2)$ 平行，求 k.

10. 已知向量 $\boldsymbol{a} = (-3, 1, 2)$ 与向量 $\boldsymbol{b} = (t, 0, 3)$，且向量 $\boldsymbol{a}$ 与向量 $\boldsymbol{b}$ 垂直，求 t.

参考答案

1. $\overrightarrow{AB}=(0-1,1-2,2-0)=(-1,-1,2),|\overrightarrow{AB}|=\sqrt{(-1)^2+(-1)^2+2^2}=\sqrt{6}.$

2. $\boldsymbol{a}+3\boldsymbol{b}=(1,-1,2)+3(2,0,-1)=(1,-1,2)+(6,0,-3)=(7,-1,-1);$
$5\boldsymbol{a}-2\boldsymbol{b}=5(1,-1,2)-2(2,0,-1)=(5,-5,10)-(4,0,-2)=(1,-5,12).$

3. $\boldsymbol{a}\cdot\boldsymbol{b}=|\boldsymbol{a}||\boldsymbol{b}|\cos\dfrac{\pi}{6}=5\times2\times\dfrac{\sqrt{3}}{2}=5\sqrt{3}.$

4. $\boldsymbol{a}\cdot\boldsymbol{b}=(4,1,-2)\cdot(-2,1,-3)=4\times(-2)+1\times1+(-2)\times(-3)=-1.$

5. 令 $\theta=<\boldsymbol{a},\boldsymbol{b}>,|\boldsymbol{a}\times\boldsymbol{b}|=|\boldsymbol{a}||\boldsymbol{b}|\sin\theta=3\times4\times\sin\theta=6\sqrt{3}\Rightarrow\sin\theta=\dfrac{\sqrt{3}}{2}\Rightarrow\theta=\dfrac{\pi}{3}$ 或 $\dfrac{2}{3}\pi.$

6. $\boldsymbol{a}\times\boldsymbol{b}=[(-1)\times(-1)-0\times0]\boldsymbol{i}-[3\times(-1)-1\times0]\boldsymbol{j}+[3\times0-1\times(-1)]\boldsymbol{k}=\boldsymbol{i}+3\boldsymbol{j}+\boldsymbol{k}=$ $(1,3,1).$

7. $(\boldsymbol{a}+3\boldsymbol{b})\cdot(\boldsymbol{a}-3\boldsymbol{b})=|\boldsymbol{a}|^2+3\boldsymbol{b}\cdot\boldsymbol{a}-3\boldsymbol{a}\cdot\boldsymbol{b}-9|\boldsymbol{b}|^2=|\boldsymbol{a}|^2-9|\boldsymbol{b}|^2=-20.$

8. 令 $\theta=<\boldsymbol{a},\boldsymbol{b}>$,因为 $\boldsymbol{a}\cdot\boldsymbol{b}=|\boldsymbol{a}||\boldsymbol{b}|\cos\theta=1\times13\times\cos\theta=12$,所以 $\cos\theta=\dfrac{12}{13}$,故 $\sin\theta$ $=\dfrac{5}{13}$,因此 $|\boldsymbol{a}\times\boldsymbol{b}|=|\boldsymbol{a}||\boldsymbol{b}|\sin\theta=1\times13\times\dfrac{5}{13}=5$,又

$$(\boldsymbol{a}+\boldsymbol{b})\times(\boldsymbol{a}-\boldsymbol{b})=\boldsymbol{a}\times\boldsymbol{a}+\boldsymbol{b}\times\boldsymbol{a}-\boldsymbol{a}\times\boldsymbol{b}-\boldsymbol{b}\times\boldsymbol{b}=-2(\boldsymbol{a}\times\boldsymbol{b}),$$

所以

$$|(\boldsymbol{a}+\boldsymbol{b})\times(\boldsymbol{a}-\boldsymbol{b})|=|-2(\boldsymbol{a}\times\boldsymbol{b})|=2|\boldsymbol{a}\times\boldsymbol{b}|=10.$$

9. $\overrightarrow{AB}=(2,k+2,-4),\overrightarrow{AB}//\boldsymbol{a}\Leftrightarrow\overrightarrow{AB}\times\boldsymbol{a}=\boldsymbol{0}\Leftrightarrow\dfrac{2}{1}=\dfrac{k+2}{2}=\dfrac{-4}{-2}\Rightarrow k=2.$

10. $\boldsymbol{a}\perp\boldsymbol{b}\Leftrightarrow\boldsymbol{a}\cdot\boldsymbol{b}=0\Leftrightarrow-3t+0+6=0$,得 $t=2.$

第二节　平面及其方程

一、点法式方程

设平面 Π 过点 $M_0(x_0,y_0,z_0)$,$\boldsymbol{n}=(A,B,C)$ 为其一法向量,则平面 Π 的点法式方程为：$A(x-x_0)+B(y-y_0)+C(z-z_0)=0.$

例 13　设平面 Π 过点 $M_0(1,2,3)$,其法向量为 $\boldsymbol{n}=(1,2,1)$,求平面 Π 的点法式方程.

解：平面 Π 的点法式方程为

$$(x-1)+2(y-2)+(z-3)=0.$$

例 14　平面过点 $A(1,2,3),B(3,5,0),C(0,-1,2)$,求平面方程.

解：法向量 $\boldsymbol{n}$ 垂直于平面,所以垂直于平面内的任何向量,所以法向量 $\boldsymbol{n}$ 垂直于向量 $\overrightarrow{AB}=(3-1,5-2,0-3)=(2,3,-3),\overrightarrow{AC}=(0-1,-1-2,2-3)=(-1,-3,-1)$,因此可取

法向量

$n = \overrightarrow{AB} \times \overrightarrow{AC} = [3\times(-1)-(-3)\times(-3)]i-[2\times(-1)-(-1)\times(-3)]j+[2\times(-3)-(-1)\times 3]k$

$= -12i+5j-3k = (-12,5,-3)$,

取平面上的点 $A(1,2,3)$,由点法式方程可得所求平面方程为

$$-12(x-1)+5(y-2)-3(z-3)=0,$$

即 $-12x+5y-3z+11=0$.

例 15 已知平面过点 $A(-1,2,1)$ 且与直线 $\dfrac{x-2}{2}=\dfrac{y+1}{3}=\dfrac{z}{5}$ 垂直,求平面方程.

解:因为所求平面垂直于直线 $\dfrac{x-2}{2}=\dfrac{y+1}{3}=\dfrac{z}{5}$,所以平面的法向量 n 与直线的方向向量 s 平行,而由直线方程可知直线的方向向量 $s=(2,3,5)$,因此可取 $n=s$,从而得到平面的方程为

$$2(x+1)+3(y-2)+5(z-1)=0,$$

即 $2x+3y+5z-9=0$.

二、 一般方程

平面的一般方程为

$$Ax+By+Cz+D=0 \quad (A,B,C \text{ 不同时为零}).$$

例 16 已知平面过点 $P(1,2,3),Q(3,5,0),N(0,-1,2)$,求该平面的方程.

解:设一般方程为 $Ax+By+Cz+D=0$,只需要确定 A,B,C,D 即可.将三点 $P(1,2,3),Q(3,5,0),N(0,-1,2)$ 代入一般方程 $Ax+By+Cz+D=0$,得

$$\begin{cases} A+2B+3C+D=0, \\ 3A+5B+D=0, \\ -B+2C+D=0, \end{cases}$$

解方程得 $A=4C,B=-\dfrac{5}{3}C,D=-\dfrac{11}{3}C$,因此所求平面方程为 $-12x+5y-3z+11=0$.

三、 截距式方程

平面的截距式方程为

$$\frac{x}{a}+\frac{y}{b}+\frac{z}{c}=1 \quad (a,b,c \text{ 均不为零}),$$

其中 a,b,c 是平面在三个坐标轴上的截距.

例 17 设平面 Π 在 x,y,z 轴上的截距分别为 $1,-2,3$,求平面 Π 的方程.

解:由平面的截距式方程可得所求平面方程为

$$\frac{x}{1}-\frac{y}{2}+\frac{z}{3}=1.$$

四、 两平面间的位置关系

设有两个平面 Π_1 和 Π_2，它们的方程分别为

$$\Pi_1: A_1 x + B_1 y + C_1 z + D_1 = 0,$$
$$\Pi_2: A_2 x + B_2 y + C_2 z + D_2 = 0,$$

对应的法向量分别为 $\boldsymbol{n}_1 = (A_1, B_1, C_1)$，$\boldsymbol{n}_2 = (A_2, B_2, C_2)$.

若 $\boldsymbol{n}_1 \parallel \boldsymbol{n}_2$，且 $\dfrac{A_1}{A_2} = \dfrac{B_1}{B_2} = \dfrac{C_1}{C_2} \neq \dfrac{D_1}{D_2}$（若式中分母为零，则规定分子也为零），则两个平面 Π_1 和 Π_2 平行.

若 $\boldsymbol{n}_1 \parallel \boldsymbol{n}_2$，且 $\dfrac{A_1}{A_2} = \dfrac{B_1}{B_2} = \dfrac{C_1}{C_2} = \dfrac{D_1}{D_2}$（若式中分母为零，则规定分子也为零），则两个平面 Π_1 和 Π_2 重合.

若 $\boldsymbol{n}_1 \perp \boldsymbol{n}_2$，即 $A_1 A_2 + B_1 B_2 + C_1 C_2 = 0$，则两个平面 Π_1 和 Π_2 垂直.

两个平面的夹角 $\theta\left(0 \leqslant \theta \leqslant \dfrac{\pi}{2}\right)$ 与它们的法向量的夹角相等或互补，从而有

$$\cos\theta = \frac{|\boldsymbol{n}_1 \cdot \boldsymbol{n}_2|}{|\boldsymbol{n}_1||\boldsymbol{n}_2|} = \frac{|A_1 A_2 + B_1 B_2 + C_1 C_2|}{\sqrt{A_1^2 + B_1^2 + C_1^2}\sqrt{A_2^2 + B_2^2 + C_2^2}} \quad \left(0 \leqslant \theta \leqslant \frac{\pi}{2}\right).$$

例 18 计算两个平面 $x + 2y - 3z + 4 = 0$ 和 $2x - 3y - z + 5 = 0$ 的夹角余弦.

解： 两个平面的法向量分别是 $\boldsymbol{n}_1 = (1, 2, -3)$，$\boldsymbol{n}_2 = (2, -3, -1)$，因此

$$\cos\theta = \frac{|\boldsymbol{n}_1 \cdot \boldsymbol{n}_1|}{|\boldsymbol{n}_1||\boldsymbol{n}_2|} = \frac{|1 \times 2 + 2 \times (-3) + (-3) \times (-1)|}{\sqrt{1^2 + 2^2 + (-3)^2} \cdot \sqrt{2^2 + (-3)^2 + (-1)^2}} = \frac{1}{14}.$$

例 19 判断两个平面 $\Pi_1: x - y - z + 7 = 0$ 和 $\Pi_2: -2x + 4y - 6z + 11 = 0$ 的位置关系.

解： 两个平面的法向量分别是 $\boldsymbol{n}_1 = (1, -1, -1)$，$\boldsymbol{n}_2 = (-2, 4, -6)$.

因为 $\boldsymbol{n}_1 \cdot \boldsymbol{n}_2 = 1 \times (-2) + (-1) \times 4 + (-1) \times (-6) = 0$，所以两个平面垂直.

例 20 判断两个平面 $\Pi_1: 2x + y - z + 1 = 0$ 和 $\Pi_2: 6x + 3y - 3z + 5 = 0$ 的位置关系.

解： 两个平面的法向量分别是 $\boldsymbol{n}_1 = (2, 1, -1)$，$\boldsymbol{n}_2 = (6, 3, -3)$.

因为 $\dfrac{2}{6} = \dfrac{1}{3} = \dfrac{-1}{-3} \neq \dfrac{1}{5}$，所以两个平面平行.

同步练习

1. 设平面 Π 过点 $M_0(-1, 0, 3)$，且其法向量为 $\boldsymbol{n} = (3, -2, 1)$，求平面 Π 的点法式方程.

2. 平面过点 $P(-1, 2, 0)$，$Q(3, 2, -1)$，$N(0, 3, 2)$，求平面方程.

3. 已知平面过点 $A(1, 0, -1)$ 且与直线 $\dfrac{x-5}{-3} = \dfrac{y+3}{3} = \dfrac{z-1}{2}$ 垂直，求该平面的方程.

4. 设平面 Π 在 x, y, z 轴上的截距分别为 $4, -5, 7$，求出平面 Π 的方程.

5. 计算两个平面 $x + 2y - 2z + 1 = 0$ 和 $2x - 2y - z + 3 = 0$ 的夹角 θ.

6. 判断两个平面 $\Pi_1: x - 2y - 2z + 3 = 0$ 和 $\Pi_2: -2x + 4y - 5z + 1 = 0$ 的位置关系.

7. 判断两个平面 $\varPi_1: x+2y-4z+1=0$ 和 $\varPi_2: -3x-6y+12z+1=0$ 的位置关系.

8. 判断两个平面 $\varPi_1: x+2y-4z+1=0$ 和 $\varPi_2: -3x-6y+12z-3=0$ 的位置关系.

参考答案

1. $3(x+1)-2(y-0)+(z-3)=0$.

2. 方法一: $\overrightarrow{PQ}=(4,0,-1)$, $\overrightarrow{PN}=(1,1,2)$, 因此可取法向量

$\boldsymbol{n}=\overrightarrow{PQ}\times\overrightarrow{PN}=[0\times2-1\times(-1)]\boldsymbol{i}-[4\times2-1\times(-1)]\boldsymbol{j}+(4\times1-1\times0)\boldsymbol{k}=\boldsymbol{i}-9\boldsymbol{j}+4\boldsymbol{k}=(1,-9,4)$,

取平面上的点 $P(-1,2,0)$, 由点法式方程可得 $(x+1)-9(y-2)+4(z-0)=0$, 即所求平面方程为 $x-9y+4z+19=0$.

方法二: 设一般方程为 $Ax+By+Cz+D=0$, 将 $P(-1,2,0)$, $Q(3,2,-1)$, $N(0,3,2)$ 代入得

$$\begin{cases} -A+2B+D=0, \\ 3A+2B-C+D=0, \\ 3B+2C+D=0, \end{cases}$$

解方程得 $C=4A$, $B=-9A$, $D=19A$, 因此所求平面方程为 $x-9y+4z+19=0$.

3. 由点法式方程形式易得 $-3(x-1)+3(y-0)+2(z+1)=0$, 即所求平面方程为 $-3x+3y+2z+5=0$.

4. 由截距式方程形式直接可得平面 $\varPi$ 的方程为 $\dfrac{x}{4}-\dfrac{y}{5}+\dfrac{z}{7}=1$.

5. 两个平面的法向量分别是 $\boldsymbol{n}_1=(1,2,-2)$, $\boldsymbol{n}_2=(2,-2,-1)$, 因此

$$\cos\theta=\frac{|\boldsymbol{n}_1\cdot\boldsymbol{n}_1|}{|\boldsymbol{n}_1||\boldsymbol{n}_2|}=\frac{|1\times2+2\times(-2)+(-2)\times(-1)|}{\sqrt{1^2+2^2+(-2)^2}\cdot\sqrt{2^2+(-2)^2+(-1)^2}}=0,$$

可知两个平面的夹角 $\theta=\dfrac{\pi}{2}$.

6. 两个平面的法向量分别是 $\boldsymbol{n}_1=(1,-2,-2)$, $\boldsymbol{n}_2=(-2,4,-5)$. 因为 $\boldsymbol{n}_1\cdot\boldsymbol{n}_2=1\times(-2)+(-2)\times4+(-2)\times(-5)=0$, 所以两个平面垂直.

7. 两个平面的法向量分别是 $\boldsymbol{n}_1=(1,2,-4)$, $\boldsymbol{n}_2=(-3,-6,12)$. 因为 $\dfrac{1}{-3}=\dfrac{2}{-6}=\dfrac{-4}{12}\neq\dfrac{1}{1}$, 所以两个平面平行.

8. 两个平面的法向量分别是 $\boldsymbol{n}_1=(1,2,-4)$, $\boldsymbol{n}_2=(-3,-6,12)$. 因为 $\dfrac{1}{-3}=\dfrac{2}{-6}=\dfrac{-4}{12}=\dfrac{1}{-3}$, 所以两个平面重合.

第三节　直线及其方程

一、点向式方程

设直线 L 过点 $M_0(x_0, y_0, z_0)$，$s = (m, n, p)$ 为其方向向量，则直线 L 的点向式方程为

$$\frac{x - x_0}{m} = \frac{y - y_0}{n} = \frac{z - z_0}{p}.$$

例 21　设直线 L 过点 $M_0(1, 2, -1)$，$s = (3, 2, 1)$ 为其方向向量，求直线 L 的方程.

解：由点向式方程的形式可得直线 L 的方程为

$$\frac{x - 1}{3} = \frac{y - 2}{2} = \frac{z + 1}{1}.$$

例 22　求过点 $P(2, 1, 3)$ 且垂直于平面 $\Pi : x - 3y + 3z - 2 = 0$ 的直线方程.

解：所求直线垂直于平面，则其方向向量 s 与平面的法向量 n 是平行的，从而可以设所求直线的方向向量 $s = n$，易知 $n = (1, -3, 3)$，因此由点向式方程形式可得所求直线的方程为

$$\frac{x - 2}{1} = \frac{y - 1}{-3} = \frac{z - 3}{3}.$$

二、一般方程

空间直线可以看成是两个平面的交线：

$$\begin{cases} A_1 x + B_1 y + C_1 z + D_1 = 0, \\ A_2 x + B_2 y + C_2 z + D_2 = 0, \end{cases}$$

这就是空间直线的一般方程.

例 23　试判断两个平面 $\Pi_1 : 5x + 3y - z + 1 = 0$，$\Pi_2 : x - 6y - 3z + 2 = 0$ 的位置关系，若相交，求相交直线的方程.

解：两个平面的法向量分别是 $n_1 = (5, 3, -1)$，$n_2 = (1, -6, -3)$.

因为 $5 \times 1 + 3 \times (-6) + (-1) \times (-3) \neq 0$，所以两个平面不垂直；

因为 $\dfrac{5}{1} \neq \dfrac{3}{-6} \neq \dfrac{-1}{-3}$，所以两个平面不平行，故两个平面斜交（相交且不垂直）.

因此，相交直线的方程为

$$\begin{cases} 5x + 3y - z + 1 = 0, \\ x - 6y - 3z + 2 = 0. \end{cases}$$

三、参数方程

设直线 L 过点 $M_0(x_0, y_0, z_0)$，$s = (m, n, p)$ 为其方向向量，则直线 L 的参数方程为

$$\begin{cases} x = x_0 + mt, \\ y = y_0 + nt, \quad (-\infty < t < +\infty), \\ z = z_0 + pt \end{cases}$$

其中 t 为参数.

例 24　写出直线 $\begin{cases} 2x - y + 3z - 5 = 0, \\ x + 3y - 2z + 1 = 0 \end{cases}$ 的点向式方程和参数方程.

解: 已知直线的一般方程,要写出点向式方程,需要找到直线上的一个点和直线的方向向量.首先,找直线上的点.通过一般方程给出的方程组,可以找到任意一个满足方程的点,不妨令 $z = 0$,代入方程解得 $x = 2$,$y = -1$,因此找到直线上一点 $(2, -1, 0)$(此点不唯一,可取满足方程的任意点).其次,确定直线的方向向量.因为所求直线是两个平面的交线,所以该直线垂直于两个平面的法向量,因此可取方向向量为

$$\boldsymbol{s} = \boldsymbol{n}_1 \times \boldsymbol{n}_2 = [(-1) \times (-2) - 3 \times 3] \boldsymbol{i} - [2 \times (-2) - 1 \times 3] \boldsymbol{j} + [2 \times 3 - 1 \times (-1)] \boldsymbol{k}$$
$$= -7\boldsymbol{i} + 7\boldsymbol{j} + 7\boldsymbol{k} = (-7, 7, 7),$$

因此直线的点向式方程为

$$\frac{x-2}{-7} = \frac{y+1}{7} = \frac{z}{7},$$

即 $-(x-2) = y+1 = z$. 令

$$-(x-2) = y+1 = z = t,$$

则得直线的参数方程为

$$\begin{cases} x = 2 - t, \\ y = t - 1, \\ z = t. \end{cases}$$

四、 两条直线间的位置关系

设有两条直线 L_1 和 L_2,它们的方程分别为

$$L_1 : \frac{x - x_1}{m_1} = \frac{y - y_1}{n_1} = \frac{z - z_1}{p_1}, \text{方向向量为} \boldsymbol{s}_1 = (m_1, n_1, p_1),$$

$$L_2 : \frac{x - x_2}{m_2} = \frac{y - y_2}{n_2} = \frac{z - z_2}{p_2}, \text{方向向量为} \boldsymbol{s}_2 = (m_2, n_2, p_2),$$

两条直线的夹角 $\theta \left(0 \le \theta \le \frac{\pi}{2} \right)$ 可由它们的方向向量求得,即

$$\cos\theta = \frac{|\boldsymbol{s}_1 \cdot \boldsymbol{s}_2|}{|\boldsymbol{s}_1||\boldsymbol{s}_2|} = \frac{|m_1 m_2 + n_1 n_2 + p_1 p_2|}{\sqrt{m_1^2 + n_1^2 + p_1^2}\sqrt{m_2^2 + n_2^2 + p_2^2}} \quad \left(0 \le \theta \le \frac{\pi}{2} \right).$$

若 $\boldsymbol{s}_1 /\!/ \boldsymbol{s}_2$,即 $\dfrac{m_1}{m_2} = \dfrac{n_1}{n_2} = \dfrac{p_1}{p_2}$(若式中分母为零,则规定分子也为零),且 L_1 上的任意一点均不在 L_2 上,则两直线 L_1 和 L_2 平行.

若两条直线 L_1 和 L_2 平行,且 L_1 上的任意一点均在 L_2 上,则两条直线 L_1 和 L_2 重合.

若 $\pmb{s}_1 \perp \pmb{s}_2$,即 $m_1 m_2 + n_1 n_2 + p_1 p_2 = 0$,则两条直线 L_1 和 L_2 垂直.

例 25　求直线 $L_1:\dfrac{x-2}{1}=\dfrac{y-1}{2}=\dfrac{z+1}{2}$ 和直线 $L_2:\dfrac{x-1}{4}=\dfrac{y-2}{1}=\dfrac{z+1}{-1}$ 的夹角.

解:直线 L_1 的方向向量为 $\pmb{s}_1=(1,2,2)$,直线 L_2 的方向向量为 $\pmb{s}_2=(4,1,-1)$. 由此可得

$$\cos\theta=\frac{|\pmb{s}_1 \cdot \pmb{s}_1|}{|\pmb{s}_1||\pmb{s}_2|}=\frac{|1\times4+2\times1+2\times(-1)|}{\sqrt{1^2+2^2+2^2}\cdot\sqrt{4^2+1^2+(-1)^2}}=\frac{2\sqrt{2}}{9},$$

即两条直线的夹角为 $\theta=\arccos\dfrac{2\sqrt{2}}{9}$.

例 26　已知两条直线 $L_1:\dfrac{x+1}{1}=\dfrac{y-1}{t}=\dfrac{z+3}{2}$ 和 $L_2:\dfrac{x-2}{4}=\dfrac{y+1}{2}=\dfrac{z-2}{-1}$ 垂直,求 t.

解:直线 L_1 的方向向量为 $\pmb{s}_1=(1,t,2)$,直线 L_2 的方向向量为 $\pmb{s}_2=(4,2,-1)$. 由于直线 L_1 和直线 L_2 垂直,所以 $\pmb{s}_1\cdot\pmb{s}_2=0$,即 $4+2t-2=0$,因此 $t=-1$.

例 27　判断两条直线 $\begin{cases}x-2y+2z=0,\\3x+2y-6=0\end{cases}$ 和 $\begin{cases}x+2y-z-11=0,\\2x+z-14=0\end{cases}$ 的位置关系.

解:直线 $\begin{cases}x-2y+2z=0,\\3x+2y-6=0\end{cases}$ 的方向向量为

$$\pmb{s}_1=\pmb{n}_1\times\pmb{n}_2=-4\pmb{i}+6\pmb{j}+8\pmb{k}=-2(2\pmb{i}-3\pmb{j}-4\pmb{k})=-2(2,-3,-4),$$

直线 $\begin{cases}x+2y-z-11=0,\\2x+z-14=0\end{cases}$ 的方向向量为

$$\pmb{s}_2=\pmb{n}_3\times\pmb{n}_4=2\pmb{i}-3\pmb{j}-4\pmb{k}=(2,-3,-4),$$

不难看出 $\pmb{s}_1=-2\pmb{s}_2$,因此两条直线平行.

五、 直线和平面的位置关系

设平面 $\varPi$ 的方程为 $Ax+By+Cz+D=0$,法向量为 $\pmb{n}=(A,B,C)$;

直线 L 的方程为 $\dfrac{x-x_0}{m}=\dfrac{y-y_0}{n}=\dfrac{z-z_0}{p}$,方向向量为 $\pmb{s}=(m,n,p)$.

直线 L 和它在平面 $\varPi$ 上的投影直线的夹角称为直线与平面的夹角 θ,即

$$\sin\theta=\frac{|\pmb{n}\cdot\pmb{s}|}{|\pmb{n}||\pmb{s}|}=\frac{|Am+Bn+Cp|}{\sqrt{A^2+B^2+C^2}\sqrt{m^2+n^2+p^2}}\quad\left(0\leqslant\theta\leqslant\frac{\pi}{2}\right).$$

若 $\pmb{n}\,/\!/\,\pmb{s}$,即 $\dfrac{A}{m}=\dfrac{B}{n}=\dfrac{C}{p}$(若式中分母为零,则规定分子也为零),则直线 L 和平面 $\varPi$ 垂直.

若 $\pmb{n}\perp\pmb{s}$,即 $Am+Bn+Cp=0$,且直线 L 的任意一点均不在平面 $\varPi$ 上,则直线 L 和平面 $\varPi$ 平行.

若直线 L 和平面 $\varPi$ 平行,且直线 L 的任意一点均在平面 $\varPi$ 上,则直线 L 在平面 $\varPi$ 上.

例 28　判断直线 $L:\dfrac{x-3}{2}=\dfrac{y+1}{-1}=\dfrac{z-1}{2}$ 与平面 $\varPi:2x-2y-3z+1=0$ 的位置关系.

解：直线 L 的方向向量为 $s=(2,-1,2)$，平面 Π 的法向量为 $n=(2,-2,-3)$，因为 $s \cdot n = 2 \times 2 + (-1) \times (-2) + 2 \times (-3) = 0$，因此两向量垂直，又直线 L 上的点 $(3,-1,1)$ 不在平面 Π 上，因此直线 L 与平面 Π 平行.

例 29   判断直线 $L: \dfrac{x-3}{2} = \dfrac{y+1}{-1} = \dfrac{z-1}{2}$ 与平面 $\Pi: 2x-2y-3z-5=0$ 的位置关系.

解：直线 L 的方向向量为 $s=(2,-1,2)$，平面 Π 的法向量为 $n=(2,-2,-3)$，因为 $s \cdot n = 2 \times 2 + (-1) \times (-2) + 2 \times (-3) = 0$，因此两向量垂直，又直线 L 上的点 $(3,-1,1)$ 在平面 Π 上，故直线 L 在平面 Π 上.

例 30   判断直线 $L: \begin{cases} -x+y+z-6=0, \\ -2x+6y-7=0 \end{cases}$ 与平面 $\Pi: 6x+2y+4z-7=0$ 的位置关系.

解：直线 $L: \begin{cases} -x+y+z-6=0, \\ -2x+6y-7=0 \end{cases}$ 的方向向量为

$$s = n_1 \times n_2 = -6i - 2j - 4k = (-6,-2,-4),$$

平面 Π 的法向量为 $n=(6,2,4)$，$n=-s$，因此 $n /\!/ s$，从而直线 L 与平面 Π 垂直.

同步练习

1. 设直线 L 过点 $M_0(2,2,-3)$，$s=(-3,2,-1)$ 为直线 L 的方向向量，求直线 L 的方程.

2. 求过点 $P(-1,0,3)$ 且垂直于平面 $\Pi: 3x-y+3z-4=0$ 的直线方程.

3. 试判断两个平面 $\Pi_1: x+3y-5z+1=0$，$\Pi_2: x-2y-3z+5=0$ 的位置关系，若相交，求相交直线的方程.

4. 求直线 $\begin{cases} x-2y+3z-3=0, \\ 2x-y-2z+5=0 \end{cases}$ 的点向式方程和参数方程.

5. 求直线 $L_1: \dfrac{x+3}{1} = \dfrac{y-2}{1} = \dfrac{z+1}{-2}$ 和直线 $L_2: \dfrac{x-2}{2} = \dfrac{y-2}{1} = \dfrac{z+1}{2}$ 的夹角 θ 的余弦值.

6. 已知两条直线 $L_1: \dfrac{x+3}{2} = \dfrac{y-1}{t} = \dfrac{z+4}{1}$ 和 $L_2: \dfrac{x-1}{2} = \dfrac{y-5}{2} = \dfrac{z-4}{-2}$ 垂直，求 t.

7. 判断直线 $L: \dfrac{x-1}{1} = \dfrac{y+2}{-1} = \dfrac{z-3}{2}$ 与平面 $\Pi: -4x+2y+3z+6=0$ 的位置关系.

8. 判断直线 $L: \dfrac{x-3}{2} = \dfrac{y+1}{-1} = \dfrac{z-1}{2}$ 与平面 $\Pi: 2x-y+2z-5=0$ 的位置关系.

参考答案

1. 由直线的点向式方程易得直线 L 的方程为 $\dfrac{x-2}{-3} = \dfrac{y-2}{2} = \dfrac{z+3}{-1}$.

2. 所求直线垂直于平面 $\Pi: 3x-y+3z-4=0$，所以该直线的方向向量即为平面的法向量，故取直线的方向向量为 $s=(3,-1,3)$，则由直线的点向式方程形式易得所求直线方程为

$$\dfrac{x+1}{3} = \dfrac{y}{-1} = \dfrac{z-3}{3}.$$

3. 两个平面的法向量分别是 $\boldsymbol{n}_1 = (1,3,-5)$, $\boldsymbol{n}_2 = (1,-2,-3)$.

因为 $1 \times 1 + 3 \times (-2) + (-5) \times (-3) \neq 0$, 所以两个平面不垂直;

因为 $\dfrac{1}{1} \neq \dfrac{3}{-2} \neq \dfrac{-5}{-3}$, 所以两个平面不平行, 故两个平面斜交.

因此, 相交直线的方程为 $\begin{cases} x+3y-5z+1=0, \\ x-2y-3z+5=0. \end{cases}$

4. 首先, 找直线上的点, 通过一般方程给出的方程组, 可以找到任意一个满足方程的点. 不妨令 $z = 0$, 代入方程解得 $x = -\dfrac{13}{3}$, $y = -\dfrac{11}{3}$, 因此找到直线上一点 $\left(-\dfrac{13}{3}, -\dfrac{11}{3}, 0\right)$ (此点不唯一, 可取满足方程的任意点). 其次, 确定直线的方向向量. 此直线是两个平面的交线, 所以直线垂直于两个平面的法向量, 因此可取方向向量为

$$\boldsymbol{s} = \boldsymbol{n}_1 \times \boldsymbol{n}_2 = 7\boldsymbol{i} + 8\boldsymbol{j} + 3\boldsymbol{k} = (7,8,3),$$

因此直线的点向式方程为

$$\frac{x+\dfrac{13}{3}}{7} = \frac{y+\dfrac{11}{3}}{8} = \frac{z}{3}.$$

令

$$\frac{x+\dfrac{13}{3}}{7} = \frac{y+\dfrac{11}{3}}{8} = \frac{z}{3} = t,$$

则得直线的参数方程为

$$\begin{cases} x = -\dfrac{13}{3} + 7t, \\ y = -\dfrac{11}{3} + 8t, \\ z = 3t. \end{cases}$$

5. 直线 L_1 的方向向量为 $\boldsymbol{s}_1 = (1,1,-2)$, 直线 L_2 的方向向量为 $\boldsymbol{s}_2 = (2,1,2)$.

由此可得

$$\cos \theta = \frac{|\boldsymbol{s}_1 \cdot \boldsymbol{s}_1|}{|\boldsymbol{s}_1||\boldsymbol{s}_2|} = \frac{|1 \times 2 + 1 \times 1 + (-2) \times 2|}{\sqrt{1^2+1^2+(-2)^2} \cdot \sqrt{2^2+1^2+2^2}} = \frac{\sqrt{6}}{18}.$$

6. 直线 L_1 的方向向量为 $\boldsymbol{s}_1 = (2,t,1)$, 直线 L_2 的方向向量为 $\boldsymbol{s}_2 = (2,2,-2)$.

由于直线 L_1 和直线 L_2 垂直, 所以 $\boldsymbol{s}_1 \cdot \boldsymbol{s}_2 = 0$, 即 $4 + 2t - 2 = 0$, 因此 $t = -1$.

7. 直线 L 的方向向量为 $\boldsymbol{s} = (1,-1,2)$, 平面 $\varPi$ 的法向量为 $\boldsymbol{n} = (-4,2,3)$, 因为 $\boldsymbol{s} \cdot \boldsymbol{n} = 1 \times (-4) + (-1) \times 2 + 2 \times 3 = 0$, 因此两个向量垂直, 又由于直线 L 上的点 $(1,-2,3)$ 不在平面 $\varPi$ 上, 因此直线与平面平行.

8. 直线 L 的方向向量为 $\boldsymbol{s} = (2,-1,2)$, 平面 $\varPi$ 的法向量为 $\boldsymbol{n} = (2,-1,2)$, 因此 $\boldsymbol{n} /\!/ \boldsymbol{s}$, 从而直线 L 与平面 $\varPi$ 垂直.

第四节　距离公式

空间中两点 $A(x_1,y_1,z_1)$，$B(x_2,y_2,z_2)$ 之间的距离为

$$d = \sqrt{(x_2-x_1)^2+(y_2-y_1)^2+(z_2-z_1)^2}.$$

平面外一点 $P(x_0,y_0,z_0)$ 到平面 $\Pi:Ax+By+Cz+D=0$ 的距离为

$$d = \frac{|Ax_0+By_0+Cz_0+D|}{\sqrt{A^2+B^2+C^2}}.$$

例 31　试求两点 $A(2,1,3)$，$B(-1,1,2)$ 之间的距离.

解：由两点间距离公式可得 A,B 两点之间的距离为

$$d = \sqrt{(-1-2)^2+(1-1)^2+(2-3)^2} = \sqrt{10}.$$

例 32　试判断三点 $A(4,1,9)$，$B(10,-1,6)$，$C(2,4,3)$ 能否构成三角形，如果能，判断三角形的形状.

解：由两点间距离公式可知

$$|AB| = \sqrt{(10-4)^2+(-1-1)^2+(6-9)^2} = 7,$$

$$|AC| = \sqrt{(2-4)^2+(4-1)^2+(3-9)^2} = 7,$$

$$|BC| = \sqrt{(2-10)^2+[4-(-1)]^2+(3-6)^2} = 7\sqrt{2},$$

则 $|AB|=|AC|$，$|BC|^2=|AB|^2+|AC|^2$，从而 A,B,C 三点构成等腰直角三角形.

例 33　求点 $P(1,2,3)$ 到平面 $\Pi:2x-y+z+3=0$ 的距离.

解：由点到平面的距离公式可得点 P 到平面 Π 的距离为

$$d = \frac{|2\times1-2+3+3|}{\sqrt{2^2+(-1)^2+1^2}} = \sqrt{6}.$$

同步练习

1. 试求出两点 $A(1,-3,4)$，$B(-2,3,2)$ 之间的距离.

2. 求点 $P(0,2,-3)$ 到平面 $\Pi:7x-y+5z+7=0$ 的距离.

参考答案

1. 由两点间的距离公式得

$$d = \sqrt{(-2-1)^2+[3-(-3)]^2+(2-4)^2} = 7.$$

2. 由点到平面的距离公式得

$$d = \frac{|7\times0-2+5\times(-3)+7|}{\sqrt{7^2+(-1)^2+5^2}} = \frac{2\sqrt{3}}{3}.$$

第二十四章

极坐标

一、极坐标系

在平面上取一个定点 O,O 叫作极点,引一条射线 Ox,射线 Ox 称为极轴,同时确定一个单位长度和计算角度的正方向(通常取逆时针方向为正方向),这样就建立了一个极坐标系.

二、极坐标

对于平面上任意一点 M,如右图所示,用 ρ 表示线段 OM 的长度,用 θ 表示从 Ox 到 OM 的角度,ρ 叫作点 M 的极径,θ 叫作点 M 的极角,有序数对 (ρ,θ) 就叫作 M 的极坐标.

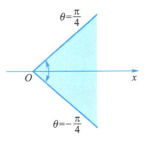

注:(1) 极径的范围 $\rho \geq 0$,极角 θ 可取任意实数.

(2) 极角 θ 的取值范围不一定为正数,例如右图中阴影部分的极角 θ 的取值范围可取为 $\left[-\dfrac{\pi}{4},\dfrac{\pi}{4}\right]$.

(3) 极点:$\rho=0$,θ 取任意实数.

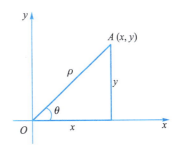

三、直角坐标化为极坐标

如右图所示,平面直角坐标系中的一点 $A(x,y)$ 与极坐标系中的极坐标 $A(\rho,\theta)$ 可以进行互化,互化公式如下:

$$\begin{cases} x=\rho\cos\theta, \\ y=\rho\sin\theta, \end{cases} \begin{cases} \rho=\sqrt{x^2+y^2}, \\ \tan\theta=\dfrac{y}{x},x\neq 0. \end{cases}$$

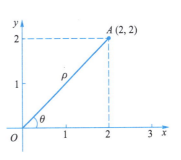

四、常见图形的极坐标表示

1. 点

例 1 将点 A 的直角坐标 $(2,2)$ 化为极坐标.

解:如右图所示,$\rho=\sqrt{x^2+y^2}=\sqrt{2^2+2^2}=2\sqrt{2}$,$\tan\theta=$

$\dfrac{y}{x}=\dfrac{2}{2}=1$,因为点 A 在第一象限,所以 $\theta=\dfrac{\pi}{4}$①,从而点 A 的极坐标为 $\left(2\sqrt{2},\dfrac{\pi}{4}\right)$.

例2　将点 A 的直角坐标 $(0,3)$ 化为极坐标.

解:如右图所示,$\rho=\sqrt{x^2+y^2}=\sqrt{0^2+3^2}=3$,因为 $x=0$,点 A 在 y 轴正半轴上,所以 $\theta=\dfrac{\pi}{2}$,从而点 A 的极坐标为 $\left(3,\dfrac{\pi}{2}\right)$.

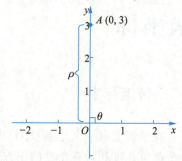

例3　将点 A 的极坐标 $\left(\sqrt{2},\dfrac{3\pi}{4}\right)$ 化为直角坐标.

解:如右图所示,$x=\rho\cos\theta=\sqrt{2}\cos\dfrac{3\pi}{4}=\sqrt{2}\times\left(-\dfrac{\sqrt{2}}{2}\right)=-1$,$y=\rho\sin\theta=\sqrt{2}\sin\dfrac{3\pi}{4}=\sqrt{2}\times\dfrac{\sqrt{2}}{2}=1$,所以点 A 的直角坐标为 $(-1,1)$.

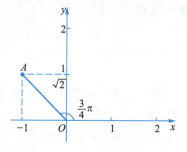

例4　将点 A 的极坐标 $\left(3,\dfrac{3\pi}{2}\right)$ 化为直角坐标.

解:如右图所示,$x=\rho\cos\theta=3\cos\dfrac{3\pi}{2}=3\times0=0$,$y=\rho\sin\theta=3\sin\dfrac{3\pi}{2}=3\times(-1)=-3$,所以点 A 的直角坐标为 $(0,-3)$.

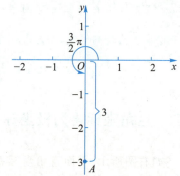

2. 圆

例5　将圆的直角坐标方程 $x^2+y^2=9$ 化为极坐标方程.

解:如右图所示,由于圆上任意一点到圆心(本题中圆心即为极点)的距离都等于圆的半径 3,极角 θ 可取任意值,所以该圆用极坐标表示为 $\rho=3$.

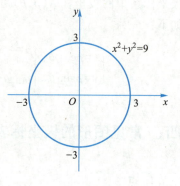

---

①　将直角坐标转化为极坐标时,极角通常有不同的表示法(相差 2π 的整数倍均可),一般只要取 $\theta\in[0,2\pi)$ 就可以了.

例 6　将半圆的直角坐标方程 $x^2+y^2=4$ $(-2\leqslant x\leqslant 0)$ 化为极坐标方程.

解: 如右图所示,由于半圆上任意一点到极点的距离都等于圆的半径 2,所以 $\rho=2$.又因为只取左半圆,所以 θ 的取值范围是 $\dfrac{\pi}{2}\leqslant\theta\leqslant\dfrac{3\pi}{2}$,故该半圆用极坐标表示为 $\rho=2$, $\dfrac{\pi}{2}\leqslant\theta\leqslant\dfrac{3\pi}{2}$.

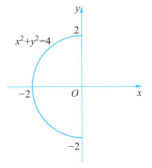

例 7　右图所示的圆弧在直角坐标方程 $x^2+y^2=8$ 表示的圆上,将此圆弧方程化为极坐标方程.

解: 由于圆弧上任意一点到极点的距离都等于圆的半径 $2\sqrt{2}$,所以 $\rho=2\sqrt{2}$.由右图可知 θ 的取值范围是 $\dfrac{3\pi}{4}\leqslant\theta\leqslant\dfrac{3\pi}{2}$,故该圆弧的极坐标方程为 $\rho=2\sqrt{2}$, $\dfrac{3\pi}{4}\leqslant\theta\leqslant\dfrac{3\pi}{2}$.

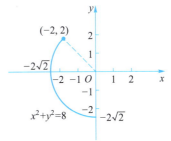

3. 圆面、扇面

圆面包含圆周和圆面上的点,而圆只包含圆周上的点,扇面包含扇形圆心角所对应的弧以及扇形区域内部的点.

例 8　如右图所示,将圆面的直角坐标方程 $x^2+y^2\leqslant 9$ 化为极坐标方程.

解: 由于圆面上任意一点到圆心(本题中圆心即为极点)的距离都小于或等于圆的半径 3,极角 θ 可以取任意值,所以圆面的极坐标方程为 $0\leqslant\rho\leqslant 3$.

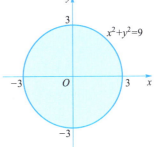

例 9　将半圆面的直角坐标方程 $x^2+y^2\leqslant 4$ $(-2\leqslant x\leqslant 0)$ 化为极坐标方程.

解: 如右图所示,由于半圆面上任意一点到圆心(本题中圆心即为极点)的距离都小于或等于圆的半径 2,所以 $0\leqslant\rho\leqslant 2$.又因为只取左半圆,所以 θ 的取值范围是 $\dfrac{\pi}{2}\leqslant\theta\leqslant\dfrac{3\pi}{2}$,故这个半圆面的极坐标方程为 $0\leqslant\rho\leqslant 2$, $\dfrac{\pi}{2}\leqslant\theta\leqslant\dfrac{3\pi}{2}$.

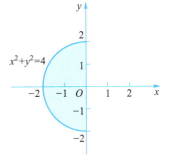

例 10　将直角坐标方程 $x^2+y^2=8$ 一部分形成的扇面(如右图阴影部分所示)化为极坐标方程.

解:由于扇面上任意一点到极点的距离都小于或等于圆的半径 $2\sqrt{2}$,所以 $0\le\rho\le 2\sqrt{2}$.由图可知 θ 的取值范围是 $\dfrac{3\pi}{4}\le\theta\le\dfrac{3\pi}{2}$,故这个扇面的极坐标方程为 $0\le\rho\le 2\sqrt{2}$,$\dfrac{3\pi}{4}\le\theta\le\dfrac{3\pi}{2}$.

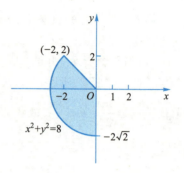

例 11　如下左图所示,将半圆面的直角坐标方程 $(x-2)^2+y^2=4$ ($0\le y\le 2$)化为极坐标方程.

解:如下右图所示,在半圆周上任取一点 $M(\rho,\theta)$,连接 OM,AM.因直径所对的圆周角为直角,故 $\angle OMA=90°$,在 $\mathrm{Rt}\triangle OMA$ 中,$\cos\theta=\dfrac{OM}{OA}=\dfrac{\rho}{4}$,$\rho=4\cos\theta$.

所以该半圆面的极坐标方程为 $0\le\rho\le 4\cos\theta$,$0\le\theta\le\dfrac{\pi}{2}$.

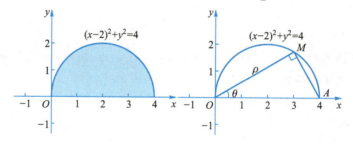

例 12　如下左图所示,将半圆面的直角坐标方程 $x^2+(y-2)^2=4$ ($0\le x\le 2$)化为极坐标方程.

解:如下右图所示,在半圆周上任取一点 $M(\rho,\theta)$,连接 AM,OM.因直径所对的圆周角为直角,故 $\angle AMO=90°$,$\angle MAO=\theta$,在 $\mathrm{Rt}\triangle AMO$ 中,$\sin\theta=\dfrac{OM}{AO}=\dfrac{\rho}{4}$,$\rho=4\sin\theta$.

所以该半圆面的极坐标方程为 $0\le\rho\le 4\sin\theta$,$0\le\theta\le\dfrac{\pi}{2}$.

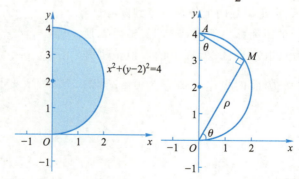

4. 圆环面

例 13 求两圆 $x^2+y^2=4$ 和 $x^2+y^2=16$ 之间的圆环面的极坐标方程.

解: 如右图所示,两圆为同心圆,圆环面上任意一点到极点的距离都大于或等于 2,小于或等于 4,极角 θ 可取任意值,所以圆环面的极坐标方程为 $2\leqslant\rho\leqslant 4$.

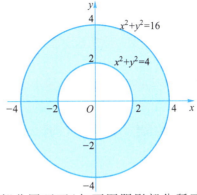

例 14 求两圆 $x^2+y^2=16$ 和 $x^2+y^2=36$ 之间的部分圆环面(如下图阴影部分所示)的极坐标方程.

解: 由于圆环面上任意一点到极点的距离都大于或等于 4,小于或等于 6,所以 $4\leqslant\rho\leqslant 6$,由图可知 $0\leqslant\theta\leqslant\dfrac{\pi}{4}$,所以这个部分圆环面的极坐标方程为 $4\leqslant\rho\leqslant 6$, $0\leqslant\theta\leqslant\dfrac{\pi}{4}$.

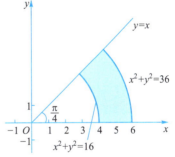

例 15 求两个圆 $x^2+y^2=4$ 和 $x^2+y^2=9$ 之间的部分圆环面(如右图阴影部分所示)的极坐标方程.

解: 由于圆环面上任意一点到极点的距离都大于或等于 2,小于或等于 3,所以 $2\leqslant\rho\leqslant 3$,由图可知 θ 的取值范围是 $\pi\leqslant\theta\leqslant 2\pi$,所以这个部分圆环面的极坐标方程为 $2\leqslant\rho\leqslant 3$, $\pi\leqslant\theta\leqslant 2\pi$.

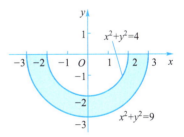

同步练习

1. 将点 A 的极坐标 $\left(3,\dfrac{5\pi}{6}\right)$ 化为直角坐标.

2. 将点 A 的直角坐标 $(2,-2\sqrt{3})$ 化为极坐标.

3. 将右图所示的扇面 $x^2+y^2=9$ $(x\geqslant 0,y\geqslant 0)$ 用极坐标表示.

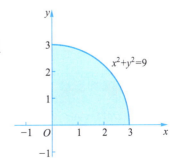

4. 将圆 $x^2+y^2=1$ 在两直线 $y=x$,$y=-x$ 之间形成的扇面(如右图阴影部分所示)用极坐标表示.

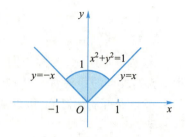

5. 将圆 $(x-1)^2+y^2=1$ 形成的圆面(如右图)用极坐标表示.

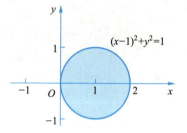

6. 求两个圆 $x^2+y^2=1$ 和 $x^2+y^2=4$ 之间且满足 $x\geqslant0$ 的部分圆环面(如右图)的极坐标表示.

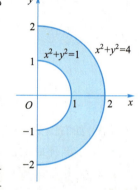

参考答案

1. 由于 $x=\rho\cos\theta=3\cos\dfrac{5\pi}{6}=-\dfrac{3\sqrt{3}}{2}$,$y=\rho\sin\theta=3\sin\dfrac{5\pi}{6}=\dfrac{3}{2}$,所以点 A 的直角坐标为 $\left(-\dfrac{3\sqrt{3}}{2},\dfrac{3}{2}\right)$.

2. 由于 $\rho=\sqrt{x^2+y^2}=\sqrt{2^2+\left(-2\sqrt{3}\right)^2}=4$,$\tan\theta=\dfrac{y}{x}=\dfrac{-2\sqrt{3}}{2}$ $=-\sqrt{3}$,因为点 A 在第四象限,所以 $\theta=\dfrac{5\pi}{3}$,从而点 A 的极坐标为 $\left(4,\dfrac{5\pi}{3}\right)$.

3. 由于扇面上任意一点到极点的距离都小于或等于圆的半径 3,所以 $0\leqslant\rho\leqslant3$.由图可知 θ 的取值范围是 $0\leqslant\theta\leqslant\dfrac{\pi}{2}$,故这个扇面的极坐标表示为 $0\leqslant\rho\leqslant3$,$0\leqslant\theta\leqslant\dfrac{\pi}{2}$.

4. 由于扇面上任意一点到极点的距离都小于或等于圆的半径 1,所以 $0\leqslant\rho\leqslant1$.由图可知 θ 的取值范围是 $\dfrac{\pi}{4}\leqslant\theta\leqslant\dfrac{3\pi}{4}$,故这个扇面的极坐标表示为 $0\leqslant\rho\leqslant1$,$\dfrac{\pi}{4}\leqslant\theta\leqslant\dfrac{3\pi}{4}$.

5. 如下页图所示,在圆上任取一点 $M(\rho,\theta)$,连接 OM,AM.因直径所对的圆周角为直角,故 $\angle OMA=90°$,在 $\mathrm{Rt}\triangle OMA$ 中,$\cos\theta=\dfrac{OM}{OA}=\dfrac{\rho}{2}$,$\rho=2\cos\theta$.

所以该圆面的极坐标表示为 $0\leqslant\rho\leqslant2\cos\theta$,$-\dfrac{\pi}{2}\leqslant\theta\leqslant\dfrac{\pi}{2}$.

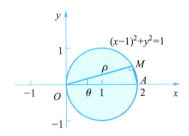

6. 由于圆环面上任意一点到极点的距离都大于或等于 1,小于或等于 2,所以 $1 \leqslant \rho \leqslant 2$,由图可知 θ 的取值范围是 $-\dfrac{\pi}{2} \leqslant \theta \leqslant \dfrac{\pi}{2}$,所以这个部分圆环面的极坐标表示为 $1 \leqslant \rho \leqslant 2, -\dfrac{\pi}{2} \leqslant \theta \leqslant \dfrac{\pi}{2}$.

第二十五章
命题与量词

一、命题

可判断真假的陈述语句叫作命题;

判断为真的语句称为真命题;

判断为假的语句称为假命题.

例1 下列语句是命题的有( )(多选)

A. 今天下雪了.　　B. 今天下雪了吗?　　C. 快点扫雪去.　　D. 今天没有下雪.

解:根据定义,可判断真假的陈述语句才称为命题,选项 B、C 显然不是陈述语句,无论今天有没有下雪,选项 A、D 是可以判断真假的,故 A、D 是命题.

例2 判断下列命题的真假.

(1) 10 的平方根是 $\sqrt{10}$;　　(2) 对所有实数 $x,|x|>0$;

(3) $B\subseteq(A\cup B)$;　　(4) 存在 x,使得 $|x-1|=0$

解:(1) 因为 10 的平方根是 $\sqrt{10}$ 和 $-\sqrt{10}$,故为假命题;

(2) 当 $x=0$ 时,$|0|=0$,故为假命题;

(3) 如下图所示,由集合韦恩图可知为真命题;

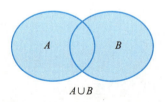

$A\cup B$

(4) 当 $x=1$ 时,$|x-1|=0$,故为真命题.

二、量词

数学中,有许多命题是针对特定集合而言的.例如

① 对所有的实数 $x,|x|\geqslant0$;　　② 存在实数 x,使得 $|2x-1|=0$;

③ 所有实数的平方都是非负数;　　④ 存在实数 x,使得 $\sqrt{-x^2}$ 有意义.

命题①③中陈述的指定集合中的所有元素都具有特定性质,命题②④陈述的是集合中的某些元素具有的特定性质.

一般地,"任意""所有""每一个"在陈述中表示事物的全体,称为全称量词,用符号"∀"表示.

形如"对集合 M 中的所有元素 $x,p(x)$"的命题称为全称量词命题,可简记为

"$\forall x \in M, p(x)$".

例如命题①"对所有的实数 x，$|x| \geq 0$"是一个全称量词命题，可简记为"$\forall x \in \mathbf{R}$，$|x| \geq 0$"；命题③"所有实数的平方都是非负数"也是全称量词命题，可简记为"$\forall x \in \mathbf{R}, x^2 \geq 0$".

"存在""有""至少有一个"在陈述中表示所述事物的个体或部分，称为存在量词，用符号"$\exists$"表示.

形如"存在集合 M 中的元素 x，$p(x)$"的命题称为存在量词命题，可简记为"$\exists x \in M, p(x)$".

例如命题②"存在实数 x，使得 $|2x-1|=0$"是一个存在量词命题，可简记为"$\exists x \in \mathbf{R}, |2x-1|=0$"；命题④"存在实数 x，使得 $\sqrt{-x^2}$ 有意义"是一个存在量词命题，可简记为"$\exists x \in \mathbf{R}$，使 $\sqrt{-x^2}$ 有意义".

例 3　将下列命题用量词符号表示，并判断真假.

（1）所有实数的平方都是正数；

（2）任何一个实数除以 1，仍等于这个实数.

解：（1）$\forall x \in \mathbf{R}, x^2 > 0$. 因为当 $x=0$ 时，$0^2=0$，所以这是一个假命题.

（2）$\forall x \in \mathbf{R}, \dfrac{x}{1}=x$. 这是一个真命题.

总结：要判定全称量词命题"$\forall x \in M, p(x)$"是真命题，必须对集合 M 中任意一个元素都成立；要判定全称量词命题是假命题，只需举出一个反例 x_0，使得 $p(x_0)$ 不成立即可.

例 4　将下列命题用量词符号表示，并判断真假.

（1）存在两个无理数，它们的乘积是有理数；

（2）有的实数的绝对值小于 0.

解：（1）$\exists x, y \in \complement_{\mathbf{R}} \mathbf{Q}, xy \in \mathbf{Q}$. 当 $x=y=\sqrt{2}$ 时，$\sqrt{2} \times \sqrt{2}=2 \in \mathbf{Q}$，故为真命题.

（2）$\exists x \in \mathbf{R}, |x| < 0$. 因为 $\forall x \in \mathbf{R}, |x| \geq 0$ 是真命题，故不存在实数 x，使得它的绝对值小于 0，故为假命题.

总结：要判定存在量词命题"$\exists x \in M, p(x)$"是真命题，必须在集合 M 中找到一个元素使 $p(x)$ 成立；要判定其是假命题，必须证明在集合 M 中没有一个元素，使得 $p(x)$ 成立.

例 5　判断下列命题的真假.

（1）$\forall x \in \mathbf{R}, x^2-2=0$；　　　（2）$\forall x \in \mathbf{R}, x^2-2x+20 > 0$；

（3）$\exists x \in \mathbf{R}, |x|-x > 0$；　　　（4）$\exists x \in \mathbf{R}, x^2-2x-3 < 0$.

解：（1）当 $x=0$ 时，$x^2-2=0$ 不成立，故为假命题.

（2）$x^2-2x+20=(x-1)^2+19 > 0$，对任意 x 都成立，故为真命题.

（3）存在 $x=-1$，$|-1|-(-1)=2 > 0$ 成立，故为真命题.

（4）存在 $x=0$，$0^2-2 \times 0-3=-3 < 0$ 成立，故为真命题.

三、 命题的否定

对命题 p 加以否定,得到一个新命题,记作"¬ p",读作"非 p"或"p 的否定".

当命题 p 是真命题时,非 p 一定是假命题;当命题 p 是假命题时,非 p 一定是真命题.

例 6 写出命题 p :4>3 的否定命题并判断真假.

解:命题 p 的否定命题为 $4 \leqslant 3$,很明显,4>3 是真命题,而 $4 \leqslant 3$ 一定是假命题.

例 7 写出下列命题的否定,并判断真假.

(1) 二次函数 $y = x^2 + x$ 的开口向下;

(2) $\sqrt{16} = 4$.

解:(1) 命题的否定为二次函数 $y = x^2 + x$ 的开口不向下,是真命题.

(2) 命题的否定为 $\sqrt{16} \neq 4$,是假命题.

例 8 写出下列命题的否定.

s:高二 1 班有的同学是男同学.

t:高二 1 班所有同学是男同学.

解:命题 ¬ s:高二 1 班不存在有的同学是男同学.命题 s 实际上是一个存在量词命题,可以用符号表示为

$$s:\exists x \in \{高二 1 班学生\}, x 是男生.$$

而命题 ¬ s 也可以表述为"高二 1 班每一个学生都不是男生",所以 ¬ s 是一个全称量词命题,可以用符号表示为

$$¬ s:\forall x \in \{高二 1 班学生\}, x 不是男生.$$

所以,存在量词命题"$\exists x \in M, p(x)$"的否定是全称量词命题"$\forall x \in M, ¬ p(x)$".

¬ t:高二 1 班不是所有同学是男同学.命题 t 实际上是一个全称量词命题,可以用符号表示为

$$t:\forall x \in \{高二 1 班学生\}, x 是男生.$$

而命题 ¬ t 也可以表述为"高二 1 班有的学生不是男生",所以 ¬ t 是一个存在量词命题,可以用符号表示为

$$¬ t:\exists x \in \{高二 1 班学生\}, x 不是男生.$$

所以,全称量词命题"$\forall x \in M, p(x)$"的否定是存在量词命题"$\exists x \in M, ¬ p(x)$".

例 9 写出下列命题的否定,并判断所得命题的真假.

(1) $p:\forall x \in \mathbf{R}, x^2 \geqslant -2$; (2) $q:\exists x \in (-3,3), x^2 \leqslant 9$.

解:(1) ¬ $p:\exists x \in \mathbf{R}, x^2 < -2$.由 p 是真命题,可知 ¬ p 为假命题.

(2) ¬ $q:\forall x \in (-3,3), x^2 > 9$.由 q 是真命题,可知 ¬ q 为假命题.

例 10 写出下列命题的否定,并判断所得命题的真假.

(1) 有些三角形是钝角三角形; (2) 正数的立方根都是正数.

解:(1) $\exists x \in \{三角形\}, x 是钝角三角形.$否定为:$\forall x \in \{三角形\}, x 不是钝角三角形.$

由原命题是真命题,所以命题的否定是假命题.

(2) $\forall x>0,\sqrt[3]{x}>0$.否定为:$\exists x>0,\sqrt[3]{x}\leqslant 0$.由原命题是真命题,所以命题的否定是假命题.

同步练习

1. 判断下列命题的真假.

(1) 两个集合的并集还是一个集合.

(2) 方程 $x^2+1=0$ 有实数根.

(3) 如果 $x>6$,那么 $x>10$.

2. 将下列命题用量词符号来表示,并判断真假.

(1) 任何一个实数除以它本身,都等于 1.

(2) 所有实数的绝对值都大于 0.

(3) 有的实数的平方大于 1.

3. 判断下列命题的真假.

(1) $\forall x\in(-7,0),x\in[-7,0]$;

(2) $\forall x\in \mathbf{R},4x^2+2x>3x^2+x-1$;

(3) $\exists x\in \mathbf{R},x^2\leqslant 1$; .

(4) $\exists a,b\in \mathbf{R},(a+b)^2=a^2-b^2$.

4. 写出下列各题的 $\neg p$.

(1) $p:\exists x\in \mathbf{N},x+1\geqslant 1$; (2) $p:\forall x\in \mathbf{R},(x+1)^2\leqslant 0$

参考答案

1.(1) 真命题.

(2) 假命题,方程 $x^2+1=0$ 无实数根.

(3) 假命题,当 $x=7$ 时,"如果 7>6,那么 7>10" 显然错误.

2.(1) $\forall x\in \mathbf{R},\dfrac{x}{x}=1$.是假命题,因为当 $x=0$ 时,$\dfrac{0}{0}$ 没有意义.

(2) $\forall x\in \mathbf{R},|x|>0$.是假命题,因为当 $x=0$ 时,$|0|=0$ 不满足.

(3) $\exists x\in \mathbf{R},x^2>1$.是真命题,因为当 $x=5$ 时,$5^2>1$ 满足.

3.(1)真命题.因为 $(-7,0)\subseteq[-7,0]$.

(2) 真命题.整理 $4x^2+2x>3x^2+x-1$,得到 $x^2+x+1>0$,配方可得

$$x^2+x+1=\left(x+\dfrac{1}{2}\right)^2+\dfrac{3}{4}>0.$$

(3) 真命题.$x=0$ 时满足 $x^2\leqslant 1$.

(4) 真命题.整理 $(a+b)^2=a^2-b^2$,得到 $a^2+b^2+2ab=a^2-b^2$,即 $2b^2+2ab=0,2b(b+a)=0$,只需取 $b=0$ 或 $a+b=0$,就能满足 $(a+b)^2=a^2-b^2$.

4.(1) $\neg p:\forall x\in \mathbf{N},x+1<1$;(2) $\neg p:\exists x\in \mathbf{R},(x+1)^2>0$.

第二十六章
充分必要条件

引例：命题 $p:x$ 是矩形，命题 $q:x$ 是正方形.

（1）当命题 p 成立时，命题 q 是否成立？

（2）当命题 q 成立时，命题 p 是否成立？

解：（1）当 x 是矩形时，x 不一定是正方形. 所以 p 成立时，q 不成立.

（2）当 x 是正方形时，x 一定是矩形. 所以当 q 成立时，p 成立.

一、基本概念

在"如果 p，那么 q"形式的命题中，p 称为命题的条件，q 称为命题的结论.

如果"如果 p，那么 q"是一个真命题，则称由 p 可以推出 q，记作 $p \Rightarrow q$，读作" p 推出 q".

否则，称由 p 推不出 q，记作 $p \nRightarrow q$，读作" p 推不出 q".

例 1 判断下列命题的条件能否推出命题的结论.

（1）如果 $x>3$，那么 $x>0$；

（2）如果 $x>0$，那么 $x>3$；

（3）如果 $m>n$ 且 $d>0$，那么 $md>nd$.

解：在命题（1）中，若 x 为大于 3 的实数，则 x 肯定大于 0，所以命题（1）中条件能够推出结论.

在命题（2）中，当 $x>0$ 时，不一定满足 $x>3$，比如 $1>0$，而 $1<3$，所以命题（2）中条件不能够推出结论.

命题（3）中同时乘一个正数，不等号方向不改变，因而条件是能够推出结论的.

二、充分条件与必要条件

当 $p \Rightarrow q$ 时，我们称 p 是 q 的充分条件，q 是 p 的必要条件.

所以前面引例中，$q \Rightarrow p$，即由 $q:x$ 是正方形能推出 $p:x$ 是矩形，所以 q 是 p 的充分条件，p 是 q 的必要条件.

在上面例 1 的（1）中，由 $x>3$ 可以推出 $x>0$，所以 $x>3$ 是 $x>0$ 的充分条件，$x>0$ 是 $x>3$ 的必要条件.

例 2 p：四边形 x 的一组对边平行且相等，q：x 是平行四边形. 判断 p 是否是 q 的充分条件.

解：四边形 x 的一组对边平行且相等时，能推出 x 是平行四边形. 所以 $p \Rightarrow q$，即 p 是 q 的充分条件.

例 3 判断下列每组命题中 p 是否是 q 的充分条件，q 是否是 p 的必要条件.

（1）$p:x \in \mathbf{N}$，$q:x \in \mathbf{R}$；

（2）$p:\sqrt{x-10}$有意义，$q:\dfrac{1}{\sqrt{x-5}}$有意义.

解：（1）因为自然数都是实数，即 $p\Rightarrow q$，即 p 是 q 的充分条件，q 是 p 的必要条件.

（2）$p:\sqrt{x-10}$有意义，则 $x-10\geqslant 0,x\geqslant 10;q:\dfrac{1}{\sqrt{x-5}}$有意义，则 $x-5>0,x>5$.若 x 为大于或等于 10 的实数，则 x 一定大于 5，所以 $p\Rightarrow q$，即 p 是 q 的充分条件，q 是 p 的必要条件.

充分必要条件也可以通过集合的知识来理解.

对于例（3）中的（1），集合 **N** 是集合 **R** 的子集.

对于例（3）中的（2），设集合 $A=\{x\,|\,x\geqslant 10\},B=\{x\,|\,x>5\}$，显然集合 A 是集合 B 的子集，即 $A\subseteq B$.

如下图所示，推广到集合 $A=\{x\,|\,p(x)\},B=\{x\,|\,q(x)\}$，如果 $A\subseteq B$，那么 $p(x)\Rightarrow q(x)$，因此 $p(x)$ 是 $q(x)$ 的充分条件，$q(x)$ 是 $p(x)$ 的必要条件.

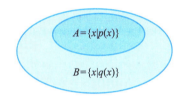

例 4　设集合 $A=(-\infty,-2],B=(-\infty,-2)$，判断 $x\in A$ 是 $x\in B$ 的什么条件.

解：因为 $B\subseteq A$，即 $x\in B\Rightarrow x\in A$，$x\in B$ 是 $x\in A$ 的充分条件，$x\in A$ 是 $x\in B$ 的必要条件.

例 5　判断下列两组命题中 p 是 q 的什么条件，q 是 p 的什么条件.

（1）$p:$ 函数 $f(x)$ 是正比例函数，$q:$ 函数 $f(x)$ 是一次函数；

（2）$p:$ 矩形 $ABCD$ 的对角线互相垂直，$q:$ 矩形 $ABCD$ 是正方形.

解：（1）如果函数 $f(x)$ 是正比例函数，那么 $f(x)$ 一定是一次函数，$p\Rightarrow q$，所以 p 是 q 的充分条件，q 是 p 的必要条件.当函数 $f(x)$ 是一次函数时，$f(x)$ 不一定是正比例函数，所以 $q\nRightarrow p$，所以 q 不是 p 的充分条件，p 也不是 q 的必要条件.

（2）当矩形 $ABCD$ 的对角线互相垂直时，矩形 $ABCD$ 是正方形，$p\Rightarrow q$，所以 p 是 q 的充分条件，q 是 p 的必要条件.

当矩形 $ABCD$ 是正方形时，正方形是特殊的矩形，特殊之处在于对角线互相垂直，$q\Rightarrow p$，所以 p 是 q 的必要条件，q 是 p 的充分条件.

综上，p 是 q 的充分必要条件，q 也是 p 的充分必要条件.

总结	若 $p\Rightarrow q$ 且 $q\nRightarrow p$，则称 p 是 q 的**充分不必要条件**； 若 $p\nRightarrow q$ 且 $q\Rightarrow p$，则称 p 是 q 的**必要不充分条件**； 若 $p\Rightarrow q$ 且 $q\Rightarrow p$，则称 p 是 q 的**充分必要条件**，简称为**充要条件**，记作 $p\Leftrightarrow q$，读作"p 与 q 等价". 若 $p\nRightarrow q$ 且 $q\nRightarrow p$，则称 p 是 q 的**既不充分也不必要条件**.

例 6　下列各题中，p 是 q 的什么条件？（"充分不必要条件""必要不充分条件""充要条件""既不充分也不必要条件"）

（1）$p:x<4,q:x<0$；　　（2）$p:x\geq0,q:\sqrt{x}$ 有意义；

（3）$p:x<0,q:|x|=-x$.

解：（1）因 $p\not\Rightarrow q,q\Rightarrow p$，所以 p 是 q 的必要不充分条件.

（2）若 $x\geq0$，则 $\sqrt{x}$ 有意义；若 $\sqrt{x}$ 有意义，则 $x\geq0$.从而 $p\Rightarrow q$ 且 $q\Rightarrow p$，所以 p 是 q 的充要条件.

（3）若 $x<0$，则 $|x|=-x$，从而 $p\Rightarrow q$；若 $|x|=-x$，则 $x\leq0\not\Rightarrow x<0$，故 $q\not\Rightarrow p$.所以 p 是 q 的充分不必要条件.

同步练习

下列各题中，p 是 q 的什么条件？

（1）$p:x$ 为整数，$q:x$ 为有理数；

（2）$p:x>4,q:x>5$；

（3）$p:$四边形 $ABCD$ 的对角线相等，$q:$四边形 $ABCD$ 为平行四边形；

（4）$p:x\in A\cap B,q:x\in A$；

（5）$p:x=0,q:x(x-1)=0$；

（6）$p:\triangle ABC$ 与 $\triangle DEF$ 全等，$q:\triangle ABC$ 与 $\triangle DEF$ 面积相等.

参考答案

（1）因 $\mathbf{Z}\subseteq\mathbf{Q}$，$x$ 为整数时，x 一定是有理数，所以 p 是 q 的充分条件；当 x 为有理数时，不一定为整数，例如 $x=2.3$，故 p 是 q 的充分不必要条件.

（2）$x>4$ 时，不一定有 $x>5$，例如 $4.5>4$，但 $4.5>5$ 不成立，所以 p 不是 q 的充分条件；$x>5$ 时，一定有 $x>4$，所以 p 是 q 的必要条件，故 p 是 q 的必要不充分条件.

（3）四边形 $ABCD$ 的对角线相等时，四边形 $ABCD$ 不一定是平行四边形，例如等腰梯形的对角线相等，所以 p 不是 q 的充分条件；当四边形 $ABCD$ 是平行四边形时，其对角线不一定相等，所以 p 不是 q 的必要条件.综上，p 是 q 的既不充分也不必要条件.

（4）当 $x\in A\cap B$ 时，说明 $x\in A$ 且 $x\in B$，故 $x\in A$ 成立，所以 p 是 q 的充分条件；当 $x\in A$ 时，不一定有 $x\in B$，不能推出 $x\in A\cap B$，所以 p 不是 q 的必要条件.综上，p 是 q 的充分不必要条件.

（5）当 $x=0$ 时，$x(x-1)=0$ 一定成立，所以 p 是 q 的充分条件；当 $x(x-1)=0$ 时，$x=0$ 或 $x=1$，不一定能推出 $x=0$，所以 p 不是 q 的必要条件.综上，p 是 q 的充分不必要条件.

（6）当 $\triangle ABC$ 与 $\triangle DEF$ 全等时，$\triangle ABC$ 与 $\triangle DEF$ 面积一定相等，所以 p 是 q 的充分条件；当 $\triangle ABC$ 与 $\triangle DEF$ 面积相等的时候，$\triangle ABC$ 与 $\triangle DEF$ 不一定全等，所以 p 不是 q 的必要条件.综上，p 是 q 的充分不必要条件.

郑重声明

高等教育出版社依法对本书享有专有出版权。任何未经许可的复制、销售行为均违反《中华人民共和国著作权法》,其行为人将承担相应的民事责任和行政责任;构成犯罪的,将被依法追究刑事责任。为了维护市场秩序,保护读者的合法权益,避免读者误用盗版书造成不良后果,我社将配合行政执法部门和司法机关对违法犯罪的单位和个人进行严厉打击。社会各界人士如发现上述侵权行为,希望及时举报,我社将奖励举报有功人员。

反盗版举报电话 (010)58581999 58582371

反盗版举报邮箱 dd@ hep.com.cn

通信地址 北京市西城区德外大街4号 高等教育出版社法律事务部

邮政编码 100120

作者投稿及读者意见反馈

为方便作者投稿,以及收集读者对本书的意见建议,进一步完善图书的编写,做好读者服务工作,作者和读者可将稿件或对本书的反馈意见、修改建议发送至 kaoyan@ pub.hep.cn。

防伪查询说明

用户购书后刮开封底防伪涂层,使用手机微信等软件扫描二维码,会跳转至防伪查询网页,获得所购图书详细信息。

防伪客服电话 (010)58582300